휴대용 게임기
컴플리트 가이드

라의눈

제 1장 『위대한 게임기, 게임워치의 등장』

제 2장 『1억대 판매 기록의 게임보이, 세계를 석권하다』

제 3장 『가정용의 성능을 실현한 게임보이 어드밴스 탄생』

제 4장 『2인자는 바로 나! 휴대용 게임기 군웅할거』

제 5장 『휴대용 게임기는 거치형 게임기를 넘을 수 있는가』

이 책의 게임기 및 장르 약칭에 대하여

〈게임기 약칭〉 게임워치→G&W, 게임보이→GB, 게임기어→GG, 네오지오 포켓→NGP, 원더스완→WS, 닌텐도DS→NDS, 플레이스테이션 포터블→PSP, 닌텐도3DS→3DS, 플레이스테이션 비타→PS VITA

〈장르 약칭〉 롤플레잉→RPG, 액션 롤플레잉→ARPG, 슈팅→STG, 시뮬레이션→SLG, 퍼즐→PZL, 어드벤처→ADV, 기타→ETC

제 1 장

위대한 게임기, 게임워치의 등장

십자키를 처음으로 채용한
게임업계의 혁명아

게임기의 표준이 되는 십자키도, 이후에 닌텐도DS에 채용되는 2화면 방식도 1982년 시점에서 등장했다. 모든 것은 여기서 시작됐다고 해도 과언이 아니다.

실버 SILVER

샐러리맨들도 가볍게 플레이할 수 있도록 게임은 간단하고, 본체는 숨겨서 플레이할 수 있도록 디자인되었다. 참고로 실버라 함은 이후 시리즈와 비교하기 위해 붙인 속칭이다.

볼 BALL

발매일 1980년 4월 28일
가격 5,800엔

기념적인 게임워치 제1탄 모든 역사는 여기서 시작됐다!

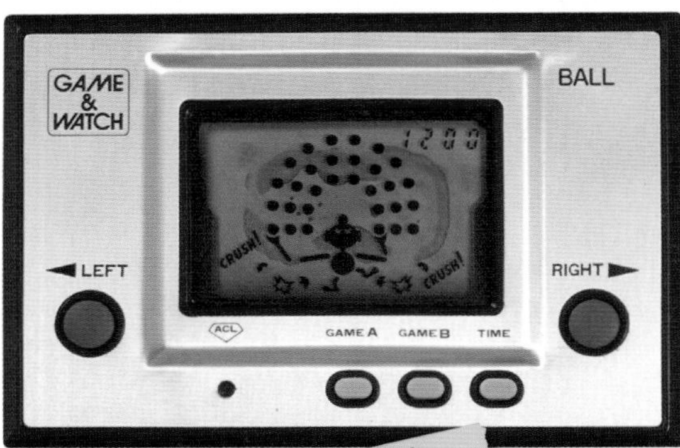

GAME A
초보자용 난이도로 게임 스타트. 길게 누르면 하이 스코어가 표시된다.

GAME B
기본적으로 난이도를 올려서 게임을 시작한다. 그중에는 내용과 규칙이 바뀌는 게임도 있다.

TIME
현재 시각과 데모 화면을 표시한다. 길게 누르면 알람 시각과 캐릭터가 표시된다.

ACL
최고 득점과 현재 시각, 알람 시각을 초기화한다. 이쑤시개 등으로 누르면 된다.

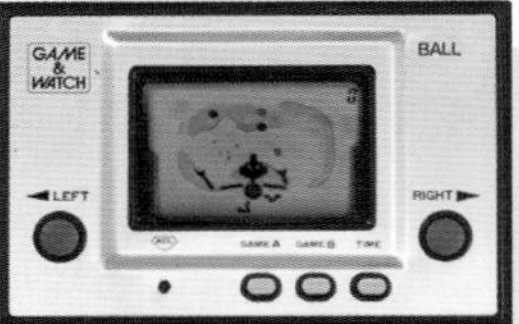
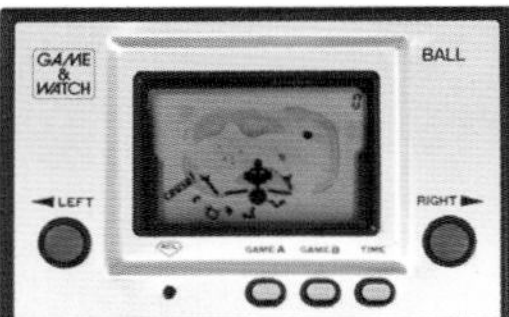

양손을 움직여 낙하하는 공을 잡는 저글링 게임. 공을 잡을수록 속도가 올라가며 한 번이라도 놓치면 게임 오버이다. 간단하지만 빠져드는, 그야말로 게임워치의 기본 콘셉트 그 자체이다. 첫 번째 게임워치로 소장하려는 사람들에게 인기가 높다. 미묘하게 다른 2가지 패키지가 있는데, 2009년에 클럽 닌텐도의 경품으로 거의 당시 그대로 복각되었다.

플래그맨 FLAGMAN

발매일 1980년 6월 5일
가격 5,800엔

기억력과 반사신경을 겨루는 실버 유일의 레어품

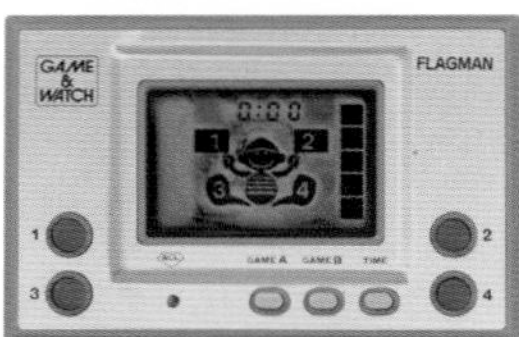
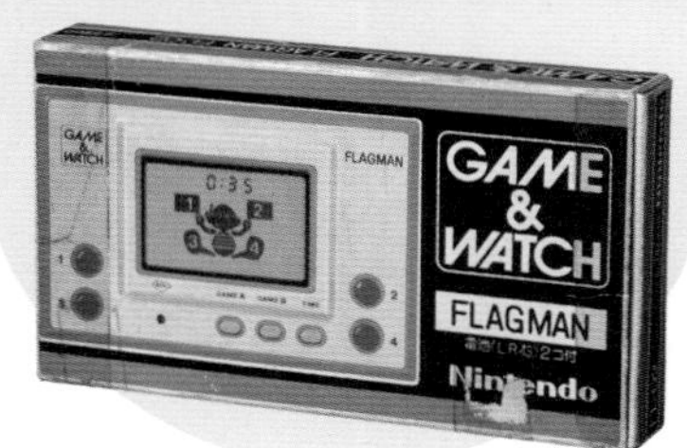

GAME A와 GAME B로 내용이 바뀐다

게임워치 제2탄. 게임 A에서는 플래그맨이 깃발과 다리를 이용해 랜덤으로 표시하는 숫자를 순서대로 맞추고, 게임 B에서는 순간적으로 표시되는 숫자 깃발을 올린다. 게임워치에서는 A와 B의 규칙이 바뀌는 타입이 드문 편이다. 게임 B에서는 점수가 올라갈 때마다 제한시간이 줄어드는데 가장 짧은 것은 무려 0.216초이다. 해적을 모티브로 한 캐릭터 디자인은 좋았지만 내용이 허접해서 인기는 별로였다. 개체 수가 얼마 없어 실버 중에서는 희소하다.

파이어 FIRE

■ 발매일 1980년 7월 31일
■ 가격 5,800엔

모두가 손가락 아프도록 플레이했던 게임워치 초기의 대히트작

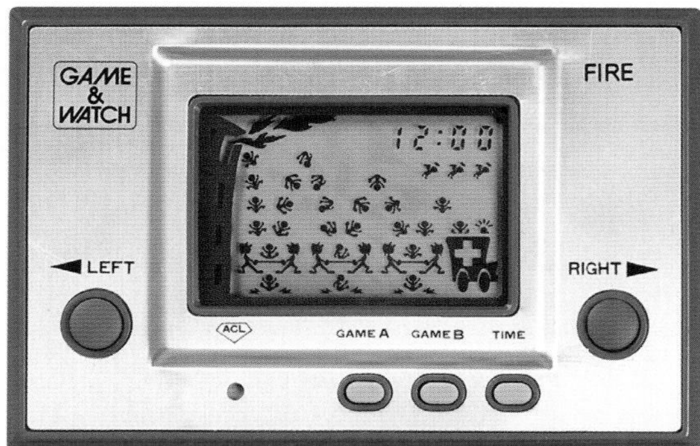

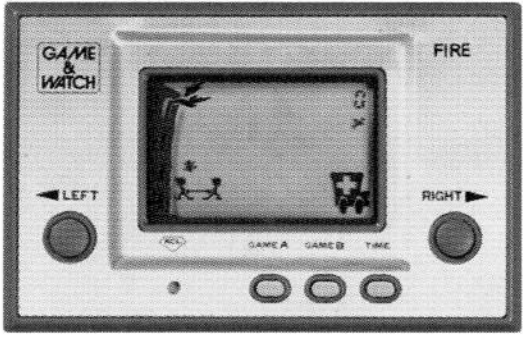

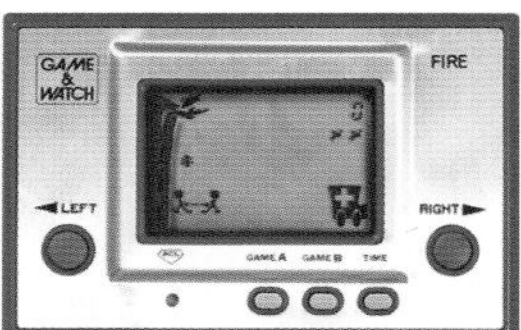

와이드 스크린 버전도 존재한다

화재가 난 빌딩에서 차례차례 뛰어내리는 사람들을 구조한다. 들것 위에서 튕겨나가는 피해자를 타이밍 좋게 받아 구급차로 옮긴다. 특이하고 역동적인 전개에 빠져든 사람들이 줄을 이어 90만대 이상이 판매된 게임워치 초기를 대표하는 히트작이다. 나중에 와이드 스크린 버전으로도 리메이크되었다. 게임 캐릭터는 게임보이와 DS는 물론이고 닌텐도의 인기 시리즈인 『대난투 스매시 브라더스』에 여러 번 등장했다.

버민 VERMIN

■ 발매일 1980년 7월 10일
■ 가격 5,800엔

버민은 해충이란 의미 양손의 망치로 두더지를 잡아라!

(게임워치 캐릭터로는 유일한 파마머리!?)

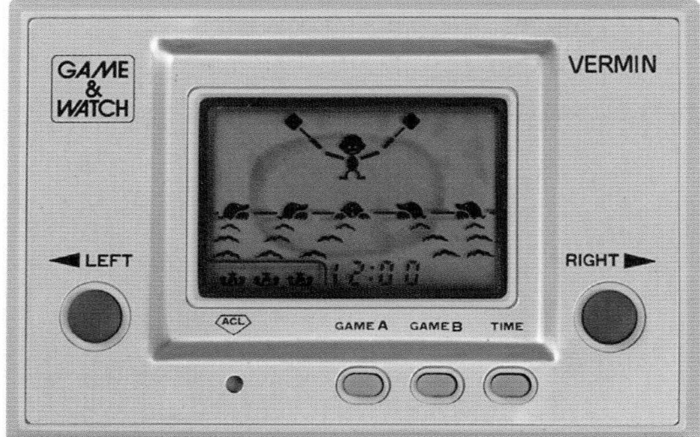

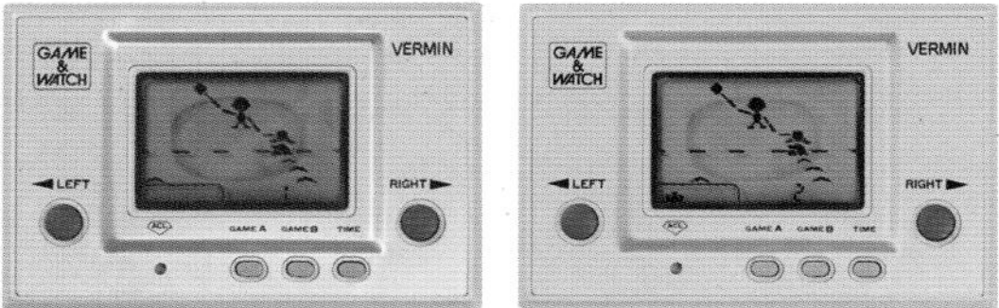

5군데에서 나오는 두더쥐를 잡는다. 게임 좌우 버튼은 이동만 가능하고 두더지가 있는 곳에 가면 자동으로 망치를 내리친다. 「3번 틀리면 게임 오버」 룰은 여기서 시작된다.

져지 JUDGE

■ 발매일 1980년 10월 4일
■ 가격 5,800엔

게임워치 최초의 2인 대전! 공격이냐 회피냐, 반사신경으로 승부하라!

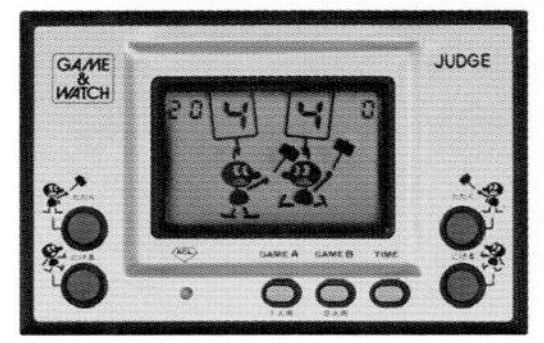

2가지 숫자의 크고 작음으로 공격과 회피의 반사신경을 겨룬다. CPU전은 물론이고 본체를 좌우로 잡고 하는 2인 대전을 지원한다. 본체의 컬러는 2종류인데 초기는 녹색, 후기는 자주색이다.

골드

GOLD

고급감 넘치는 골드 패널을 채용했고 화면은 컬러 필터로 선명해졌다. 본체 뒷면에 스탠드 기능도 추가된다. 캐릭터가 시각을 알려주는 알람과 득점에 따라 실수 횟수가 초기화되는 기능은 이후의 게임워치에 계승되었다.

맨홀

MANHOLE

발매일 1981년 1월 27일
가격 5,800엔

골드 시리즈 최대의 히트작은 보행자를 지키는 하수관 속 슈퍼맨

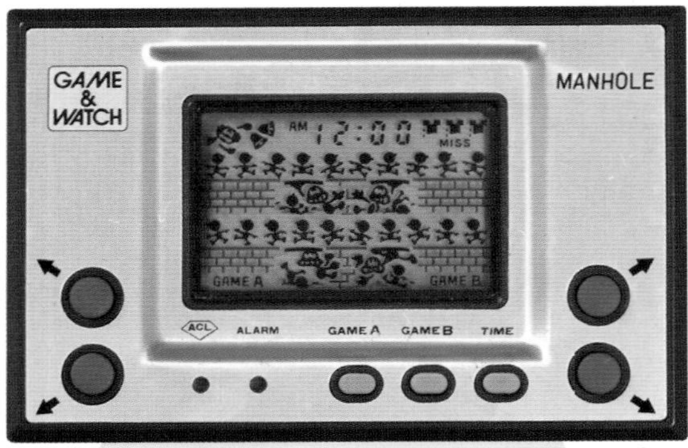

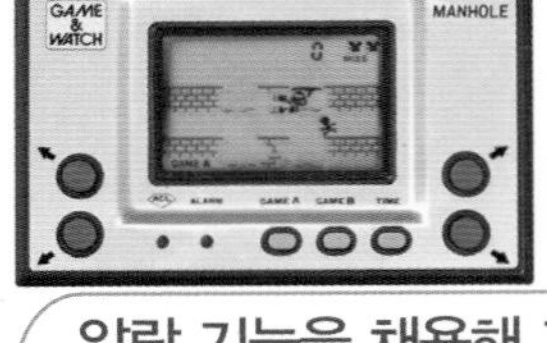

알람 기능을 채용해 기능적으로 진화했고 뒷면에는 스탠드도 추가되었다

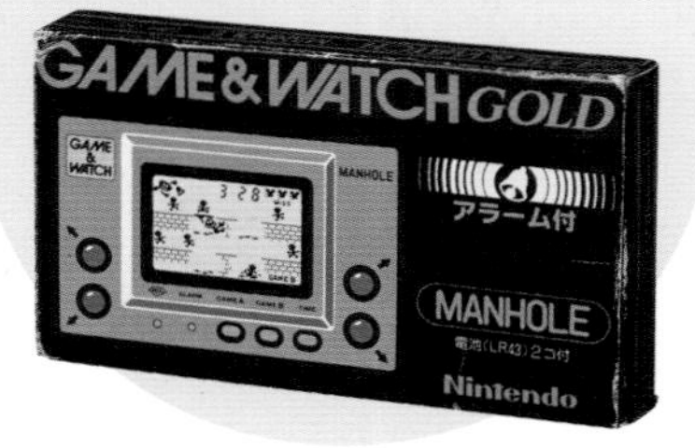

보행자가 구멍에 떨어지지 않도록 맨홀 뚜껑으로 지탱한다. 위아래 길에 있는 구멍은 모두 4개. 보행자가 빠지면 실수가 된다. 이번 작품부터 일정 득점마다 실수가 리셋되는 규칙이 채용되어 이후 게임에도 이어진다. 고득점이 될수록 보행자 숫자와 속도가 늘어나 간발의 차로 계속 구멍을 막아야 한다. 이것이 타이밍이 생명인 「음악 게임」의 시작일지도 모른다. 실수하면 우측 위에 젖은 셔츠가 표시된다. 해외에서는 와이드 스크린 버전으로 발매되었다.

헬멧

HELMET

발매일 1981년 2월 21일
가격 5,800엔

빌딩에서 떨어지는 공구의 비를 피하라! 게임워치 최초의 '비기'를 내장!?

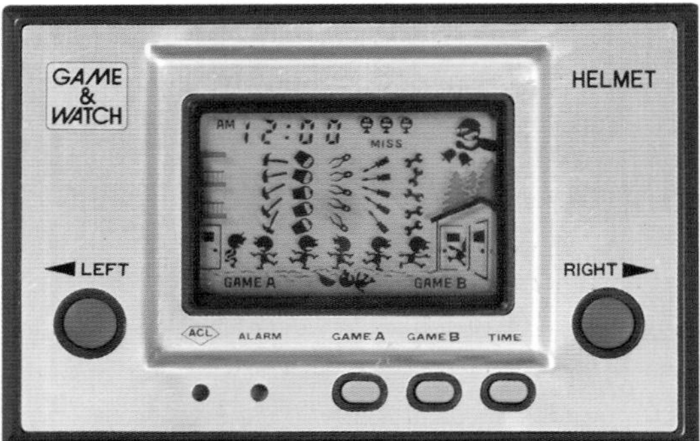

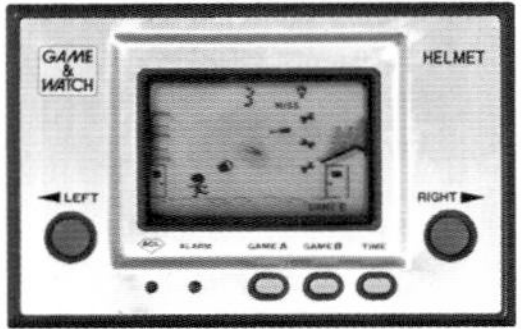

건축 현장에서 낙하하는 장애물을 피하는 게임. 목적지인 사무실 문이 닫혀 있으면 들어가지 못하고 열릴 때까지 공구의 비를 피해야 한다. 당시 특정한 조작으로 분신술을 쓸 수 있는 비기가 화제였다.

라이온

LION

발매일 1981년 4월 27일
가격 5,800엔

골드 중에서도 다소 마이너한 작품 페인트 공격이 특징이다

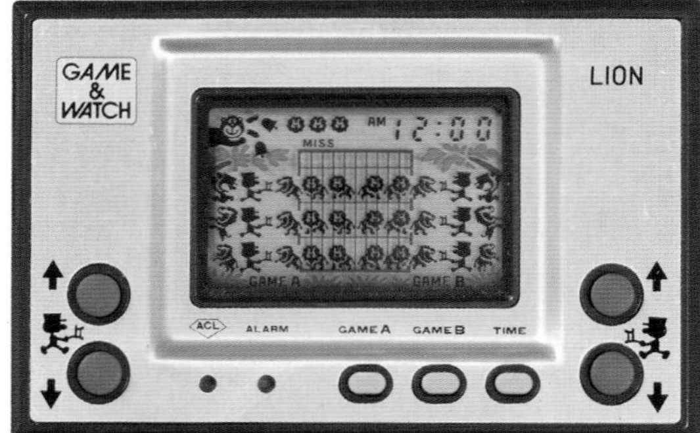

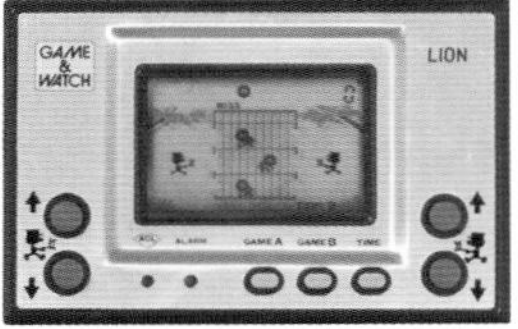

사자가 우리에서 도망가지 못하도록 의자로 밀쳐낸다. 좌우 2명의 사육사를 동시에 조작하는 것이 어렵다. 아슬아슬한 장면에서 사자가 후퇴하는 페인트 공격이 있어서 평가가 엇갈리는 게임이었다.

GAME&WATCH

와이드 스크린 WIDE SCREEN

예상을 뒤엎고 어린이에게 인기를 얻은 게임워치. 액정을 1.7배 키워서 더 생생하게 즐기도록 했다. 그 결과 컬러풀하고 섬세한 표현이 가능해졌고 캐릭터의 표정도 풍부해졌다. 어린이를 의식한 판권작도 등장했다.

옥토퍼스 OCTOPUS

발매일 1981년 7월 16일
가격 6,000엔

뇌리에 새겨진 거대 문어! 섬세한 연출로 당시에도 평가가 높았다

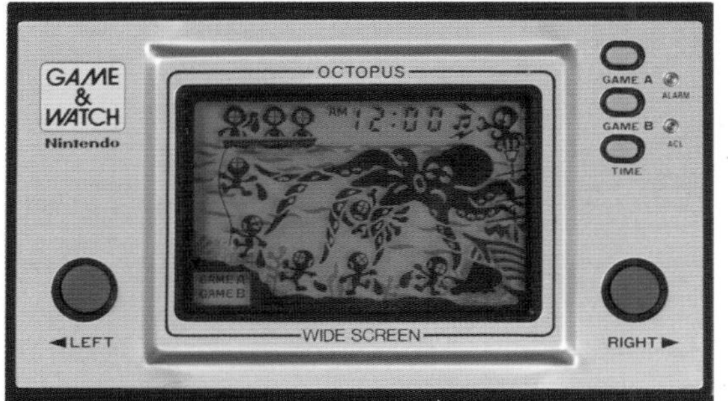

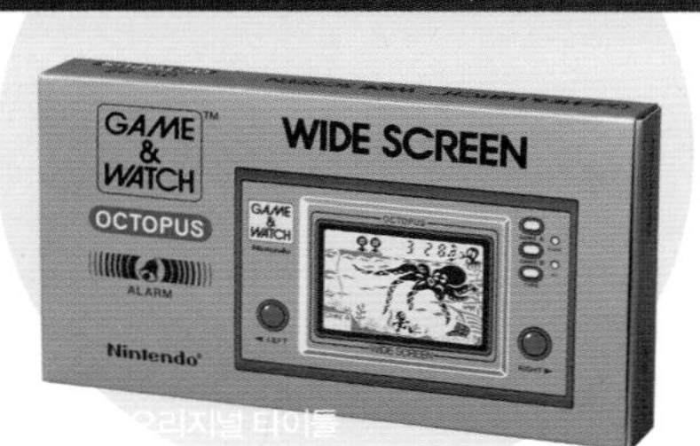

오리지널 타이틀

액정 사이즈가 기존의 1.7배로

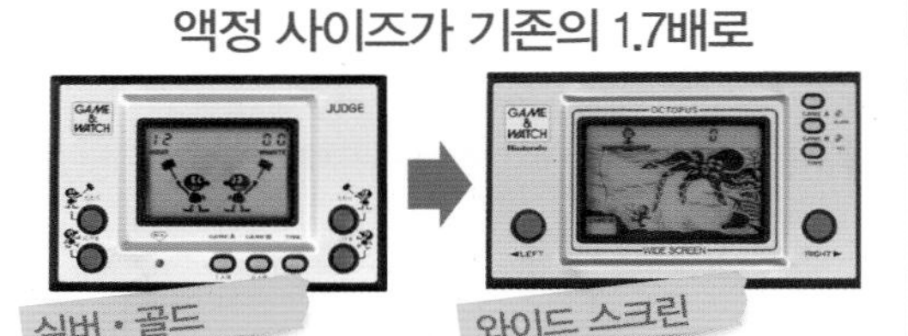

잠수부를 조작해 거대 문어의 다리에 잡히지 않으면서 해저의 보물을 가져와야 한다. 보물을 봉투에 많이 넣을 수록 득점이 올라가지만 무거워지면 움직임이 둔해진다. 잠수부가 보물을 가지고 돌아가면 멋진 포즈를 취하지만 빈손으로 돌아가면 배에 태워주지 않는 등 공들여 만들어져 평가가 높다. 거대 문어인 옥토퍼스는 이후 Wii용 『대난투 스매시 브라더즈X』의 필살기로 채용되었다.

파라슈트 PARACUITE

발매일 1981년 6월 19일
가격 6,000엔

와이드 스크린 시리즈 제1탄 모두가 인명 구조에 필사적이었다

헬기에서 떨어지는 스카이다이버를 보트로 구출한다. 다이버를 받지 못하면 상어에게 먹히기 때문에 어린 마음에도 필사적으로 매달렸다. GAME B에서는 다이버가 나무에 걸리는 트릭이 있다.

쉐프 CHEF

발매일 1981년 9월 8일
가격 6,000엔

조리 현장의 코믹한 슬랩스틱

쉐프를 조작해 공중에 던진 요리를 떨어뜨리지 않도록 잡는다. 고양이가 재료를 가져가 타이밍을 흐트러뜨리는 속임수도 있다. 실수 표시에 배부른 쥐가 나오는 등 캐릭터의 표정이 풍부해서 좋다.

파이어 FIRE

발매일 1981년 12월 4일
가격 6,000엔

세밀하게 조정된 실버의 대히트작이 부활했다

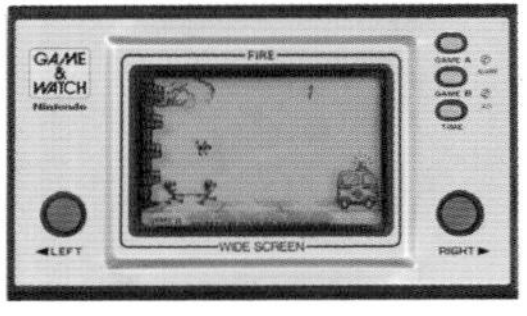

실버에서 대히트한 타이틀의 리메이크 작품이다. 전작과 거의 같은 내용이지만 3층에만 있던 피난민이 2층에서도 뛰어내리는 등 보다 긴박감이 높아졌다.

에그 EGG

발매일 1981년 10월 9일
※해외에서만 발매

게임워치 최초의 해외 전용 게임 매니아들의 초레어 아이템

『미키 마우스』와 같은 내용이지만 판권 문제로 캐릭터가 바뀌었다. 판매 수량이 적어 매니아들 사이에서는 초고가로 거래되고 있다.

뽀빠이 POPEYE

발매일 1981년 8월 5일
가격 6,000엔

게임워치 최초의 판권작 본체 패널에 뽀빠이 프린트가!

브루투스의 공격을 피하며 연인 올리브가 던지는 선물을 얻자. 단조로운 반복이어서 시리즈 중에서는 좀 지루할 수도 있다.

미키 마우스 MICKEY MOUSE

발매일 1981년 10월 9일
가격 6,000엔

사랑스러운 미키의 활약, 하지만 난이도는 약간 높은 편

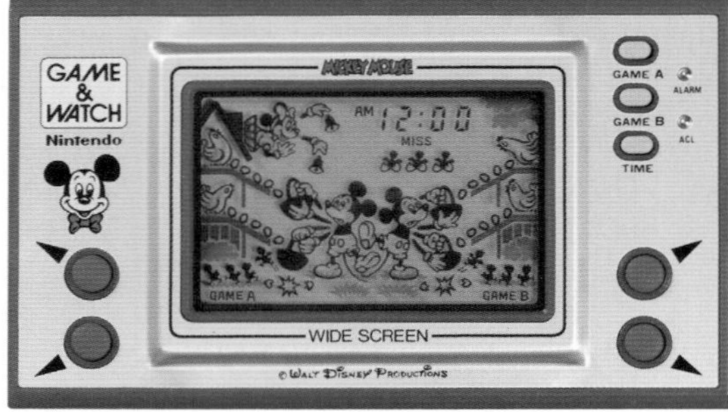

게임에서도 대활약하는 미키!

- ★ 미키 마우스 신비한 나라의 대모험(FC/허드슨/1987년)
- ★ 미키 마우스(GB/고토부키 시스템/1989년)
- ★ 미키 마우스 캐슬 오브 일루전(MD, GG/세가/1990,1991년)
- ★ 미키즈 체이스(GB/캡콤/1991년)
- ★ 미키 마우스의 마법의 크리스탈(GG, SMS/세가/1992년)

기타 다수

미키를 조작해 닭이 낳은 알을 바구니에 받는다. 미니가 보고 있을 때는 알이 떨어져도 병아리가 되어 실수가 절반으로 줄어든다.

터틀 브리지

TURTLE BRIDGE

발매일	1982년 2월 1일
가격	6,000엔

보다 어린이를 지향하는 디자인 처음엔 누구나 놀라는 난이도가!?

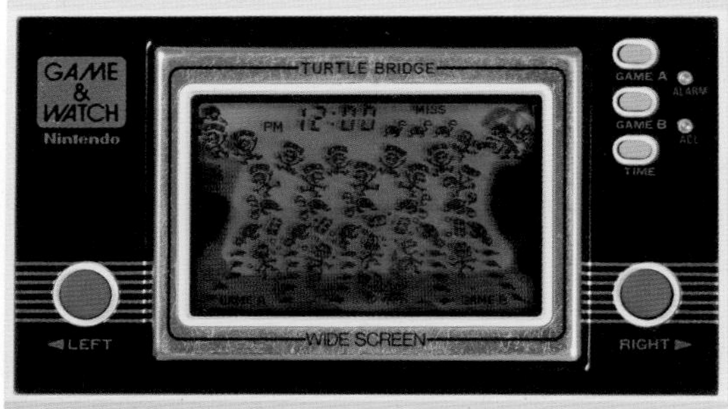

거북의 등에 타고 반대편 해안에 있는 동료에게 짐을 옮긴다. 뜨고 가라앉는 거북의 움직임을 먼저 파악하는 것이 포인트. 점프해서 이동하는 액션이 의외로 어렵다.

파이어 어택

FIRE ATTACK

발매일	1982년 3월 26일
가격	6,000엔

서부극을 소재로! 디자인도 내용도 참신한 의욕작

사방에서 공격하는 아메리카 원주민의 화공으로부터 요새를 지킨다. 상하좌우로 이동하는 것 외에 버튼 입력으로 적을 물리치는 액션이 추가되었다.

게임워치의 매력이 담긴 멋진 광고지들①

'마이크로 컴퓨터를 사용한'이란 표현에서 80년대의 분위기를 느낄 수 있다. 골드는 알람 및 스탠드가 추가되었다는 점을, 와이드 스크린은 기존 대비 1.7배 크기를 강조한다. 정공법을 구사한 광고이다.

스누피 테니스

SNOOPY TENNIS

발매일	1982년 4월 28일
가격	6,000엔

캐릭터의 액션이 귀엽다! 여자아이도 좋아했던 게임워치

찰리 브라운의 어설픈 서브를 스누피가 받아낸다. 실수해서 병을 깨고서 자는 척하는 스누피가 엄청 귀엽다. 우시의 공은 2배속으로 날아온다.

멀티 스크린

MULTI SCREEN

2개의 액정과 접을 수 있는 참신한 외관에 모두가 놀랐다. 그중에서도 『동키콩』은 게임워치 최대인 700~800만대(일본 120만대 이상)를 판매한다. 해외에서는 80년대 후반까지 이어지면서 시리즈 중 가장 많은 15개 작품을 내놓았다.

오일 패닉

OIL PANIC

발매일 1982년 5월 28일
가격 6,000엔

멀티스크린 제1탄 2화면으로 실현한 게임성

상하 화면의 연동

위아래 화면을 동시에 보면서 플레이한다. 멀티 스크린의 특성을 살린 게임성이 특징이다.

파이프에서 새어 나오는 오일을 바구니에 받아 아래 사람에게 전달한다. 바구니에 담는 오일은 3방울까지로, 아래 사람에게 타이밍 좋게 넘겨야 한다. 2화면을 동시에 보면서 플레이하는 멀티 스크린만의 아이디어에 개발자인 요코이 군페이도 기가 살았다고 한다.

동키콩

DONKEY KONG

발매일 1982년 6월 3일
가격 6,000엔

아케이드 게임의 첫 이식! 게임워치에서 가장 많이 팔린 타이틀

AC판과 닮은 듯, 닮지 않은 듯

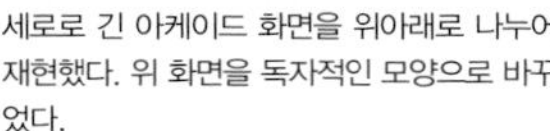

세로로 긴 아케이드 화면을 위아래로 나누어 재현했다. 위 화면을 독자적인 모양으로 바꾸었다.

이것이 아케이드판

아케이드판을 기본으로 하면서도 후크를 떼서 동키콩을 바닥에서 떨어뜨리는 독자적인 개량으로 새로움을 추구했다. 플레이어는 마리오가 아니라 '구조맨'이라는 이름을 사용한다. 이번 작품에서 처음으로 십자키를 채용했다.

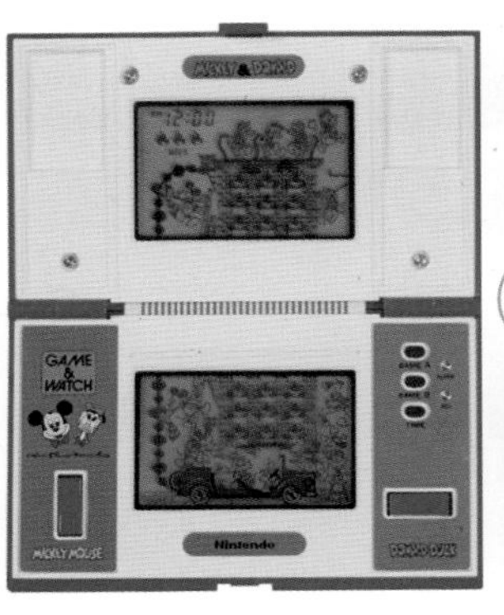

미키와 도날드

MICKEY & DONALD

발매일 1982년 11월 12일
가격 6,000엔

호화 판권물의 대표격 디즈니 양대 스타의 꿈의 콜라보

위 화면

아래 화면

빌딩의 화재 현장에서 미키와 도날드를 조작해 불을 끈다. 미키는 펌프에서 물이 새는 것을 막고 도날드는 불을 끈다. 각각 다른 방향으로 움직이는 아수라장이 재미있다.

그린 하우스

GREEN HOUSE

발매일 1983년 12월 6일
가격 6,000엔

식물원에서 해충 퇴치는 좀 식상한가? 마이너 캐릭터인 스탠리의 첫 등장

위 화면

아래 화면

『동키콩3』의 원형. 꽃에 달라붙는 해충을 살충제로 물리친다. 색다르게 움직이는 벌레와 격퇴 방법의 차이 등 애쓰긴 했지만 게임성과 연출이 부족해서 평가는 저조했다.

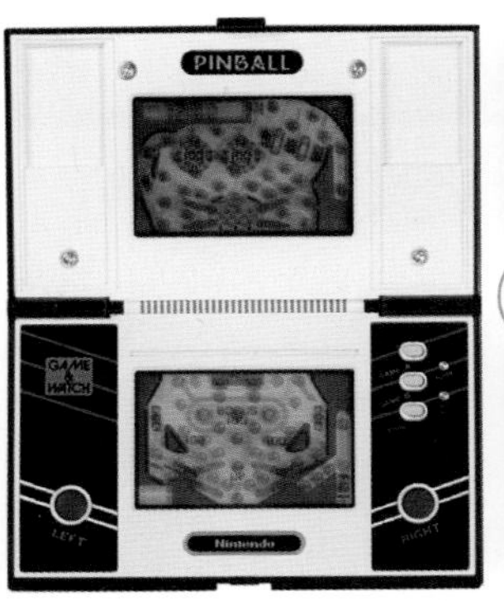

핀볼

PINBALL

발매일 1983년 12월 5일
가격 6000엔

핀볼의 재미를 액정으로 재현 어른을 위한 시크한 디자인

위 화면

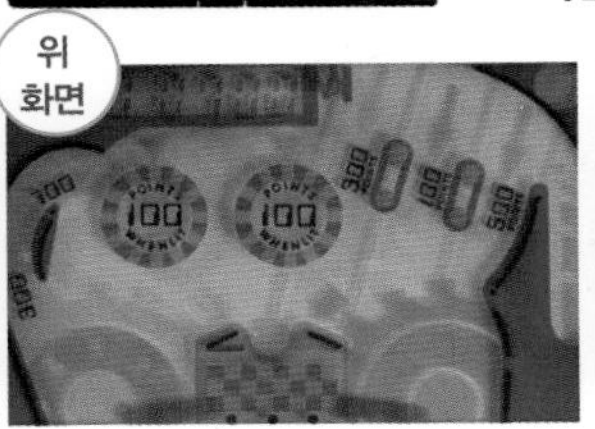

아래 화면

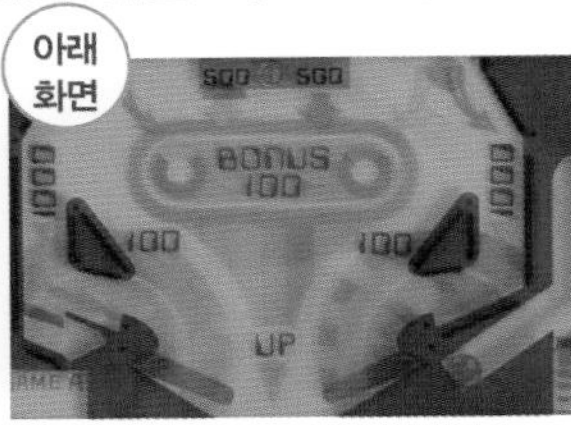

핀볼을 2화면으로 재현했다. 휴대 기기에서 핀볼을 즐기는 것 자체가 당시에는 신선했다. 기본적인 기능은 물론이고, 공이 최대 3개까지 늘어나는 요소도 충실히 재현했다.

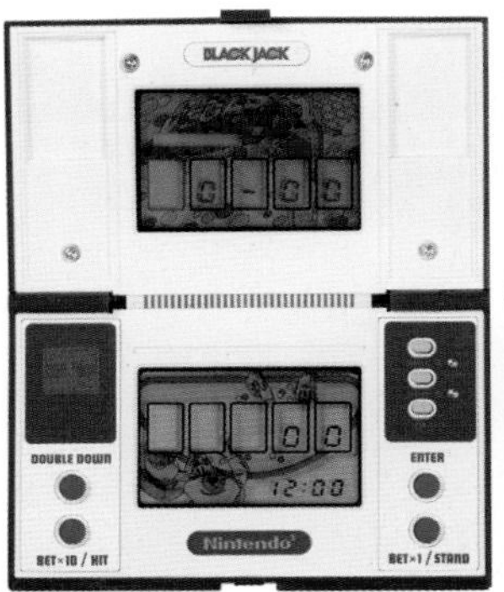

블랙잭

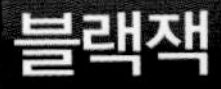

BLACK JACK

발매일 1985년 2월 15일
가격 6,000엔

존재 자체를 모르는 사람도 많은 일본의 마지막 게임워치

위 화면

아래 화면

「블랙잭」과 「넘버 매칭」을 수록했다. 어른을 위한 카지노풍으로 화려한 그림이 특징이다. FC붐 속에서 조용히 발매되어 존재조차 몰랐던 사람들이 많다.

일본에서 유일한 좌우 폴더 타입
포커의 경품(로고 삽입)으로 배포

마리오 브라더스
MARIO BROS.

발매일 1983년 3월 14일
가격 6,000엔

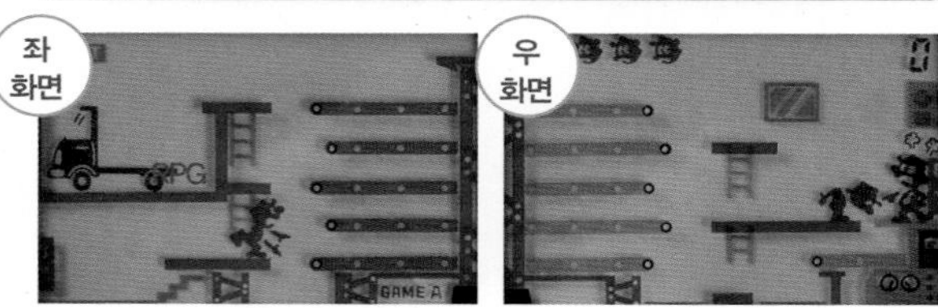

마리오 형제의 데뷔작. 컨베이어 벨트를 도는 병 케이스를 트럭에 담는 이색적인 게임이다. 좌우로 분리된 마리오와 루이지를 따로 조작하는 것이 어렵고, 박스를 떨어뜨리면 상사에게 혼난다. 2인 협력 플레이도 가능.

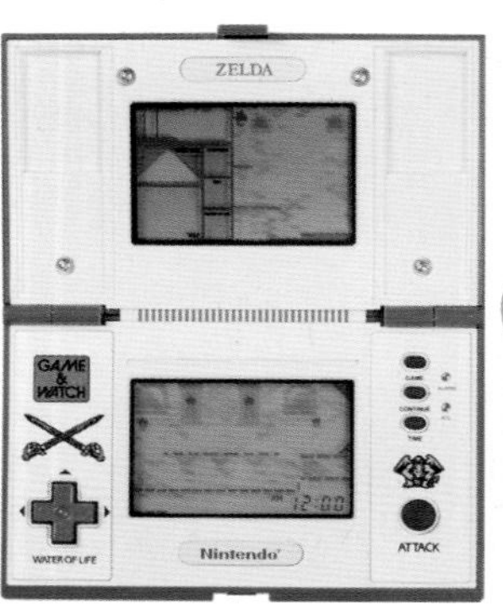

젤다
ZELDA

발매일 1989년 8월
※해외판만 발매

멀티 스크린 최후의 타이틀
게임워치의 한계에 도전한 의욕작!

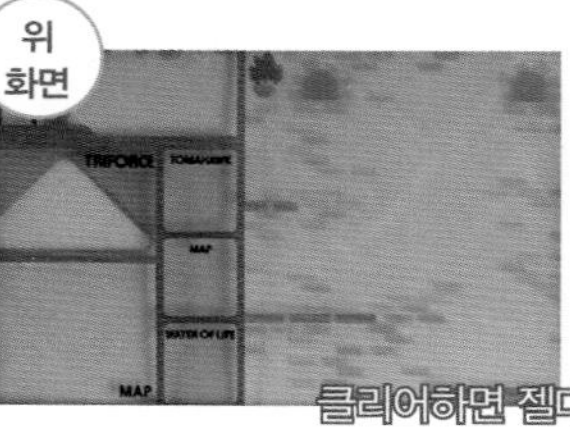

클리어하면 젤다공주와 만난다

최상층에 있는 드래곤과의 배틀이 치열하다. 파워업 아이템과 라이프 게이지 만충 시에 빔 소드를 쓸 수 있는 등 오리지널을 재현했다.

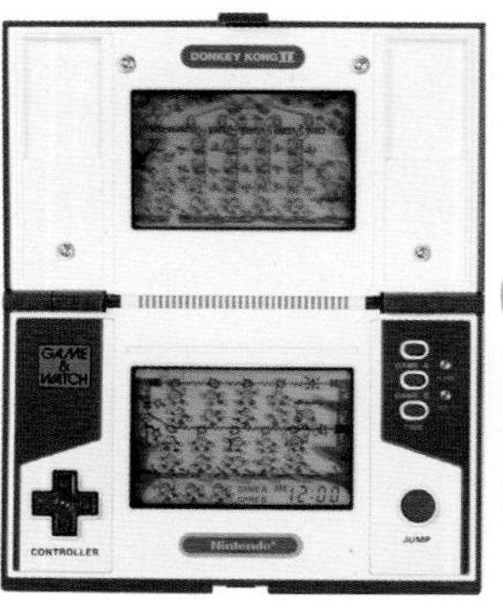

동키콩 II
DONKEY KONG II

발매일 1983년 3월 7일
가격 6,000엔

게임워치만의 오리지널 넘버
대히트작의 속편은 약간 부족?

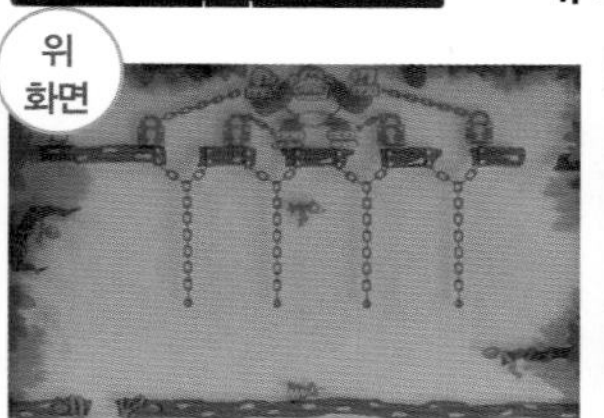

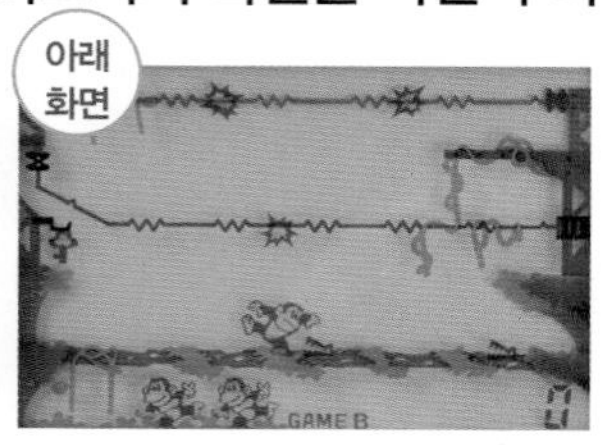

아케이드판 『동키콩 JR』의 3~4스테이지에서 따왔다. 전작의 정통 속편은 아니지만 약간 단조로운 반복이어서 전작만큼의 인기는 없었다.

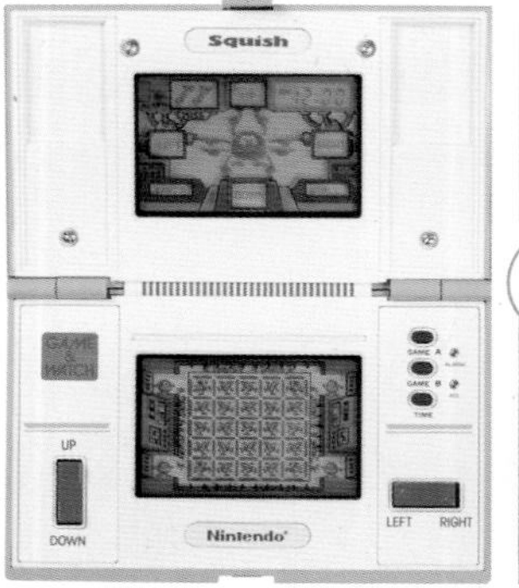

스키시
SQUISH

발매일 1986년 4월
※해외판만 발매

기본은 패미콤판 『데빌 월드』
십자키가 아닌 것이 특징

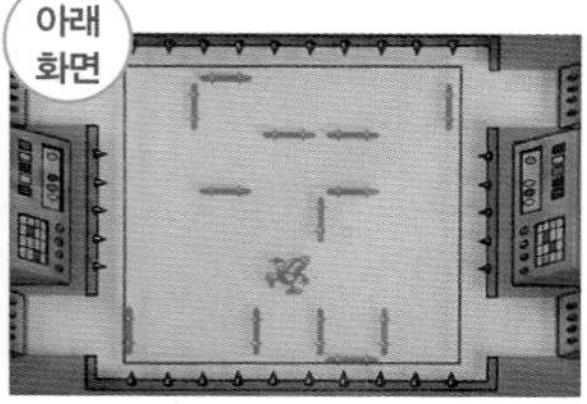

털복숭이 캐릭터가 손가락으로 가리키는 방향으로 아래 화면이 강제 스크롤한다. 플레이어는 압사당하지 않도록 적을 물리쳐야 한다. 상하좌우 버튼이 있어 어렵지만 재미있다.

레인샤워 RAIN SHOWER

발매일 1983년 8월 10일
※해외판만 발매

멀티 스크린 최대의 레어품으로 숨겨진 명작

빨래가 비에 젖지 않도록 로프를 잡아당겨 이동한다. 위아래 2단, 좌우 2화면이라 바쁘다. GAME B에서는 까마귀가 플레이를 방해한다.

라이프 보트 LIFE BOAT

발매일 1983년 10월 25일
※해외판만 발매

기분은 타이타닉? 2화면에 호화 여객선을 재현

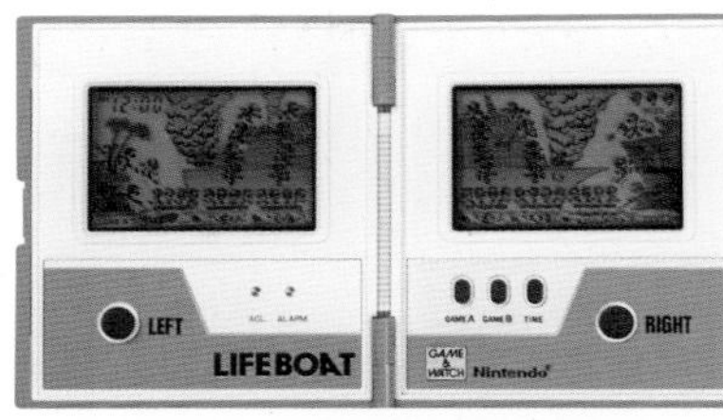

호화 여객선에서 뛰어내리는 사람들을 구조한다. 기본은 『파라슈트』와 같지만 탑승 인원이 정해진 보트를 해안가로 데려다주는 등 게임성이 향상되었다.

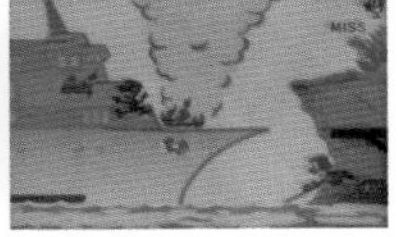

봄 스위퍼 BOMB SWEEPER

발매일 1987년 6월
※해외판만 발매

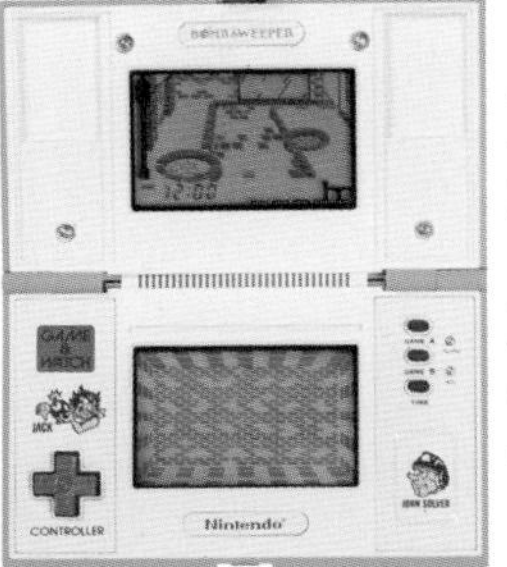

오른쪽 버튼 NO!
왼손만으로 플레이하는
퍼즐게임

설치된 폭탄을 제한 시간 안에 제거한다. 벽을 밀고 길을 만들 수 있어 템포가 좋다. 위 화면은 데모만 나오므로 2화면의 의미는 적다.

세이프 버스터 SAFE BUSTER

발매일 1988년 1월
※해외판만 발매

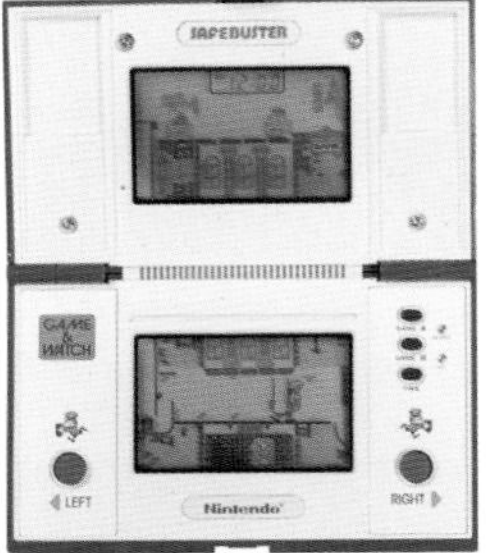

은행강도를 막아라!
오일 패닉에 버금가는
폭탄 패닉

은행 경비원이 되어 폭탄을 던지는 갱으로부터 금고를 지키는 것이 목적. 폭탄은 캡슐에 넣어서 넘치기 전에 배기구에 버린다.

골드 클리프 GOLD CLIFF

발매일 1988년 10월
※해외판만 발매

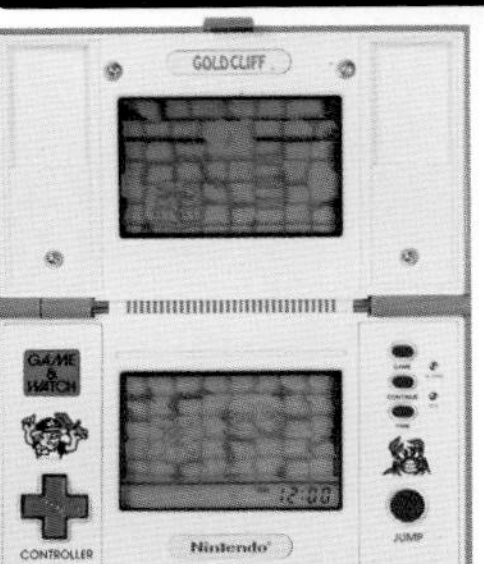

FC다운 게임성
재현을 위해
컨티뉴 기능을 채용

생겼다가 사라지는 바닥의 장소를 기억하면서 기어 올라가서 보물을 얻어온다. 버튼을 길게 누르면 높게 점프한다. 보스전은 의외로 시원찮다.

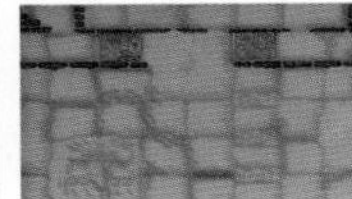

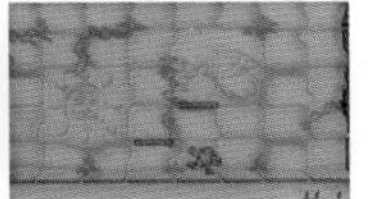

클럽 닌텐도 회원이 되면 다양한 특전을 받을 수 있었다(현재는 서비스 종료)

닌텐도 팬에게는 상식. 하드웨어와 소프트웨어 신품 구입 후 따라오는 시리얼 코드를 입력하면 포인트가 늘어나, 위와 같은 오리지널 제품과 교환할 수 있었다. 또한 연간 등록 수에 따라 랭크가 변동되는데 『게임워치 볼 복각판』 같은 초레어 제품을 증정하기도 했다. 2015년 9월 30일 서비스가 종료되었다.

테이블 톱

TABLE TOP

자연광을 이용해 당시에는 불가능이라 생각되던 저전력의 풀컬러 화면을 실현했다. 화면은 내부의 거울에 반사되어 표시된다. 이런 이유로 본체가 대형화되어 바탑 형태가 되었다. 하지만 가격이 올라가 겨우 3개월 만에 끝난다.

마리오의 시멘트 공장

MARIO'S CEMENT FACTORY

발매일 1983년 4월 28일
가격 7,800엔

아케이드 기분을 내는 바탑 디자인

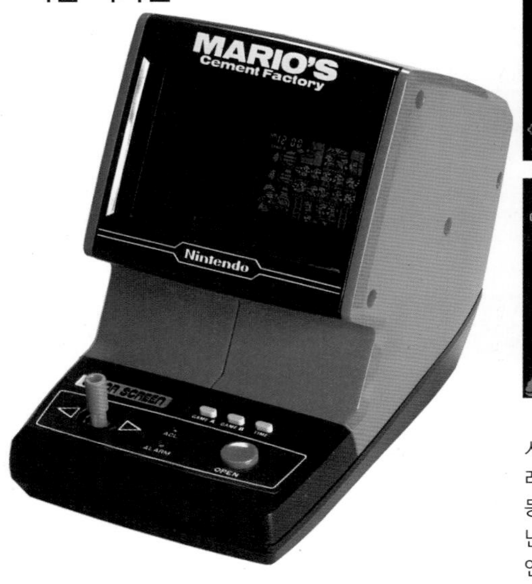

시멘트 공장에서 일하는 마리오를 조작해, 시멘트가 넘치지 않도록 밸브를 열어 레미콘 차량에 부어넣는다. 시멘트를 넣는 용기는 좌우에 4군데 있으며 상하 이동은 엘리베이터를 이용한다. 참고로 레미콘 차량의 녹색 운전수는 루이지가 아닌 듯하다. 아름다운 컬러 화면에 리듬감 있는 멜로디가 매력적이지만, 바로 3000엔 저렴한 뉴 와이드 스크린 버전이 나왔다.

동키콩 JR.

DONKEY KONG JR.

발매일 1983년 4월 28일
가격 7,800엔

조작 레버 탑재로 아케이드에 가장 가까운 이식을 실현

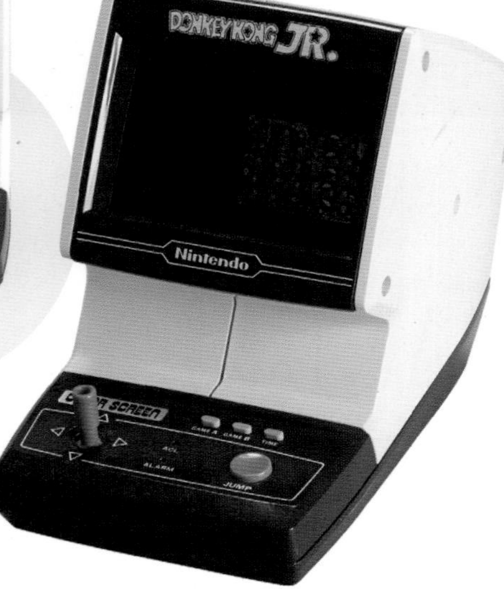

먼저 발매된 뉴 와이드 스크린 버전과는 게임 내용이 약간 다르다. 아빠 동키콩을 구하는 것이 기본이지만, 새의 공격을 피하는 것 외에 파라솔과 풍선을 타고 동키콩을 가둔 철창의 열쇠를 여는 액션이 추가되었다. FC판에도 있는 야자열매를 떨어뜨려 적을 물리치는 공격도 재현되었다. 4방향 레버에 의한 조작감은 아케이드를 방불케하고 BGM도 산뜻하다.

스누피 SNOOPY

발매일	1983년 7월 5일
가격	7,800엔

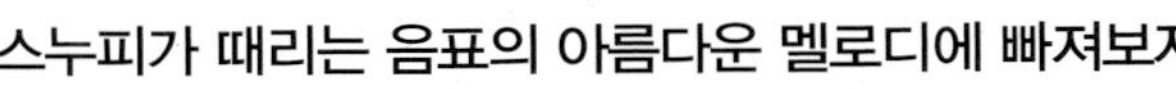

스누피가 때리는 음표의 아름다운 멜로디에 빠져보자

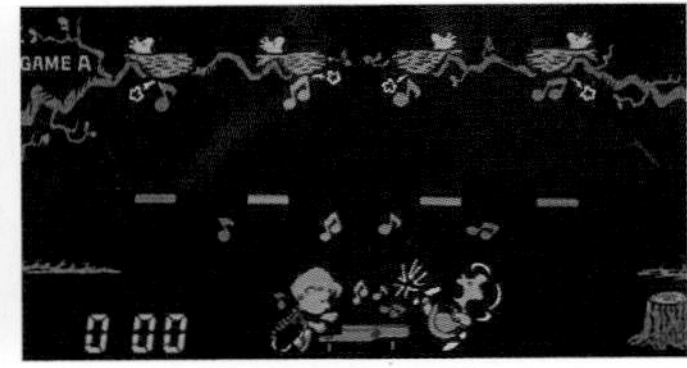

우드스톡을 깨우지 않도록 피아노에서 흘러나오는 음표를 스누피가 때린다. 음표는 4종류가 있고 때리면 멜로디가 나온다. 득점이 올라가면 루시가 피아노를 발로 차는 장면이 있는데 그때 나오는 팡파레도 아름답다. 캐릭터의 움직임이 코믹하고 원작의 세계관을 반영해 재미있게 만들어졌다.

뽀빠이 POPEYE

발매일	1983년 8월
	※해외판만 발매

테이블 톱 중 유일하게 일본 미발매 작품 시금치로 파워업을!

올리브를 구하기 위해 뽀빠이와 브루투스가 일대일로 싸운다. 브루투스를 바다에 빠뜨리면 승리. 한마디로 FC판 『어반 챔피온』이다. 시금치를 먹으면 경쾌한 멜로디에 맞춰 브루투스가 날아가고 올리브와 재회한다. GAME B에서는 다리 밑에서 물고기가 뽀빠이의 엉덩이를 쿡쿡 찌른다.

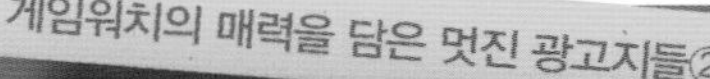

게임워치의 매력을 담은 멋진 광고지들②

광고에 있어서는 비교적 심플한 편이다

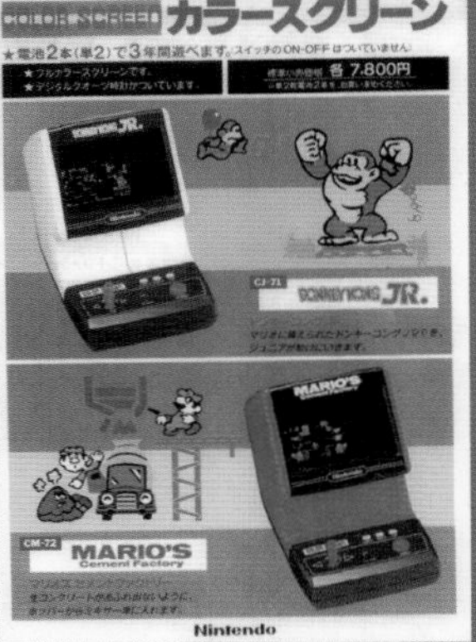

실제로 플레이하는 사진이 인상적인 멀티 스크린. 게임 설명 대신 멀티 스크린을 설명하고 있다. 뚜껑을 닫은 모습도 예술적이어서 그런 류의 사진도 올리면 좋았겠지만, 광고로서는 이게 정답일지도 모른다. 한편 컬러 스크린은 각각에 게임 설명이 첨부되어 이해하기 쉽다. 그래도 전지 2개로 3년간 플레이할 수 있다니 얼마나 연비가 좋은 게임기일까?

게임워치의 매력이 담긴 멋진 광고지들③

본체보다 가치 있는 광고지도 있다

왼쪽은 뉴 와이드 시리즈의 광고지. 게임 설명서를 안 읽더라도 일러스트를 보면 어느 정도 예상이 된다. 그 옆은 파노라마 스크린. 테이블 톱과 같이 풀 컬러인 점을 어필하고 있다. 그런데 『마리오의 봄 어웨이』의 설명은 조금 뒤숭숭하다. 일본이 자랑하는 슈퍼 히어로도 이전에는 그런 일을 하고 있었다는 이야기. 마지막은 마이크로 VS. 시스템. 대전형이란 사실을 디자인으로 강조하고 있다. 광고지 세상도 게임기에 지지 않을 정도로 심오하다.

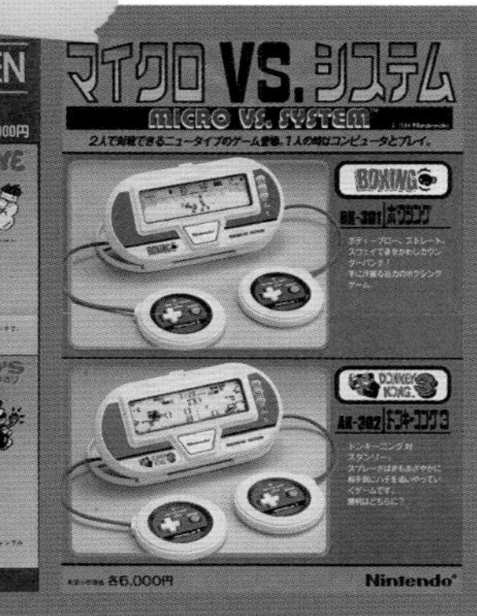

파노라마 스크린

PANOLAMA SCREEN

GAME&WATCH

테이블 톱의 기능은 유지하면서 접이식 소형 사이즈로 개량되었다. 본체를 닫은 상태의 두께가 고작 2cm 정도로 가격도 내려갔다. 획기적 아이디어임에도 불구하고 단명에 그친다.

마리오의 봄 어웨이

MARIO'S BOMBS AWAY

발매일	1983년 11월 10일
가격	6,000엔

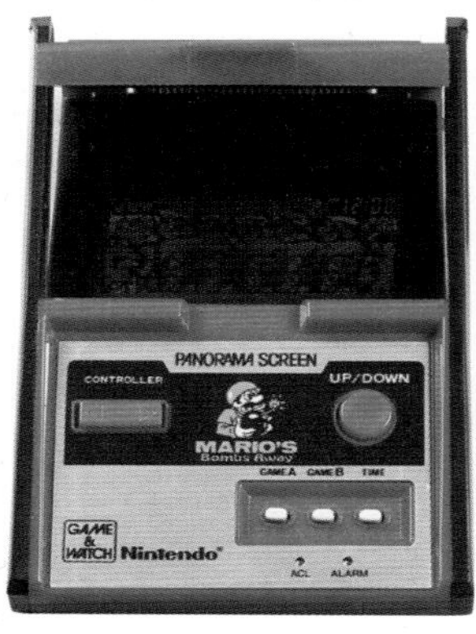

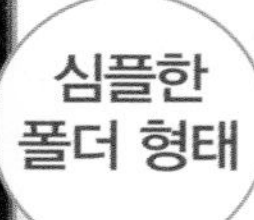

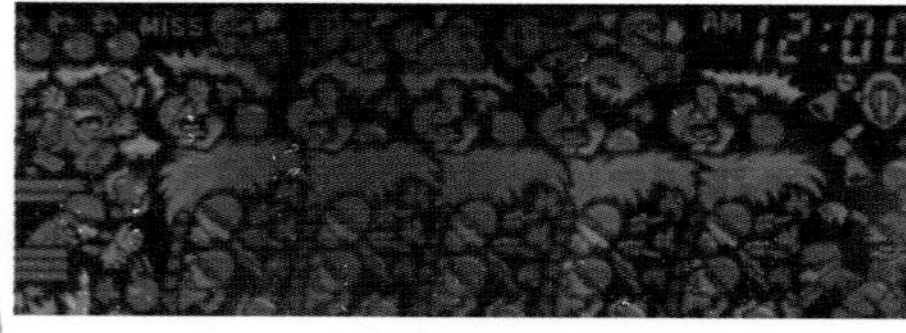

이번 마리오는 폭탄을 끌어안고 돌격! 파노라마만의 오리지널 게임

마리오가 안고 있는 폭탄을 동료에게 넘기는 이색적인 게임. 적병이 불을 붙이지 못하도록 위아래로 피하면서 폭탄을 동료에게 넘겨야 하는데 상대가 어지간히도 받아주지 않는다. 폭탄 5개를 넘기면 적병이 폭사한다는 과격한 내용이다. 세계적인 스타인 마리오에게도 이런 밑바닥 인생이 있었다는 점을 기억하자.

동키콩 서커스

DONKEY KONG CIRCUS

발매일	1984년 9월 6일
	※해외판만 발매

해외판만 나온 오리지널 타이틀 입수는 거의 불가능

나무통에 탄 동키콩을 좌우로 움직여 불덩어리를 피하면서 파인애플로 공기놀이를 한다. 세계관은 『동키콩』 그 자체로 실수하면 마리오가 비웃는다. 파노라마 스크린판 『미키 마우스』와 내용이 동일한 것을 보면 판권 문제로 캐릭터를 교체한 것으로 보인다. 입수하기란 대단히 어렵고 박스셋은 모두 사라졌는지 시장에 나오지 않는다.

동키콩 JR. DONKEY KONG JR.

발매일 1983년 10월 7일
가격 6,000엔

테이블 톱 버전의 이식작 레버에서 십자키로

테이블 톱판에서 이식했다. 게임 내용은 같지만 휴대하기가 편해졌다. 유일하게 달라진 것은 레버에서 십자키로 변경되어 조작하기 쉬워졌다는 점이다. 플레이하지 않을 때는 거울로 쓸 수 있어 여자들에게 인기 있었다는 얘기도 있다.

미키 마우스 MICKEY MOUSE

발매일 1984년 2월
※해외판만 발매

동키콩에서 미키 마우스로! 이쪽도 초레어 아이템

게임 내용은 「동키콩 서커스」와 같으며 캐릭터만 미키 마우스로 교체. 공에 올라탄 미키를 조작해 바톤을 잡아야 하는데 실수하면 도날드가 비웃는다. 해외판만 나온 데다 디즈니 컬렉터들이 노리는 제품이라 입수는 대단히 어렵다.

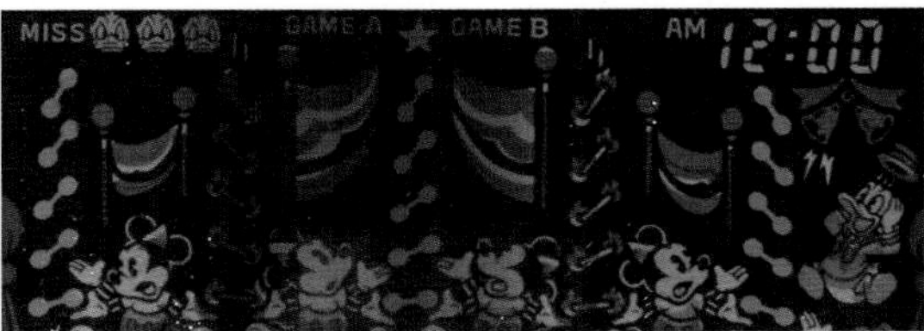

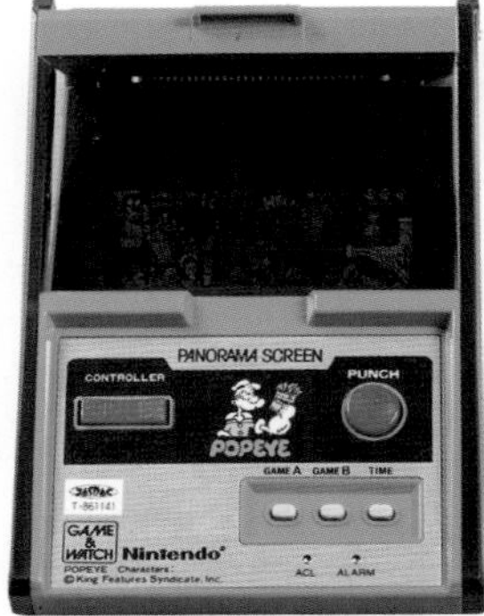

뽀빠이 POPEYE

발매일 1983년 8월 30일
가격 6,000엔

해외판 전용의 오리지널 작품이 파노라마로 부활!

게임 내용은 테이블 톱 버전과 동일. 일본에서는 뽀빠이만 미발매였지만 파노라마로 부활한다. 뽀빠이만의 얘기는 아니지만 테이블 톱과 파노라마 둘 다 액정화면을 1장 그림으로 표시해 도트의 자글거림이 없고 대단히 아름다운 것이 특징.

스누피 SNOOPY

발매일 1983년 8월 30일
가격 6,000엔

오렌지색의 하우징이 눈부시다! 스누피 컬렉터에게도 인기

테이블 톱 버전을 그대로 이식했다. 오렌지색 하우징과 귀여운 디자인은 물론이고 게임 완성도도 높다. 게임워치 붐이 지나간 뒤에 나온 탓에 얼마 팔리지 않았지만 스누피 컬렉터에게는 지금도 인기 아이템이다.

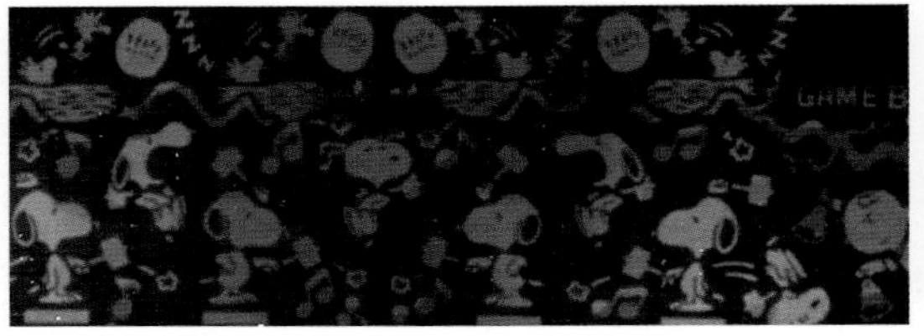

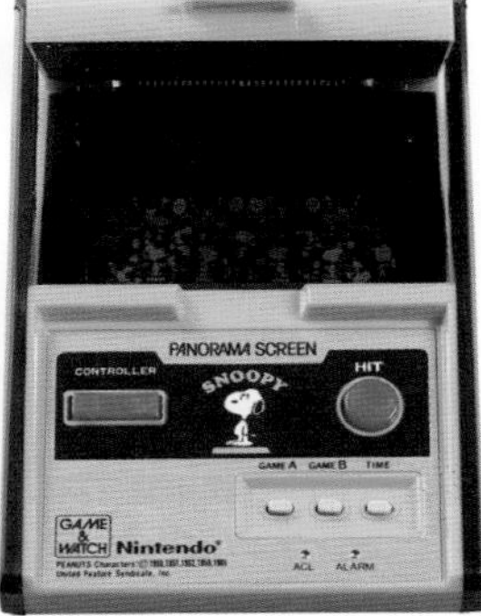

GAME&WATCH

뉴 와이드 스크린 NEW WIDE SCREEN

해외에서 발매된 와이드 스크린의 저가 버전. 메탈릭 베젤과 모든 모델에 채용된 일러스트 등 어린이를 의식한 디자인이 되었다. 4방향 버튼을 연타하면 고속 이동이 가능하다.

벌룬 파이트 BALLOON FIGHT

발매일 1988년 3월
※해외판만 발매

패미컴의 명작을 이식 독특한 부유감을 게임워치에서 재현

이쪽이 FC판

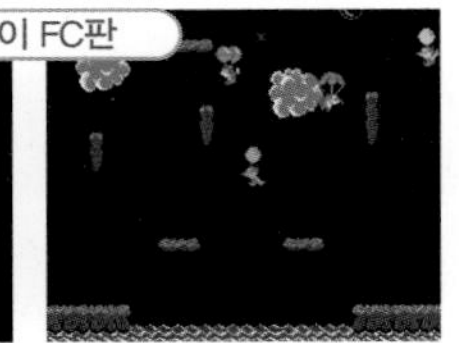

와이드 스크린보다 가격이 내려갔다

지금도 유명한 FC판의 이식. 게임워치에서는 장애물을 피하면서 풍선을 잡는 벌룬 트립을 즐길 수 있다. 아무것도 하지 않으면 내려가므로 EJECT 버튼으로 상승 및 정지하면서 4방향 버튼으로 이동하여 균형을 잡는다. 독특한 부유감은 게임워치라고 생각할 수 없을 정도로 멋지다. 저절로 몰입되는 절묘한 게임성에 보너스 스테이지와 보스전까지 준비되어 있다. 보스를 털어버리는 데모는 호쾌하다.

슈퍼 마리오 브라더스 SUPER MARIO BROS.

발매일 1988년 3월
※해외판만 발매

FC판 슈퍼 마리오의 어레인지 그 유명한 BGM도 재현!

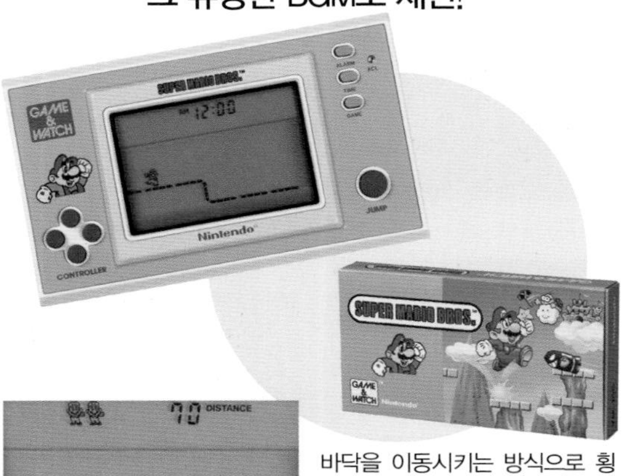

바닥을 이동시키는 방식으로 횡스크롤을 실현했다. 패미컴과 같은 8월드로 구성되었으며 1UP 버섯과 별도 등장한다. 해외에서만 발매되었지만 일본에서 FC 디스크 대회의 선물용으로 배포되기도 했다.

동키콩 JR. DONKEY KONG JR.

발매일 1982년 10월 26일
가격 4,800엔

아케이드판을 어레인지한 자유도 높은 액션게임

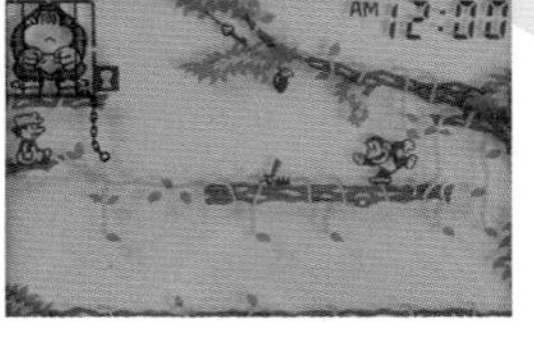

뉴 와이드 스크린 제1탄. 게임의 흐름은 아케이드판에 준한다. 줄에 매달리거나 과일을 떨어뜨려 적을 물리치는 등 액션이 풍부하다. TIME 버튼을 누르고 있으면 열쇠의 움직임이 멈추는 비기도 있다.

지금도 고가에 거래! 매니아들이 탐내는 비매품!

『슈퍼 마리오 브라더스』

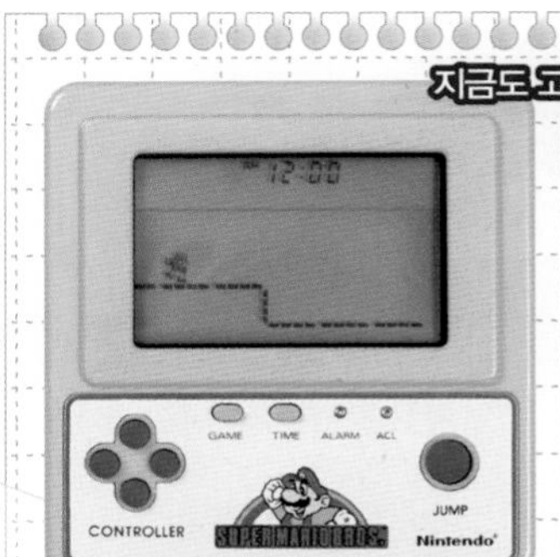

FC 디스크 시스템용 『패미컴 그랑프리 F1 레이스』의 게임 대회(1987년) 경품으로 1만명에게 증정된 전설의 게임워치.

마스코트 캐릭터인 디스쿤 오리지널 케이스에 수납.

해외에서만 발매되었던 게임워치 슈퍼 마리오의 이식작.

맨홀
MANHOLE

발매일 1983년 8월 24일
※해외판만 발매

골드의 명작이 리메이크되어 등장

골드판에서의 변경점은 화면이 커진 만큼 배경 묘사가 세밀해지고 캐릭터의 표정이 보다 풍부해졌다는 점. 구멍에 빠진 보행자가 화내며 젖은 셔츠를 던지는 장면도 있다. 해외판만 있으므로 인지도는 낮다.

마리오의 시멘트 공장
MARIO'S CEMENT FACTORY

발매일 1983년 6월 16일
가격 4,800엔

와인 컬러의 하우징이 인상적! 게임워치에서만 즐길 수 있는 마리오

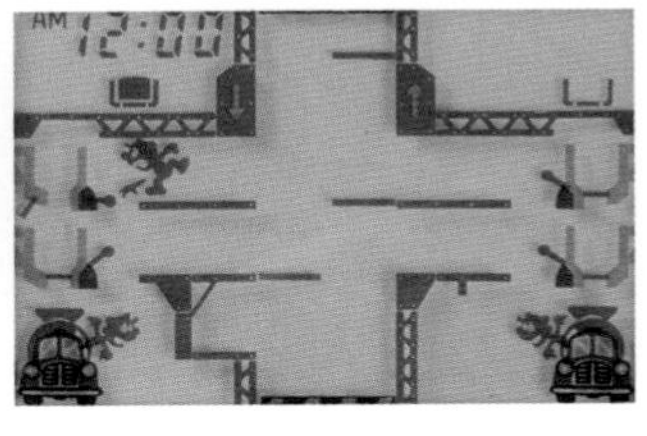

테이블 톱 버전으로부터 약 1개월 뒤에 발매되었다. 게임 내용은 같지만 흑백에 작고 저렴해졌다. 시리즈 전개는 불발. 일본에서는 『동키콩 JR.』와 함께 2게임만으로 끝난다. 와인 레드의 하우징이 어른스러운 분위기를 낸다.

마리오 더 저글러
MARIO THE JUGGLER

발매일 1991년 10월
※해외판만 발매

마지막으로 발매된 게임워치는 마리오판 『볼』

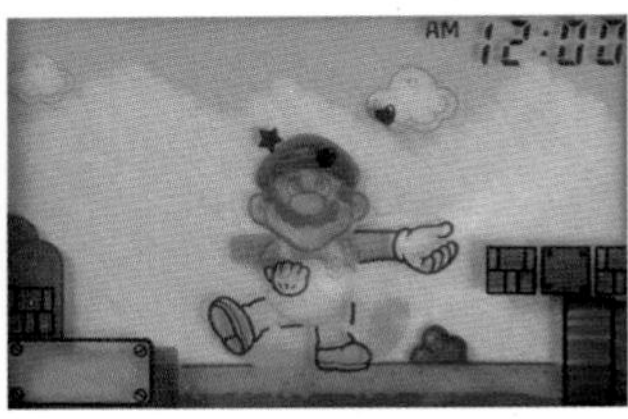

SFC 전성기에 발매된 게임워치 최후의 게임. 내용은 첫 작품 『볼』의 어레인지로 마리오가 공을 던지며 플레이한다. 심플하지만 캐릭터의 움직임은 풍부하고 아주 재미있는 구성이다. 마지막의 원점 회귀는 닌텐도의 미학일까?

클라이머 CLIMBER

발매일 1988년 3월
※해외판만 발매

정상을 목표로 올라가는 『아이스 클라이머』의 어레인지

점프해 머리 위쪽의 바닥을 부수며 적을 피해 계속 위로 올라간다. 정상에서 날고 있는 새를 잡으면 득점이 올라간다. 5스테이지마다 보스전이 있다. FC판 『아이스 클라이머』가 기본. 속도감 있는 조작성이 좋다.

트로피칼 피시 TROPICAL FISH

발매일 1985년 7월
※해외판만 발매

튀어 오르는 물고기를 잡는다! 게임워치의 원점으로 돌아간 명작

수조에서 튀어 오르는 물고기를 잡는다. 물고기를 놓치면 고양이에게 빼앗기고 뼈만 앙상한 상태로 돌아온다. GAME B에서는 좌우로 물고기가 튀어 매우 바쁘다. 『파이어』의 몰입감에 『쉐프』의 풍부한 표정을 더해 매니아들의 인기가 높다.

GB용 소프트 『게임보이 갤러리』 시리즈라면 언제나 간단하게 게임워치를 플레이할 수 있다

게임보이 갤러리 시리즈 수록작

게임보이 갤러리	1997년 2월 1일 발매
맨홀 (뉴 와이드 스크린)	옥토퍼스
파이어 (와이드 스크린)	오일 패닉
게임보이 갤러리2	**1997년 9월 27일 발매**
파라슈트	헬멧
쉐프	버민
동키콩	볼 (해금 필요)
게임보이 갤러리3	**1999년 4월 8일 발매**
에그	그린 하우스
터틀 브리지	마리오 브라더스
동키콩 JR. (뉴 와이드 스크린)	플래그맨 (해금 필요)
져지 (해금 필요)	라이온 (해금 필요)
스핏볼 스파키 (해금 필요)	동키콩 II (해금 필요)
파이어 (실버/해금 필요)	────

파라슈트 쉐프 버민

중고라도 비교적 수월하게 찾을 수 있고
1과 2는 3DS용 버철 콘솔에서 다운로드 판매 중

예전 게임보이 인기작의 리메이크 시리즈. 모든 작품을 오리지널에 충실한 「OLD 모드」, 화면과 게임성을 90년대에 맞춘 「NEW 모드」 2가지로 수록. 또한 3을 제외하고는 3DS의 버철 콘솔에서 다운로드 판매 중으로 가격은 각 400엔. 참고로 해외에서는 『GAME&WATCH GALLERY』로 이름을 바꾸어 시리즈화되었으며, 일본에서 발매되지 않은 GBA판도 있다. 『트로피칼 피시』와 『젤다』 등 매니아도 놀라는 라인업이 있어 일본판이 나오지 않은 게 안타까울 정도이다.

GAME&WATCH

슈퍼 컬러

SUPER COLOR

컬러 필름을 붙여 유사 컬러 화면을 구현한 기기로 메탈 실버 바디가 아름답다. FC의 인기와 겹쳐 일본에서만 2종을 끝으로 사라졌다.

스핏볼 스파키

SPITBALL SPARKY

발매일 1984년 2월 7일
가격 6,000엔

일명 벽돌깨기 게임이지만 게임성은 조금 다르다

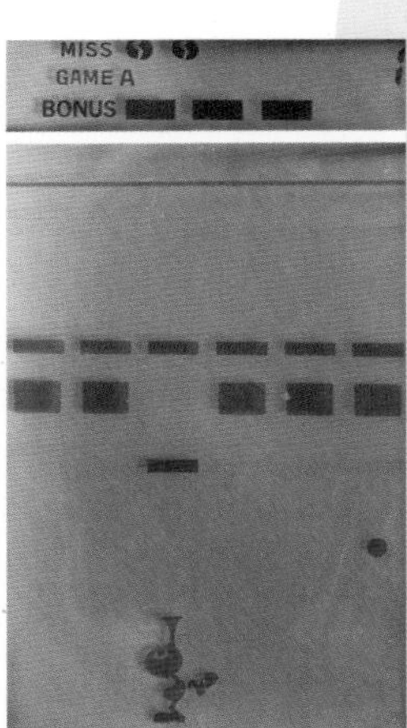

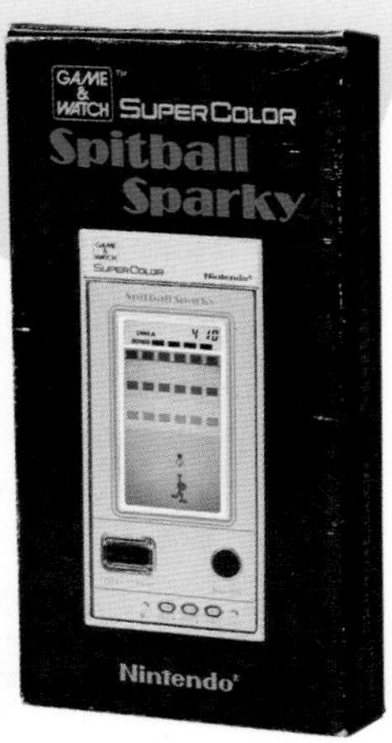

스파키를 조작해 볼을 튕겨 벽돌을 깨뜨린다. 벽돌은 색상마다 득점이 다르고, 움직이는 파괴 불가 벽과 사라지는 벽 등 다양하다. 벽돌의 배치 패턴도 매번 다르다. 그리고 이 시리즈에만 시각을 알리는 알람 캐릭터가 나오지 않는다.

크랩그랩

CRAB GRAB

발매일 1984년 2월 21일
가격 6,000엔

낙하형 퍼즐이 아니라 위로 밀어올리는 것이 참신했다

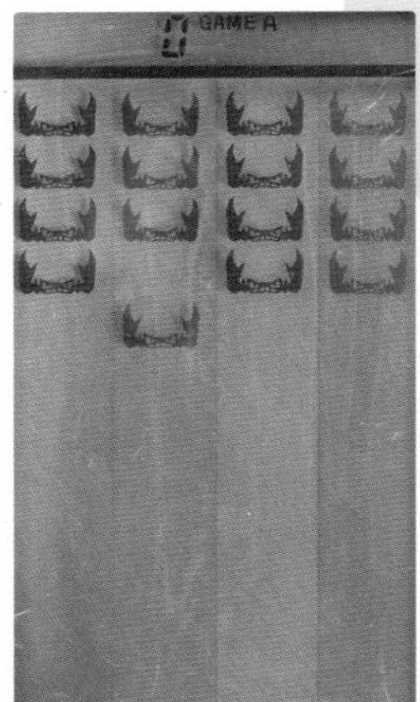

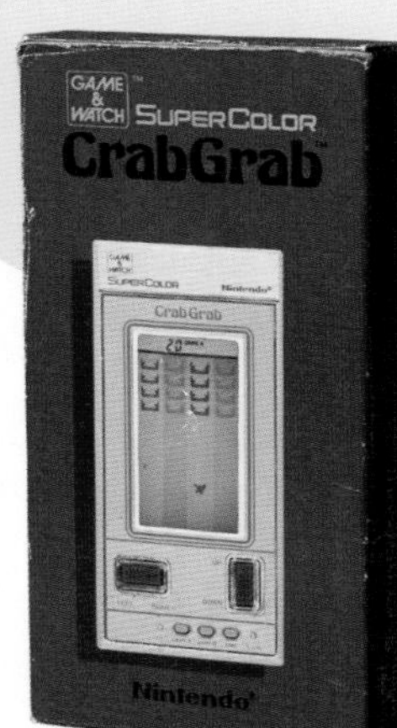

미스터 크랩을 조작해 아래에서 위로 올라가는 데몬 크랩을 화면 위까지 밀어 올리는 퍼즐게임. 제한시간 안에 얼마나 빨리 움직이는가가 중요하며, 협공 당하지 않도록 조심해야 한다. 상하, 좌우 버튼이 별도로 있어 조작이 어렵다.

마이크로 VS 시스템 MICRO VS SYSTEM

일본에서 마지막 시리즈가 된 게임워치. 수납형 컨트롤러와 스탠드가 되는 본체 등 여러 기믹이 매력적이다. 특이하게도 해외에서 먼저 발매되어 나중에 역수입되었다. 대전 플레이를 중시한 것이 특징이다.

복싱 BOXING

발매일 1984년 7월 31일
가격 6,000엔

FC 돋는 멋진 컬러 구현 와이드한 링을 재현하다

컨트롤러는 내부에 수납 가능

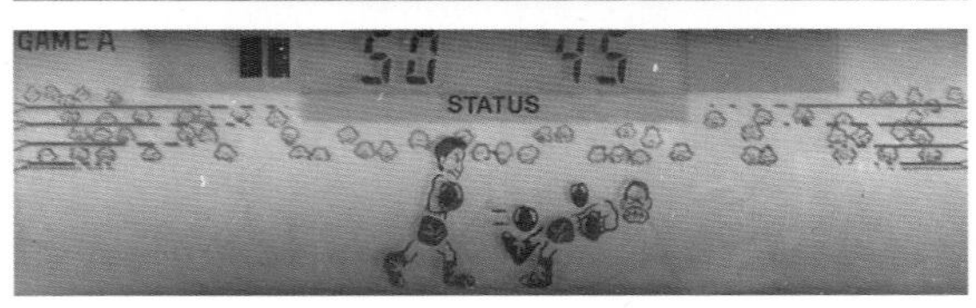

2인 대전이 뜨겁다!!

옆으로 긴 액정화면에 와이드한 링을 재현해 CPU전 혹은 2인 대전으로 복싱을 플레이한다. 십자키로 방향을 정하고 펀치 버튼을 연타해 상대를 물리친다. 펀치가 유효할 때마다 상대방의 체력과 데미지 미터가 줄어들고 0이 되면 KO. 1시합 1분의 9라운드 시스템으로 1분 이내에 끝나지 않으면 체력이 높은 쪽이 이긴다. 캐릭터의 움직임이 많아 상당히 본격적이다. 해외판은 『펀치아웃』이란 이름으로 발매.

동키콩 3 DONKEY KONG3

발매일 1984년 8월 20일
가격 6,000엔

그린 하우징의 2인 대전 버전 살충제로 벌을 상대에게 보내라!

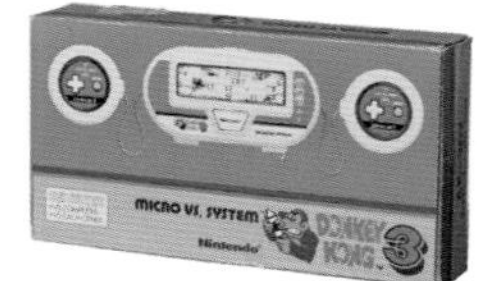

아케이드판의 어레인지 이식. 스탠리와 콩으로 나눠, 살충제를 이용해 벌레를 상대방 쪽으로 보낸다. 살충제 보충을 얼마나 빨리 하느냐가 중요하다. 원본에는 없던 대전 요소로 공방이 치열하다.

동키콩 하키 DONKEY KONG HOCKEY

발매일 1984년 11월 13일
가격 6,000엔

마리오 VS 동키콩, 아이스하키 대결!

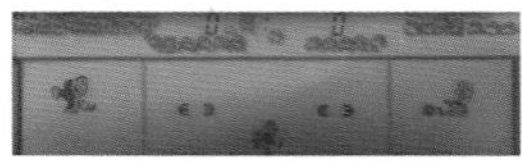

마리오와 동키콩으로 나눠 하키로 대결한다. 가로 화면으로 코트를 충실히 재현했다. 상대의 골에 공을 넣으면 이기는데, 시합 중에 심판이 방해하는 경우도 있다.

GAME&WATCH

크리스탈 스크린

CRYSTAL SCREEN

해외에서만 발매된 게임워치 마지막 시리즈로 초레어 아이템. 액정화면의 뒤편이 투영되는 대단히 아름다운 디자인이다. 화면이 넓어진 것 외에 GAME B 버튼이 폐지된 것이 특징이다.

슈퍼 마리오 브라더스

SUPER MARIO BROS

발매일 1986년 6월 25일
※해외에서만 발매

화면 뒤편이 투영되는 슈퍼 마리오

뉴 와이드 스크린 버전과 같은 내용이지만 발매는 이쪽이 먼저이다. 화면이 비춰 보이는 것만으로도 지금까지의 마리오와는 조금 다른 세계관을 즐길 수 있다. 마리오의 배경 그림을 비추면 패미컴의 추억에 빠진다. 타 시리즈와는 다른 깔끔하고 세련된 디자인은 예술품의 경지. 대히트 타이틀의 이식이라 시리즈 3종류 중에서는 가장 인기가 높아 컬렉터들 사이에서는 프리미엄이 붙어 있다. 아까워서 가볍게 플레이할 수 없을 정도!?

벌룬 파이트

BALLOON FIGHT

발매일 1986년 11월 19일
※해외에서만 발매

투명 화면으로 넓은 하늘을 연출, 게임 배경의 반사판도!

뉴 와이드 스크린 버전의 내용에 크리스탈 바디가 추가되어 보다 아름다운 스타일로 진화했다. 본 제품 한정으로 배경의 반사판이 동봉되어 게임 화면을 선명하게 장식해준다.

클라이머

CLIMBER

발매일 1986년 7월 4일
※해외에서만 발매

3종 중에서는 그나마 구하기 쉬운 편, 그러나 상당한 레어품

뉴 와이드 스크린 버전과 같은 내용이다. 비쳐 보이는 넓은 액정화면에 펼쳐진 세상은 크리스탈만의 감성을 표현한다. 시리즈에서 가장 구하기 쉽다지만 그래도 레어품이다.

닌텐도 제품의 모든 것을 수집・연구하는 「닌텐도 아카이브 프로젝트」 (개인 사이트)

닌텐도 아카이브 프로젝트 대표 야마자키 이사오 씨

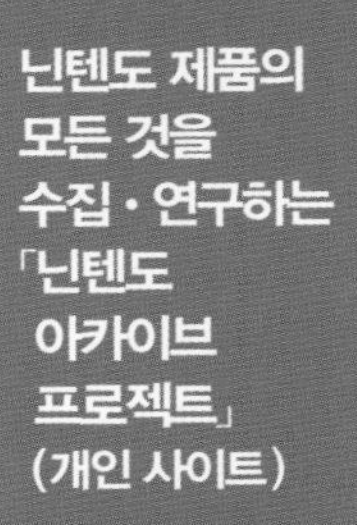

1976년생. 닌텐도 제품을 수집하며 잡지, 서적, 이벤트 등을 통해 닌텐도를 중심으로 한 놀이 문화를 세상에 알리기 위한 연구와 활동을 하고 있다. 『닌텐도 아카이브 프로젝트』도 그중 하나로, 전 세계에서 여러 세대가 모여 즐기는 『닌텐도 게임 뮤지엄』을 만들고 그곳의 관장이 되는 것이 꿈이다.

닌텐도 아카이브 프로젝트란?

닌텐도 전 제품을 수집・보존해 연구한 성과를 출판물과 강연, 이벤트 등을 통해 일본만이 아닌 전 세계로 전파하는 것을 목적으로 한 비영리단체.

http://happy-today.org/nintendo/

※이 책에 게재된 모든 게임 및 광고지는 야마자키 씨의 소장품을 대여해 촬영한 것이다.

게임 포켓콘 대전

GAME POCKET COMPUTER

『게임 포켓콘』의 매력을 찾아본다

팩 교환식 휴대용 게임기의 선구자적 존재인

발매일	1985년	에폭
가격	12,000엔	

어댑터 삽입구
전용 AC어댑터는 여기에 꽂는다.

컨트라스트 조정 다이얼
화면 밝기를 임의로 조정할 수 있다는 게 은근히 기쁘다.

전원 스위치
형태로 보나 위치로 보나 실수로 끌 가능성은 적다.

사운드 스위치
사운드의 ON/OFF를 설정할 수 있다. 볼륨 조정은 불가.

컨트롤러
아날로그 형태이지만 8방향으로만 움직일 수 있다.

팩 삽입구
팩을 꽂으면 측면에 플레이 작품이 표시되는 훌륭한 연출.

게임 셀렉트 버튼
게임을 선택할 때 사용.

게임 스타트 버튼
게임을 시작할 때 사용.

액션 버튼
무려 4개가 붙어 있다. 당시 2버튼이 표준이었던 점을 생각하면 파격적이다. 단지 인체공학적 관점에서 말하자면 버튼 배치가 결코 좋다고는 할 수 없다.

GB보다 4년이나 먼저 나온 소프트 교환식 휴대용 게임기

카세트 비전의 핸디 타입으로 발매된 휴대용 게임기. 정식 명칭은 『게임 포켓 컴퓨터』이지만 본체 사이즈가 초기형 게임보이의 약 2.5배로 꽤 커서 주머니엔 들어가지 않는다. 본격적인 팩 교환식으로는 일본 최초이다. 액정화면에 흑백 2색이 채용되어 해상도는 카세트 비전보다 약간 좋다. GB가 발매되기 4년 전에 GB와 동등한 전지 소모량을 실현했다는 점은 평가할 만하다. 크기를 빼면 휴대용 기기의 기능과 저렴한 가격을 실현했음에도 불구하고 대응 소프트는 겨우 5개뿐이다. 패미컴 신드롬 속에서 발매된 비운의 게임기이다.

퍼즐게임과 그래픽 툴 내장

기본 사양

[CPU]	NEC uPD78C06AG (6MHz)
[RAM]	2KB (+2KB)
[화면]	흑백, 75x64 해상도
[사운드]	1채널
[전원]	AA 건전지 4개, 전용 AC어댑터

크기는 GB의 2.5배

발매 타이틀은 겨우 5개
『아스트로 봄버』 『포켓콘 리버시』
『블록 메이즈』 『소코반』
『포켓콘 마작』

교환식 팩 타입 기기는 게임 소프트의 숫자가 본체 보급에 큰 영향을 미친다는 것은 두말할 필요 없다. 하지만 발매된 것은 겨우 5개, 단명에 그친 것도 무리가 아니다.

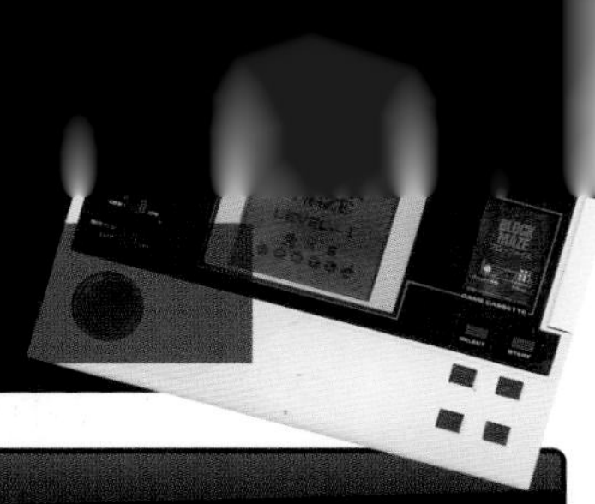

아스트로 봄버

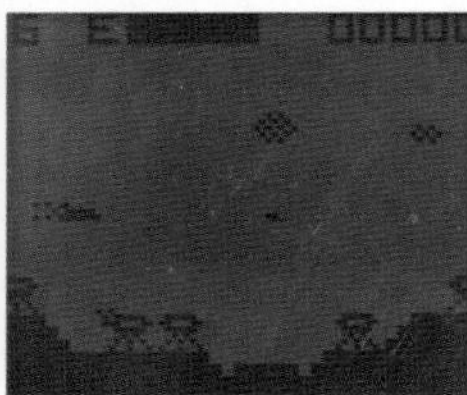

명작 『스크램블』의 어레인지판

총 5스테이지의 횡스크롤형 슈팅 게임. 코나미의 명작 『스크램블』을 어레인지해 게임 포켓콘 중 유일하게 높은 평가를 받는 게임이다. 플레이어는 8방향으로 이동하며, 미사일과 폭탄의 동시 발사로 적을 격파한다. 에너지가 0이 되지 않도록 보충하면서 마지막에 보스를 물리치면 클리어.

블록 메이즈

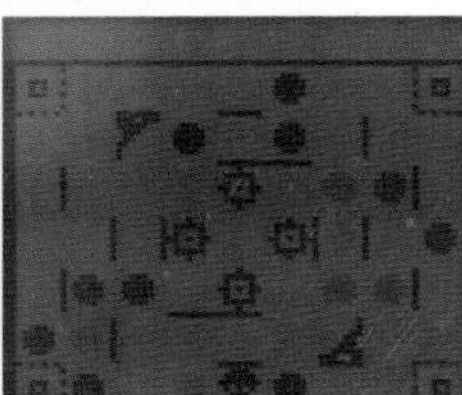

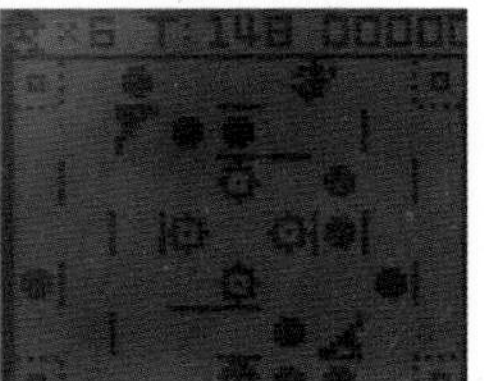

액션성이 풍부한 퍼즐게임

푸시맨을 조작해 미로에 위치한 같은 기호의 코너에 블록을 넣는 액션 퍼즐게임. 방해 캐릭터는 블록을 날려 물리치는데, GAME 2에서는 몬스터가 블록을 날려온다. 벽을 날려서 블록을 흐트러뜨리거나 덤블링으로 방향 전환을 시키는 등 액션성이 좋다.

포켓콘 마작

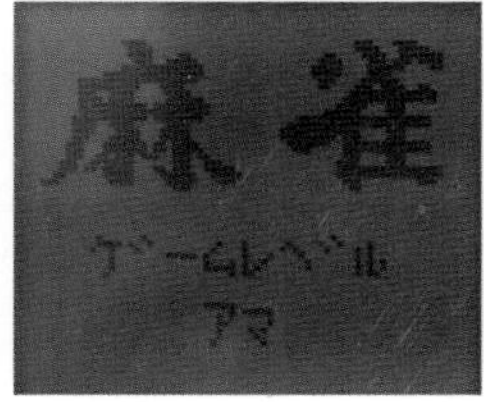

화면은 작아도 본격파

CPU와 대전하는 본격 마작게임. 화면은 플레이어와 CPU의 패를 교대로 표시한다. 번수 및 부수 계산을 확인할 수 있는 등 초보자도 쉽게 설계되었다. 저해상도여서 패의 디자인을 간략화했지만 설명서에 대응표가 있다. 참고로 본체의 버튼을 모두 사용하는 게임은 이 작품뿐.

게임 포켓콘의 전체 소프트 패키지

『아스트로 봄버』

『리버시』

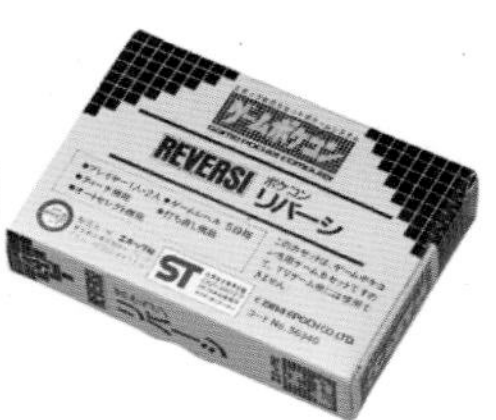

『블록 메이즈』

『소코반』

『마작』

마지막으로 발매된 소코반만 패키지에 쓰여 있는 정보가 다른 것을 알 수 있다

발매 고지 광고

각 소프트의 매력이 화면 사진과 함께 알기 쉽게 소개되어 있다

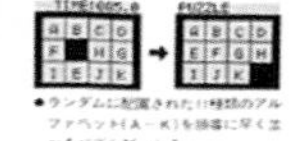

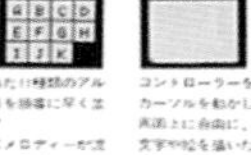

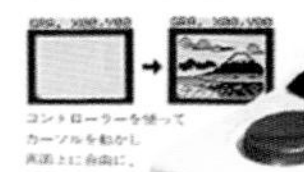

エポック社のLCDドットマトリックスシステム
ゲームポケコン
¥12,800

ゲームポケコン専用カセット4
ポケコンリバーシ
¥2,980

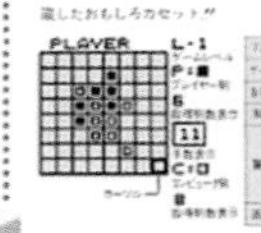

ゲームポケコン専用カセット1
アストロボンバー
¥2,980

ゲームポケコン専用カセット2
ブロックメイズ
¥2,980

ゲームポケコン専用カセット3
ポケコン麻雀
¥3,800

エポック社

제 2 장

1억대 판매 기록의 게임보이, 세계를 석권하다

작아도 믿을 만한 파트너

소년 3명이 게임보이에 푹 빠져 히치하이킹에 실패하는 광고가 인상적이다. 그 광고 때문인지 게임보이는 발매 직후부터 전 세계에서 폭발적인 인기를 얻었다.

GAME BOY

게임보이

전 세계에서 1억 대 이상 판매된
전설의 휴대용 게임기

닌텐도 / 1989년 4월 21일 발매 / 12,500엔

기본 사양

[CPU]	샤프 LR35902 4.19 MHz
[RAM]	8k byte, VRAM 8k byte
[ROM]	256k byte~ 64M byte (게임보이 컬러)
[화면]	모노 4단계, 해상도 160*144, 액정은 2.6인치 STN 규격
[배경]	1면, 256*256 제어 (32*32 타일)
[메모리]	메인 메모리 8k byte, 비디오 메모리 8k byte SRAM
[스프라이트]	8*8(최소) 1화면 중 최대 40개 표시, 1수평라인에 최대 10개 표시
[사운드]	모노 펄스파형(PSG) 음원 2채널, 파형 메모리 음원 1채널, 노이즈 1채널 (스피커는 모노, 이어폰은 스테레오)
[전원]	AA형 전지 4개, 전용 충전식 어댑터(초기형 전용), C 사이즈 배터리 4개를 넣어 약 40시간을 사용하는 전용 배터리 케이스(초기형 전용)
[통신포트]	시리얼 통신포트
[연속사용시간]	망간 전지 약 15시간, 알카라인 전지 약 35시간

성능으로는 패미컴에 밀리지 않았다

분해해서 모델 넘버를 확인해보면 알겠지만, 액정과 마찬가지로 CPU도 샤프 제품이 채용되었다. HAL연구소 사장인 미츠하라 씨는 CPU가 Z80보다 인텔의 8080과 비슷하다고 한다. 전문가들은 게임보이의 CPU가 매우 게임 지향적으로 커스텀되었다고 한다. 전지 지속시간을 고려해 STN 액정을 채용한 것 등이 그렇다. 이를 테면 RPG에서 필드를 걷고 있을 때 화면이 크게 흔들리는 것은 전지 지속시간을 고려한 결과였다. 주 고객층이 어린이였기에 그 선택은 정답이었다.

어디서나 플레이할 수 있다는 것이 가장 큰 장점!

어디서나 게임이 된다. 그것도 게임워치 같은 간단한 게임이 아니라 FC와 같은 성능의 본격적인 게임이 된다. 비디오 게임이라는 말처럼 지금까지 게임은 집에서 하는 것이 상식이었고, 부모님이 게임 시간을 제한한 적이 많았을 것이다. 부모의 시선을 신경 쓰지 않고 마음대로 게임하고 싶다… 이런 어린이들의 꿈을 이루어준 꿈의 기기가 1989년 나온 『게임보이』이다.

성능으로 보자면 게임보이의 CPU가 FC를 능가하지만 일장일단이 있다는 점에서 FC와 거의 같았고 FC보다 저렴했다. 또한 「포터블 핸디 머신」이라는 이름대로 쉽게 휴대할 수 있다는 점이 입소문을 타고 발매 초기부터 물량 부족이 이어졌다. 동시 발매 타이틀 4개의 품질이 좋았던 점도 GB가 폭발적으로 히트한 이유 중 하나일 것이다. 가격, 성능, 그리고 게임 자체의 재미, 삼박자를 갖췄기에 1억 대를 넘는 세계적인 대히트를 기록했다.

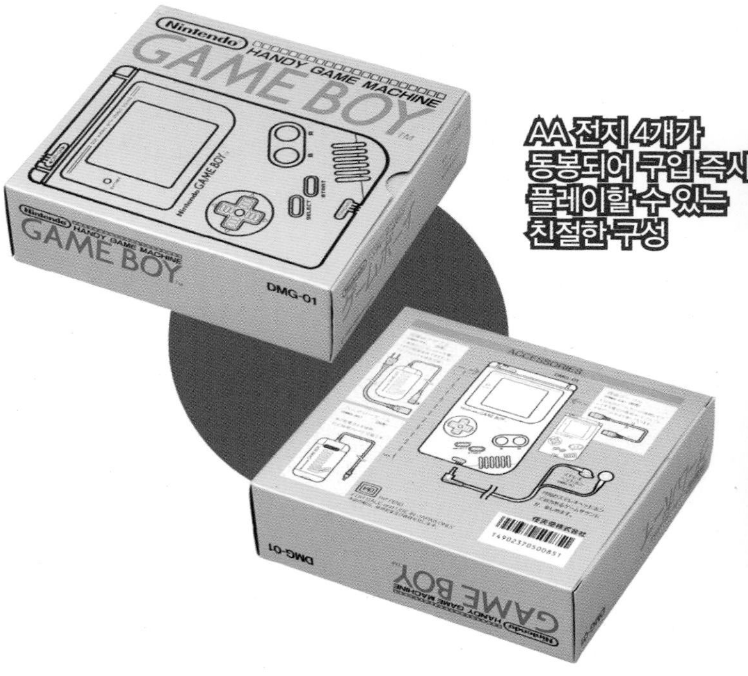

AA 전지 4개가 동봉되어 구입 즉시 플레이할 수 있는 친절한 구성

작은 하우징에 꿈이 가득
패미컴과 달리 팩 탈거 스위치와 리셋 스위치는 없다

본체의 전원을 켜면 팩을 삽입하는 부분의 돌출부가 나온다. 팩이 끝까지 들어가면 팩 우측의 홈에 잠금장치가 딱 들어가서 게임을 기동할 수 있다.

플라스틱 케이스가 동봉되어 안심

게임보이의 런칭 타이틀은 4개
모두 2,500엔이라 저렴하지만 고품질이었다

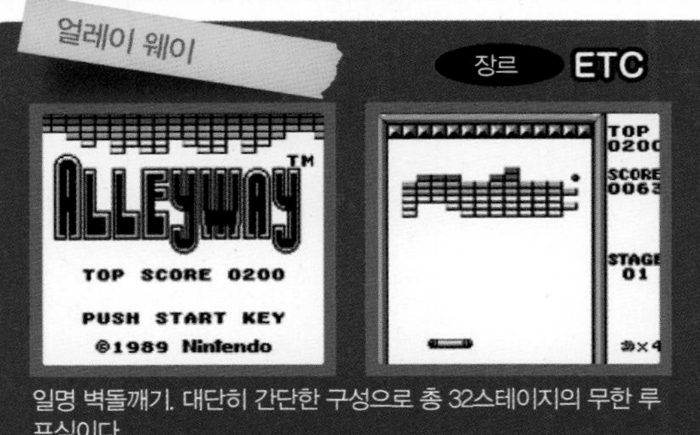

일명 벽돌깨기. 대단히 간단한 구성으로 총 32스테이지의 무한 루프식이다.

설명할 필요가 없는 초인기 타이틀. FC와 비교하면 볼륨감은 부족하지만 GB로서는 적절한 수준이라고 할 수 있다.

FC에서도 같은 타이틀이 나왔지만 내용 면에서는 패미스타에 가깝다. 캐릭터의 움직임이 굼뜨지만 충분히 쓸만하다.

1인용으로 다섯 캐릭터와 대전을 펼친다. 각 캐릭터마다 전법이 다르며 통신케이블을 연결하면 2인 대전도 지원한다.

게임보이 주변기기 소개①

※게임보이 주변기기 소개②는 P37

스테레오 이어폰

원래는 본체에 동봉되었지만 본체 가격 변경을 계기로 별매로 바뀌었다.

주변기기 일람

제품명	설명	정가
스테레오 이어폰	나름 괜찮은 스테레오 사운드를 즐길 수 있다.	1,000엔
충전식 어댑터	AC어댑터 겸용. 이것으로 배터리 문제에서 해방된다.	3,800엔
통신케이블	GB의 대명사적 존재. 이것이 있으면 친구와 함께 게임을 즐길 수 있다.	1,500엔
배터리 케이스	초기 모델 전용 외부 배터리	—
4인용 어댑터	최대 4인까지 통신대전 가능. 하지만 소프트와 본체도 그만큼 필요하다.	3,000엔
클리닝 키트	본체 및 팩 단자부를 청소한다. GBA SP까지 사용 가능.	800엔

충전식 어댑터

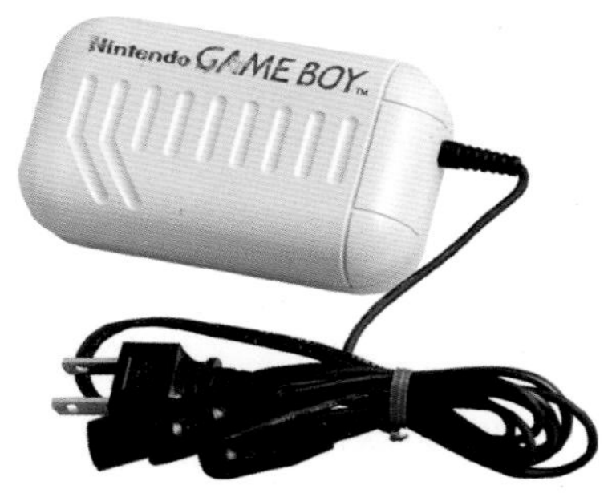

내부에 AA 충전식 전지가 내장되어 있어 8시간 충전으로 10시간 쓸 수 있다. 건전지와 비교하면 사용 시간은 짧지만 반복해서 충전 가능하므로 매우 경제적이다. 또한 AC어댑터로도 쓸 수 있어 정전되지 않는 한 전지 상태를 고민하지 않아도 된다.

통신케이블

기본적으로 게임보이 포켓 이후의 기기에서 사용할 때는 변환 어댑터가 필요하다. 물론 게임보이 포켓 전용의 통신케이블도 발매되었다.

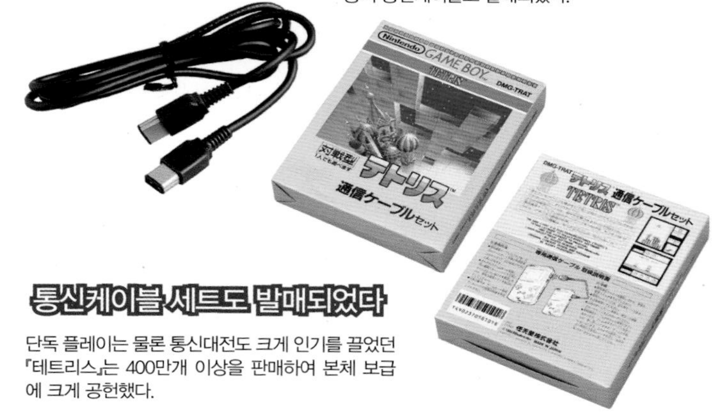

통신케이블 세트도 발매되었다

단독 플레이는 물론 통신대전도 크게 인기를 끌었던 『테트리스』는 400만개 이상을 판매하여 본체 보급에 크게 공헌했다.

4인용 어댑터

4인용 어댑터에 붙어 있는 통신케이블로 1대를 연결하고, 이어서 나머지 3명도 케이블을 연결한다. 어댑터에 직접 연결한 사람이 전원을 켜고 나머지 3명도 전원을 켠다. 이것으로 4인 대전 준비는 끝. 『F1 레이스』를 시작으로 수십 종의 대응 소프트가 발매되었다.

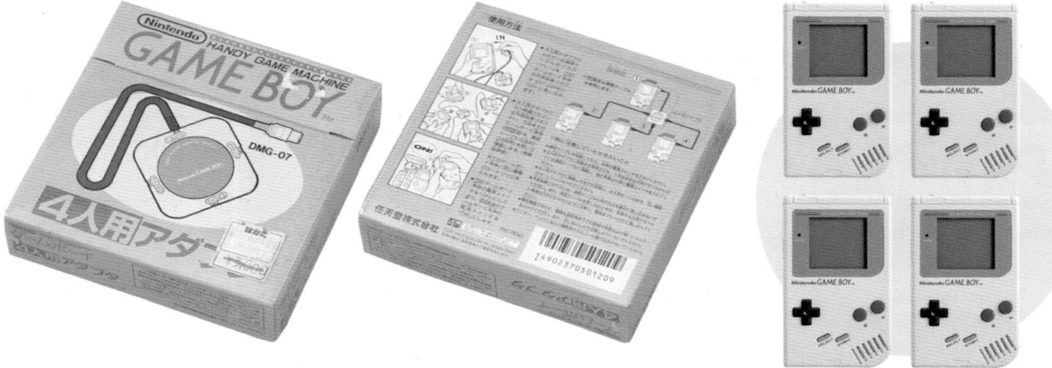

4인대전을 하려면 사람 숫자만큼의 게임보이와 게임 팩이 필요

초기 게임보이 광고지

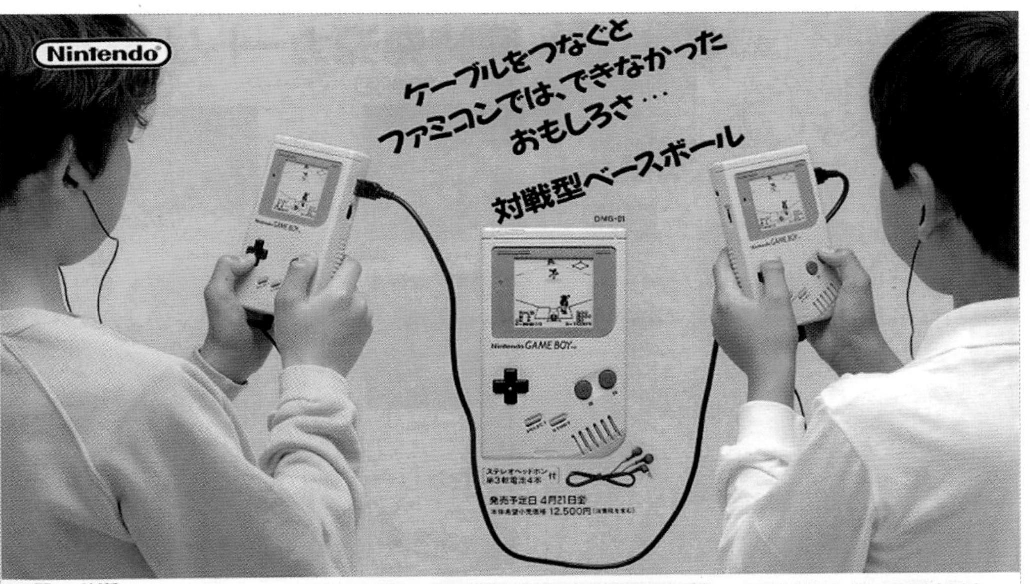

겉면 … 통신케이블을 통해 패미컴에서는 불가능한 플레이를 보여준다

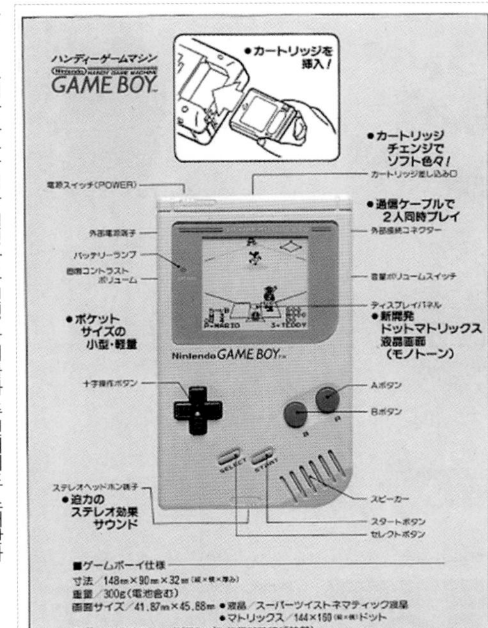

속면 … 스펙과 사용방법을 설명하고 런칭 타이틀과 주변기기도 소개한다

GAME BOY BROS.
게임보이 브로스

초기 게임보이에
컬러 라인업이 늘어났다

닌텐도 / 1994년 11월 21일 발매 / 8,000엔

레드

후기형에서는
스테레오 이어폰이
별매로 변경

빅토카이 / 라이트 보이

남코 / 바코드 보이

기본 성능은 초기 모델을 답습하므로 닌텐도 이외 제품을 포함해 GB 전용 주변기기를 문제없이 사용할 수 있다. 이를테면 위와 같은 제품은 게임보이 포켓 이후에는 쓸 수 없지만, 대용품이 나오거나 변환 커넥터 등을 거쳐 사용하는 경우도 있다.

컬러 배리에이션①

화이트

옐로

게임보이 브로스 광고지

당시로서는 본체 컬러를 고를 수 있다는 것이 대단히 획기적이었다.
본체 구매 시 100% 증정한 반다나는 광고에 기용된 기무라 타쿠야가 쓴 것과 같다.

컬러 배리에이션②

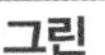

그린

스켈레톤

블랙

GAME BOY POCKET
게임보이 포켓

포켓보다는 백라이트가 들어간
LIGHT 쪽이 조금 더 크다

닌텐도 / 1996년 7월 21일 발매 / 6,800엔

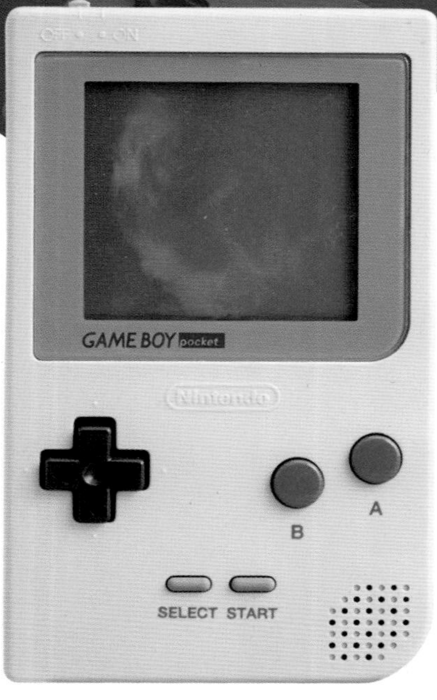

그레이

패키지도 알록달록해 수집 욕구를 자극한다!

가격 인하와 함께 저전력을 실현

철저한 원가절감으로 초창기 GB보다 크게 저렴한 6,800엔(에서 더욱 내려가 3,800엔까지)이라는 놀라운 가격을 실현했다. 본체 자체도 소형화, 경량화됐다. 하지만 배터리 구동시간은 8시간으로 라이벌들을 물리치기 위해 노력하던 초창기에 비해 크게 줄어들었다(AAA 전지 2개). 초기형과 달리 배터리 용량이 일정 이하로 내려가면 느닷없이 꺼지기 때문에 늘 배터리에 신경을 써야 했지만, 이후 액정 좌측에 배터리 잔량 램프가 추가되어 그 걱정은 사라졌다.

컬러 배리에이션①

레드

옐로

그린

컬러 배리에이션②

블랙

핑크

클리어 퍼플

팩 삽입구의
잠금장치가 사라져
깔끔해 보인다

실버

골드

골드와 실버는 7,800엔이라
조금 비싸지만
특제 플라스틱 케이스가
따라오는 등 호화롭다

게임보이 포켓 한정 컬러

에메랄드 그린

스켈레톤

에메랄드 그린은 닌텐도64 『멀티 레이싱 챔피온십』의 타임 트라이얼 컨테스트에서 상위 2000명에게 증정된 비매품. 형광 도료가 채색되어 어둠 속에서도 빛이 난다. 스켈레톤은 1997년 게임 잡지 『패미통』에서도 통신판매한 한정품이다. 이것 외에도 세이부 구단과 콜라보한 라이온즈 블루와 인기 캐릭터인 헬로키티가 프린트된 것 등 다양한 한정 모델이 있다.

게임보이 포켓 광고지 컬렉션

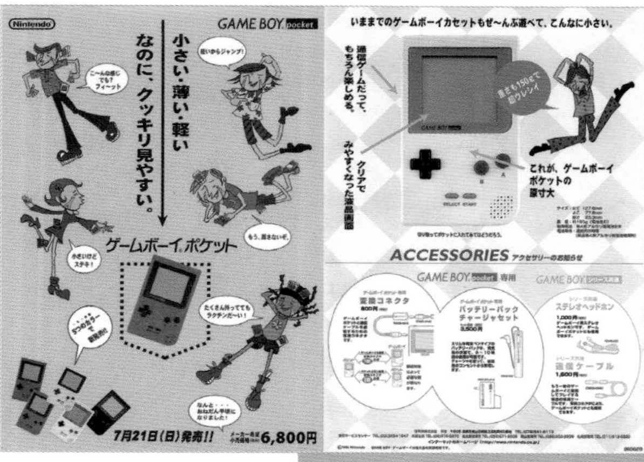

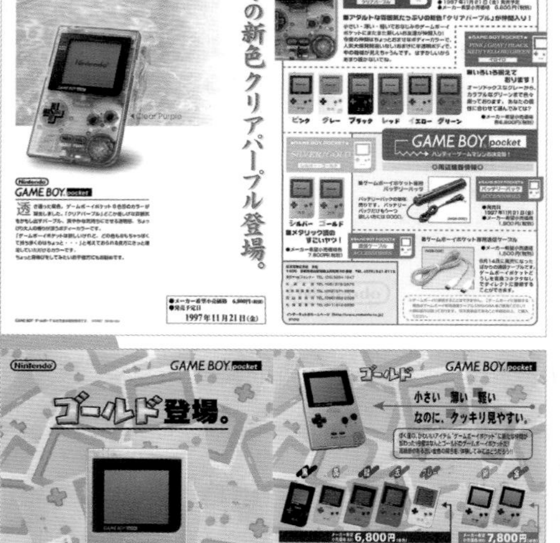

왼쪽은 게임보이 포켓 발매 고지용.
오른쪽 위아래는 새로운 컬러 등장에 맞춰 만들어진 광고지.

GAME BOY LIGHT
게임보이 라이트

백라이트 채용으로 어두운 곳에서도 플레이가 가능해졌다

닌텐도 / 1998년 4월 14일 발매 / 6,800엔

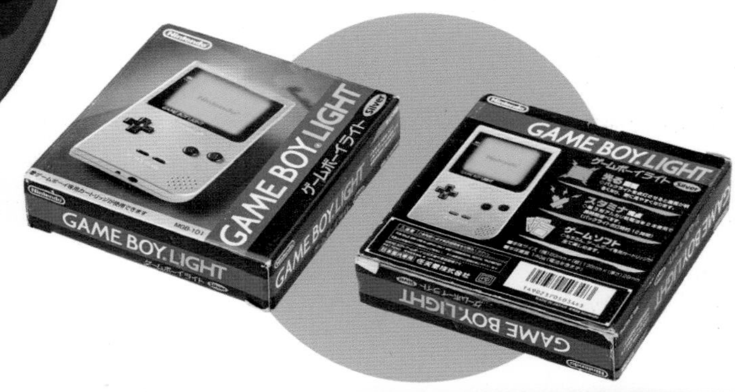

게임보이 포켓과의 비교

	게임보이 포켓	게임보이 라이트
본체 사이즈 (가로*세로*두께)	77.6*127.6*25.3mm	80*135*29mm
무게(전지 포함)	150g	190g
가동시간	8시간	백라이트 미사용 시 20시간, 사용 시 12시간

게임보이 시리즈의 막내

시리즈 막내격인 게임보이 라이트는 게임보이 포켓보다 약간 큰 사이즈. 백라이트를 채용한 것이 가장 큰 특징이며, 건전지 규격이 AAA에서 AA로 바뀌어 게임보이 포켓을 뛰어넘는 가동시간을 실현했다. 백라이트는 언제든지 켜고 끌 수 있다.

게임보이 주변기기 소개②

포켓 카메라

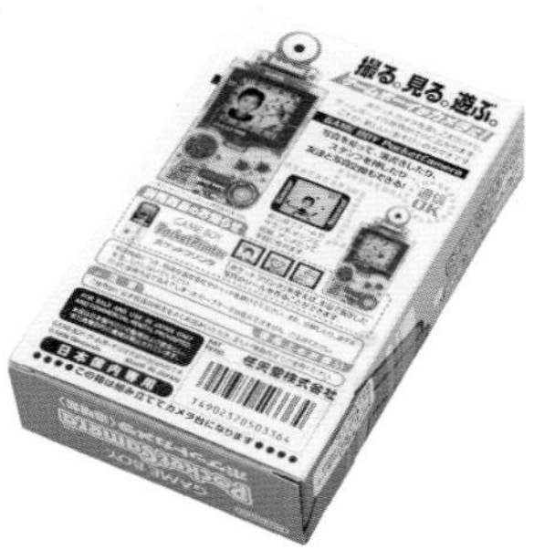

오락실에서 세가와 아틀라스의 프린트 클럽이 대히트하던 시기에 등장. 흑백에다 화질도 나빴지만 페인트 기능과 도장 기능, 구획 기능 등 게임기로서의 기능을 다수 채용했다. 자기가 찍은 얼굴을 내보낼 수 있는 미니게임 등, 카메라와 게임을 융합시켰다. 일부 요소는 이후 계승.

포켓 프린터

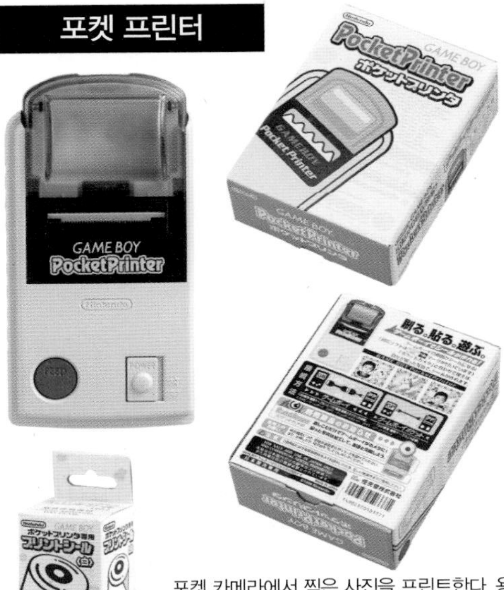

포켓 카메라에서 찍은 사진을 프린트한다. 용지는 감열 기능을 가진 롤지이며 황색 바탕에 검정 인쇄, 청색 바탕에 검정 인쇄, 흰색 바탕에 세피아 인쇄의 3종류. 코팅지를 벗기면 씰이 된다.

GAMEBOY COLOR

게임보이 컬러

닌텐도 / 1998년 10월 21일 발매 / 8,900엔

기본 사양

[CPU]	샤프 LR35902 4.19/8.34 MHz
[메모리]	메인 메모리 256k bit, 비디오 메모리 128k bit SRAM
[ROM]	최대 64M bit
[그래픽]	2.6인치 TFT 액정 디스플레이, 32,768색 중 56색 동시발색, 해상도 160*144
[윈도우 기능]	스크롤 불가
[스프라이트]	8*8(최소) 1화면 중 최대 40개 표시, 1수평라인 위에 최대 10개 표시
[사운드]	스테레오 PSG 음원 4채널
[전원]	AA 전지 2개 (알카라인 전지 사용 시 약 20시간)
[통신포트]	시리얼 통신포트, 적외선 통신

컬러화만 된 것이 아니라 반사형 TFT 액정을 채용해 움직임이 많은 게임을 원활하게 구현했다. GB의 상위 호환이라 그동안 쌓은 자산을 활용할 수 있다는 것도 장점 중 하나. GBC 공용 혹은 전용 소프트를 플레이할 때는 4~10색의 색상 패턴을 할당하는 기능도 있다. 또한 적외선 기능도 채용됐다. 가격은 이후 6,800엔으로 인하된다.

컬러 전용 소프트 한정으로 56색의 동시발색이 가능한 사양

퍼플

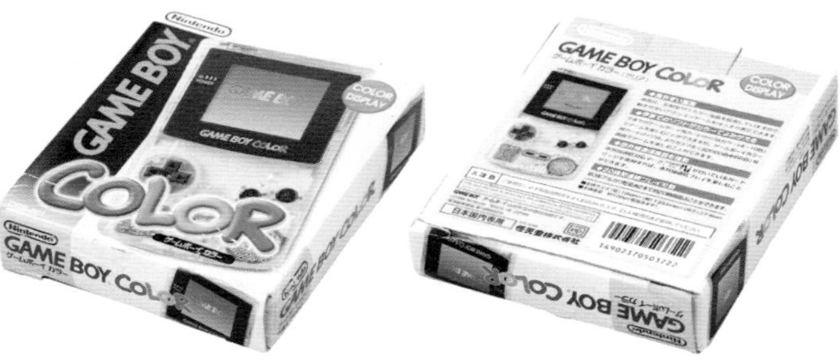

게임보이 컬러 주변기기 소개

모바일 어댑터 GB

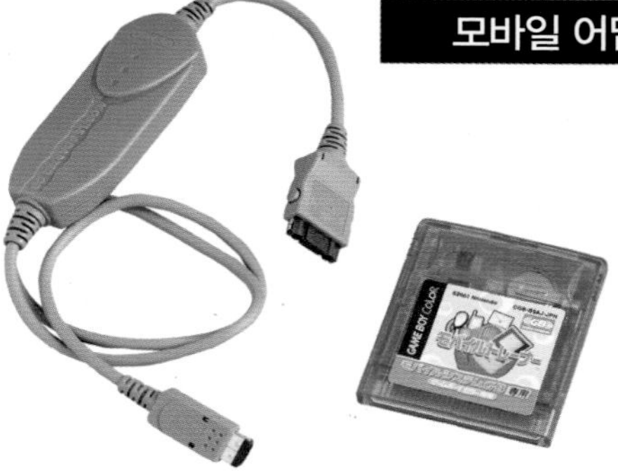

휴대폰과 게임보이 컬러, 게임보이 어드밴스를 연결하여 게임 데이터의 업로드와 다운로드를 지원하는 『모바일 시스템 GB』. 네트워크를 이용한 다양한 플레이를 기대했으나 1년이 채 안되어 서비스가 종료된다.

컬러 배리에이션

블루

핑크

옐로

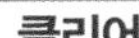

클리어

클리어 퍼플

게임보이 시리즈 팩 디자인 비교

왼쪽부터 게임보이, 슈퍼 게임보이 대응, 게임보이/게임보이 컬러 공용, 케임보이 컬러 전용, 진동팩이다. 진동팩 모터는 AAA 전지 1개로 구동되며 직접 교환이 가능하다.

『슈퍼 게임보이』가 있으면 TV 화면에서 게임보이를 플레이할 수 있다

[컬러 패턴]
미리 준비된 32종류의 색상 패턴에 더해 [My 컬러]에서 만든 색상 패턴에서 임의의 배색을 선택할 수 있다. 슈퍼 게임보이 대응 소프트를 쓸 때는 전용 색상 패턴으로 표시된다.

[테마]
미리 준비된 9종류의 테마에서 임의로 선택한다. 슈퍼 게임보이 대응 소프트를 쓸 때는 게임 측에서 준비한 테마가 표시된다. 슈퍼 게임보이2에서는 본체에 내장된 테마가 새로워졌지만 특정 순서를 밟으면 이전의 테마를 쓸 수 있다.

[My 컬러]
모노 4색에 원하는 색상을 할당해 게임보이를 유사 컬러화시키는 것이 가능했다.

DATA

『슈퍼 게임보이』
1994년 6월 14일 발매 / 6,800엔

『슈퍼 게임보이2』
1998년 1월 30일 발매 / 5,800엔

SFC 본체에 팩을 꽂기만 하면 되는 간단한 구동법

대응 소프트일 경우
오리지널 프레임이 표시된다

특수 센서가 내장된 소프트

『포켓몬 핀볼』

포켓몬스터를 소재로 한 핀볼게임으로, 캐비닛에서 나오는 포켓몬을 포획하여 도감을 채워 나간다. 약 100만개를 판매한 대히트 게임이다.

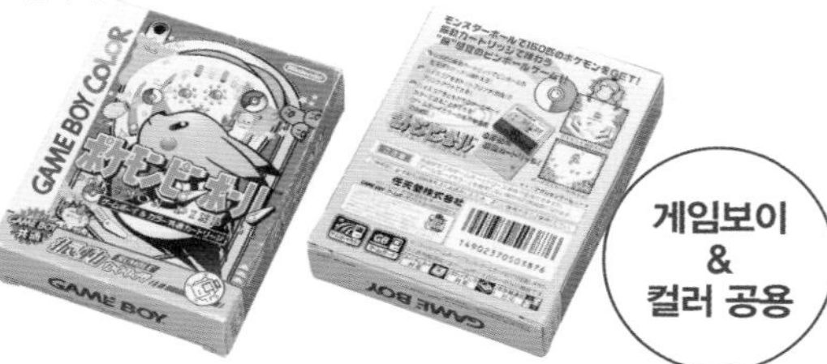

게임보이
&
컬러 공용

『GB 메모리팩』

1997년 9월 30일부터 2007년 2월 28일까지 로손 및 닌텐도에서 실시된 게임 소프트의 다운로드 판매 서비스 「닌텐도 파워」. 다운로드 판매 시에는 플래시 메모리가 내장된『GB 메모리팩』이 필요하다. 팩의 가격은 2,800엔(소비세 제외)인 반면, 몇몇 예외를 제외하고 다운로드 가격은 1,000엔이 기본. 게임이 다운로드된 상태에서 발매되는 프리라이트 버전도 있었다.

슈퍼 패미컴 버전은 「SF 메모리팩」이라 부른다 GB와 SFC 둘 다 닌텐도 파워 전용 소프트가 존재한다

『코로코로 커비』

기울기 센서를 추가해 게임보이의 움직임에 맞춰 커비가 움직인다. 지금까지 없었던 참신한 게임성으로 50만개 이상을 판매했다.

게임보이
&
컬러 공용

GAMEBOY GAMEBOY COLOR SOFTWARE GUIDE

게임보이 소프트 소개

GB와 동시에 화려한 데뷔를 장식한

슈퍼 마리오 랜드

SUPER MARIO LAND

장르	액션
퍼블리셔	닌텐도
발매일	1989년 4월 21일
가격	2,500엔

슈퍼 마리오를 바탕으로 어레인지 요소를 플러스

GB 본체와 동시 발매된 런칭 타이틀 중 하나로 본체 구입자가 가장 먼저 선택하는 게임이었다. 전 세계 판매량 1800만개 이상. 제목에서 알 수 있듯이 FC의 슈퍼 마리오 브라더스의 흐름을 이어받은 내용으로 횡스크롤로 전개되는 호쾌한 액션이 매력적이다. 장애물을 넘어 제한시간 안에 골인하는 시스템은 FC와 같은데 거기에 본 작품만의 요소를 믹스했다. 마리오의 파워업에 있어 특징적인 것은 플라워로, 기존의 파이어볼과는 달리 이 작품에서는 슈퍼볼을 던져 공격한다. 슈퍼볼은 말 그대로 반사하는 기능을 갖고 있어, 적을 물리치기만 하는 것이 아니라 점프로는 닿지 않는 곳의 코인을 얻을 때도 쓸 수 있어 편리하다. 스테이지는 용량상 1월드 3스테이지 구성이나 특정 스테이지에서는 마리오가 탈것으로 이동하는 슈팅 형식의 게임도 즐기게 되었다.

기본적인 시스템은 FC의 슈퍼 마리오를 따르고 있어 게임기를 휴대 기기로 옮겼어도 위화감 없이 플레이할 수 있었다.

2-3과 4-3은 특수한 스테이지가 되었으며, 슈팅게임처럼 총탄을 쏘면서 잠수함과 비행기를 타고 전진한다.

골 보너스

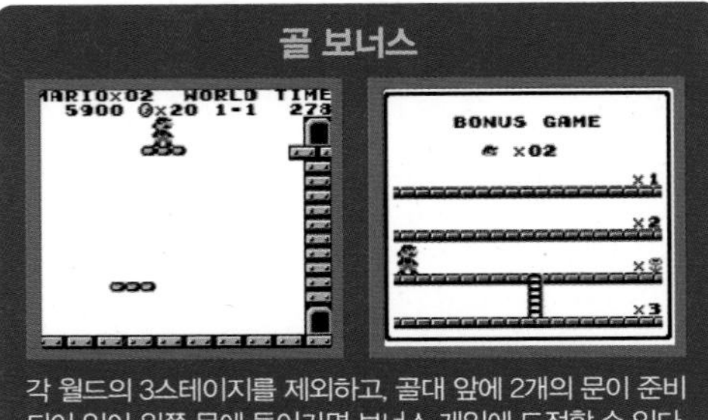

각 월드의 3스테이지를 제외하고, 골대 앞에 2개의 문이 준비되어 있어 위쪽 문에 들어가면 보너스 게임에 도전할 수 있다.

단일 타이틀로는 GB 최고의 매출 기록

테트리스

TETRIS

장르	퍼즐
퍼블리셔	닌텐도
발매일	1989년 6월 14일
가격	2,500엔

GB 붐을 이끌었던 퍼즐게임의 금자탑

게임을 해본 적이 있다면 이 작품을 모를 수는 없을 것이다. 테트리스는 슈퍼 마리오 랜드와 함께 초창기 GB 시장을 이끌며 게임기 보급에 크게 공헌했다. 소프트 단일 매출로도 GB 사상 최고인 424만개를 기록했다. 이 숫자는 역대 퍼즐게임 판매량에서도 부동의 1위이다. 다수의 개발사가 테트리스의 라이선스를 얻어 휴대 기기, 거치 기기를 가리지 않고 여러 게임기에 이식했으므로 어레인지가 된 것도 종종 볼 수 있다. 본 작품은 통신대전으로 마리오와 루이지가 나온다. 1인용에서 지정된 라인을 지우며 점수를 경쟁하는 모드가 존재한다는 점 외에는 과도한 어레인지가 없는 정통 테트리스이다. 참고로 대부분의 소프트에서 테트리스의 고향인 러시아 민요, 코로브시카가 BGM으로 설정되어 있지만, 초기 버전은 미뉴에트가 채용된 것도 있다.

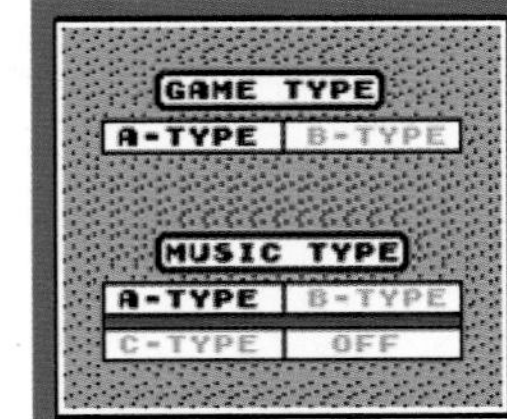

BGM은 3종류가 준비되어 있지만 GB판 테트리스라고 하면 코로브시카가 머릿속에서 재생되는 사람이 많을 것이다.

메인 모드는 지구력을 시험하는 스타일이다. 한편 2P용 모드에서는 테트리스 최초의 대전을 채용했다.

아류작도 속속 등장

원작을 살리면서 어레인지 된 것도 있는가 하면, 테트리스 플래시처럼 완전히 다른 게임이 된 작품들도 있다.

휴대 기기 굴지의 명작 RPG

마계탑사 Sa·Ga

MAKAI TOUSHI SA·GA

장르	RPG
퍼블리셔	스퀘어
발매일	1989년 12월 15일
가격	3,500엔

FF 1과 2가 이루지 못했던 100만장 판매를 달성하다

파이널 판타지풍의 RPG, 마계탑사 Sa·Ga는 스퀘어의 GB 첫 작품이며 스퀘어에게 첫 100만장 판매 기록을 안겨준 기념작이다. 게임 역사의 관점에서 보면 휴대용 게임기의 첫 RPG이기도 하다. 독창적 시스템으로 알려진 FF2와 같은 작품으로 레벨과 경험치라는 개념은 없지만 독자적인 성장 시스템을 도입했다. 그 시스템에는 종족이 관련되어 있다. 인간은 성장 아이템으로 성장하고, 에스퍼는 전투 후에 랜덤으로 능력이 상승하며, 몬스터는 고기를 먹어 다른 개체로 변신하는 등, 종족에 따라 강화 조건이 완전히 다른 것이 특징. 안정성은 인간, 도박성은 에스퍼, 매니아는 몬스터라고 봐야 할 것이다. 게임은 4개의 세계와 그곳으로 통하는 탑을 공략하는 것이 목적이다. 하나의 세계에서 크리스탈을 입수해 탑의 상층으로 전진하는 흐름이다.

필드는 탑뷰 시점의 정방형. 전투도 전형적인 랜덤 인카운트를 채용하고 있다.

주인공 및 길드에서 고용하는 동료는 종족과 성별(몬스터는 종별)을 선택할 수 있다. 또한 고용한 동료는 사망할 때까지 함께 간다.

무기가 횟수제인 점과 기존 작품과 차별화된 시스템이 호평받아 이후 사가 시리즈로 발전했다.

전작에서 보다 파워업

Sa·Ga2 비보전설

SA·GA2 LEGEND OF TREASURE

장르	RPG
퍼블리셔	스퀘어
발매일	1990년 12월 14일
가격	4,800엔

시스템 면을 정비하여 보다 플레이하기 쉬워졌다

전작의 히트로 FF 외에도 존재감을 드러내는 데 성공한 스퀘어는 Sa • Ga 시리즈를 확립하기 위해 정확히 1년 만에 속편을 발매했다. 스토리는 전작과 관련 없는 독립적인 작품이지만 종족을 골라 플레이하는 스타일과 전투에 관련된 요소는 발전적으로 계승했다. 전작에 등장하는 몬스터와 이번 작품에 추가된 메카의 경우, 전투와 성장이 직접 연결되지는 않지만, 인간과 에스퍼는 전투 중 행동이 스테이터스에 영향을 미치는 FF2에 가까운 시스템을 채용했다. 또한 이번에는 플레이어가 편성한 파티에 NPC가 참여하므로 특정 장면에서 전투 보조가 들어와 게임 밸런스 유지에 도움을 준다. 부제인 '비보'가 시스템과 스토리 양쪽에서 중요한 역할을 한다. 특수효과를 가진 비보를 모으면서 이야기가 진행되고 일부 비보는 스테이터스 보강 효과도 있다.

이번 작품의 스토리는 대단히 인기가 높아서 휴대용 게임기에도 스토리성이 좋은 RPG가 있다는 인상을 주었다.

사진처럼 술집에서 술을 마시려고 하면 나이 제한에 걸린다고 혼나는 등, 스퀘어 RPG에서 종종 보는 개그도 있다.

임의로 종족을 고르는 등, 전작의 콘셉트를 이어받으면서도 게임은 완전히 새롭게 바뀌었다.

GB 굴지의 SRPG

리틀 마스터 ~라이크번의 전설~

LITTLE MASTER

장르	SRPG
퍼블리셔	토쿠마쇼텐 인터미디어
발매일	1991년 4월 19일
가격	4,200엔

총 3부작의 기념비적 첫 작품 미니스커트 공주님이 등장

리틀 마스터 시리즈의 제1탄. 이후 『리틀 마스터2 뇌광의 기사』(GB), 『리틀 마스터 ~무지개빛 마석~』(SFC)으로 이어진다. 3부작 전체의 스토리가 이어져 있어서 개성 강한 캐릭터들을 다시 만난다는 점에서 설레게 된다. 주인공은 리임 라이크번(용사)과 모모 다이너마이츠(미노타우로스). 용사군과 몬스터군의 싸움을 그린 총 15화의 시나리오가 있으며 한 번 공략한 시나리오에 몇 번이고 도전할 수 있다. 시나리오 수량 및 레벨이 따라가지 못하는 것을 고려한 설계이다. 또한 한 번 클리어한 시나리오는 「철수」라는 형태로 중간에 그만둘 수 있다. 참고로 미니스커트의 히로인 라임공주는 플레이어들에게 사랑의 감정이나 조금 야한 기분을 느끼게 했으나, 아쉽게도 2탄부터는 일반 드레스로 바뀌었다. 본 작품의 비주얼 씬에는 상당한 노력이 들어가 있다.

난이도는 낮게 설정되었다

GB라는 게임기 특성상 시뮬레이션 게임으로는 난이도가 낮지만 게임 자체는 정성스럽게 만들어졌다. 주인공이 쓰러지면 전멸로 간주되므로 조심해야 한다.

코믹하지만 본격적이다

게임보이 워즈

GAME BOY WARS

장르	시뮬레이션
퍼블리셔	닌텐도
발매일	1991년 5월 21일
가격	3,500엔

코믹한 전쟁물 FC판보다 내용이 충실하다

게임의 목적은 병기 생산, 도시 점령, 적의 병력 섬멸과 거점 제압이다. FC로 발매됐던 『패미콤 워즈』의 GB판이지만 시스템은 바뀌었다. 큰 특징이라면 지도의 네모칸이 엇갈리게 연결되는 구조로 바뀌었고 「색적 지도」가 채용되어 시야가 제한되는 스테이지가 나왔다는 점. 아군 주변만 표시되는 상급자용 내용이다. 갑자기 나타난 적군 유니트에 식은땀을 흘린 사람도 많았을 것이다. 한편 CPU의 AI 연산 시간이 길어, 게임 시간을 제한받는 어린이들은 어머니의 성화에 못 이겨 게임을 멈춰야 했던 우울한 추억이 있을 것이다. 이후 『게임보이 워즈 TURBO』 『게임보이 워즈 TURBO 패미통 버전』 『게임보이 워즈2』 『게임보이 워즈3』 등이 제작되어 인기 시리즈로 도약했다.

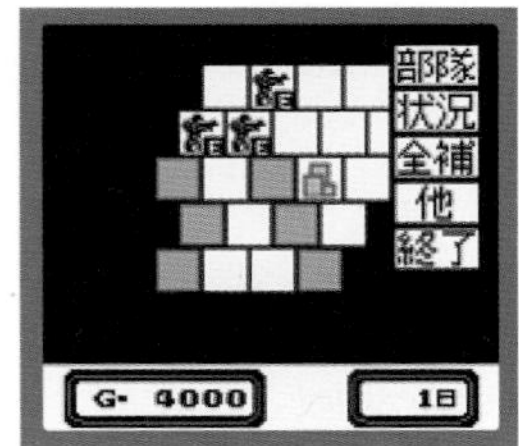

커맨드 숫자가 적어 전쟁 시뮬레이션으로서는 대단히 간략한 편에 속한다.

점령 커맨드는 이런 시뮬레이션의 기본 중의 기본. 적과 싸우면서 점점 도시를 점령해 나간다. 참고로 적도 같은 방식으로 점령을 노린다.

통신케이블로 대전 플레이

GB라면 역시 통신케이블을 이용한 대전 플레이. 거치용 게임기와 달리 상대 화면을 볼 수 없으므로 긴장감이 일품이다.

GB 초기에 발매된 평작

SELECTION 선택받은 자

THE SWORD OF HOPE

장르	RPG
퍼블리셔	KEMCO
발매일	1989년 12월 28일
가격	3,000엔

어드벤처 같은 RPG 전투 시스템도 독특하다

주인공 하인 왕자가 어둠에 지배된 왕국을 구한다는 정통 스토리이지만 게임 시스템은 대단히 독특했다. 다른 RPG처럼 2D 필드를 돌아다니는 것이 아니라 어드벤처를 방불케 하는 화면에서 가고 싶은 방향을 화살표로 선택한다. 지도에 표시된 검정색 동그라미와 겹치면 전투에 들어가는데, 적이 이종족이라면 적끼리 싸운다는 획기적인 시스템이다. 또한 일반 몹과 전투 중에 다른 일반 몹이 난입하는 술주정뱅이의 난투극 같은 전투 씬이 재미있다. 마법은 적과 아군 중 한쪽에 쓰는 것과 적과 아군 모두에 사용하는 것이 있는 도박 사양. 통상 공격도 데미지의 편차가 커서 전투의 승패는 운빨이 강하다. 하인의 HP가 0이 되면 할아버지가 있는 곳에서 게임을 재개하는데, 되돌아오는 것 외에 페널티는 딱히 없다. 세이브는 패스워드로 기록된다.

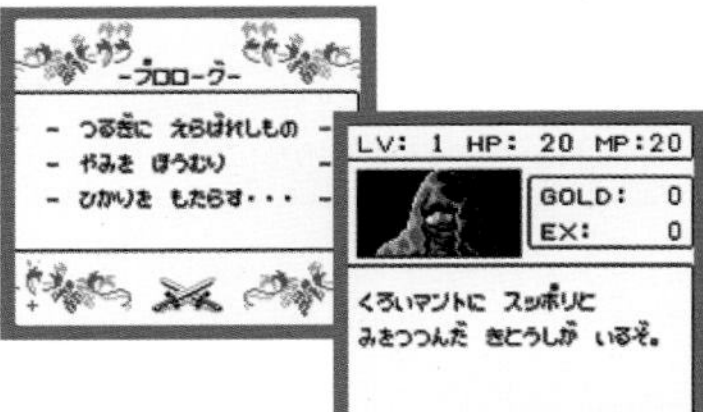

어드벤처 방식으로 이동한다

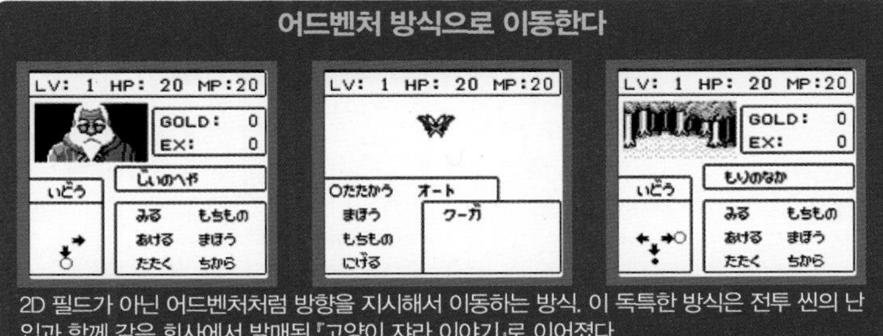

2D 필드가 아닌 어드벤처처럼 방향을 지시해서 이동하는 방식. 이 독특한 방식은 전투 씬의 난입과 함께 같은 회사에서 발매된 『고양이 자라 이야기』로 이어졌다.

최고의 위저드리라는 평가도

위저드리 외전 1 여왕의 수난

WIZARDRY THE FIRST EPISODE-SUFFERING OF THE QUEEN

장르	RPG
퍼블리셔	아스키
발매일	1991년 10월 1일
가격	4,500엔

일본이 만든 위저드리 스토리도 우수하다

처음으로 휴대기로 발매된 위저드리로 일본 오리지널 작품 제1탄이다. 개발사인 게임스튜디오는 위저드리를 FC로 이식해 평가가 좋았지만, GB는 FC보다 성능이 떨어지므로 이런 환경에서 제대로 된 위저드리가 완성될지 걱정하는 목소리도 있었다고 한다. 하지만 완성된 작품은 위저드리 본연의 재미를 조금도 훼손하지 않았다. 이번 작품은 위저드리로 7번째 작품이지만, 시스템 면에서는 큰 변경이 있었던 6 이후가 아닌 1~5를 따르고 있다. 이 작품 이후로 일본 회사가 만든 위저드리는 「일본제 위저드리」라 불리게 된다. 일본제 위저드리는 아스키 외의 것까지 포함하면 넘버링 타이틀 8개 작품을 크게 상회한다. 외전이라는 이름이 붙은 작품은 GB에서 3개 발매되었는데 모두 좋은 평가를 받았다.

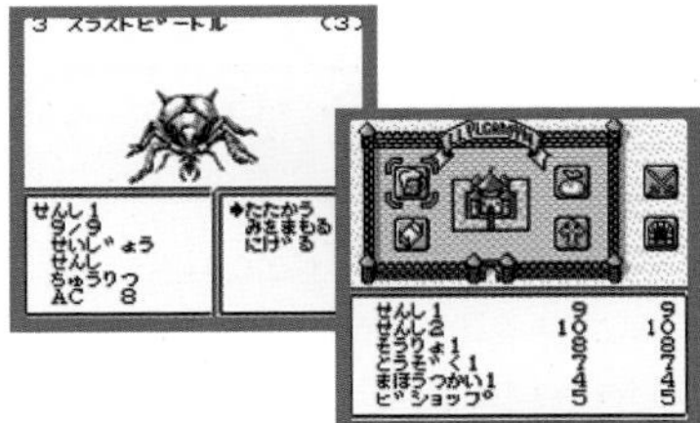

그래픽이 구현된 리르가민성 마을

씻지 않는 땡중이 사는 칸트 사원, 바가지 할아버지의 보르차크 상점, 주정뱅이가 모이는 길가메시의 술집…, 익숙한 리르가민에서 벌어지는 이야기이다.

게임보이 소프트 소개 작품9

인기 시리즈의 원점

성검전설 ~ 파이널 판타지 외전 ~

SEIKEN REGEND

장르	액션 RPG
퍼블리셔	스퀘어
발매일	1991년 6월 28일
가격	4,800엔

모바일 및 PS VITA에도 이식되었다

FF에서 파생된 또 하나의 시리즈. 성검전설2 이후에는 독자적으로 시리즈화되었으므로 본 작품만 부제에 FF의 외전임을 밝히고 있다. 무기, 마법, 아이템, 몬스터 이름 등 FF 시리즈와 공유되는 부분이 많다. 플레이어는 주인공만 조작할 수 있지만, 게임 시작할 때 여주인공의 이름을 설정할 수 있고 여주인공은 NPC로서 전투에도 참여한다. 그 밖에도 NPC가 다수 있어 게임 진행에 맞춰 들어오고 나간다. 기본적으로 NPC는 프로그램에 따른 행동으로 주인공을 도와주지만, 주인공이 상담 커맨드를 쓰면 HP 회복과 아이템 판매 등도 가능해진다. 이 작품의 GBA용 리메이크는 신약 성검전설인데 내용은 크게 달라졌고 시스템 면에서는 성검전설2의 요소가 많이 반영되었으며 여주인공 시점에서 시나리오를 플레이할 수 있게 되었다.

드라마틱한 시나리오는 FF에 지지 않는다. 클래식한 정통 판타지의 세계가 펼쳐진다.

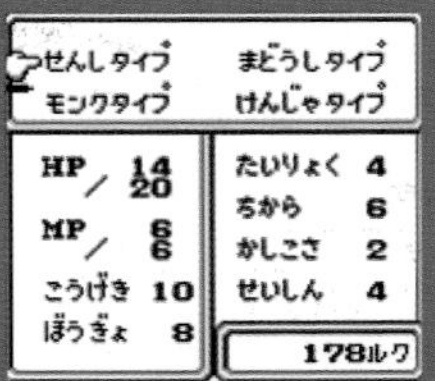

레벨업할 때 스테이터스의 성장 타입을 선택하는 방식이라 특정 능력치에 몰빵하는 등, 어느 정도는 캐릭터를 임의로 키울 수 있다.

높은 액션성

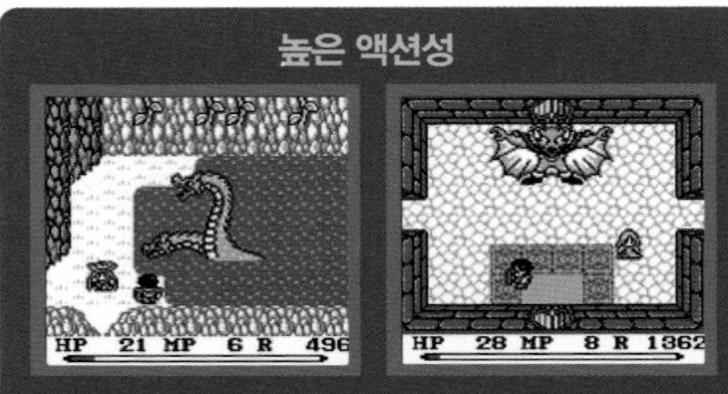

이번 작품은 후속편에 비해 액션 요소가 두드러진다. 따라서 전투 시 플레이어의 컨트롤이 중요하다.

게임보이 소프트 소개 작품10

본편과는 다른 이상한 모험

젤다의 전설 꿈꾸는 섬

THE LEGEND OF ZELDA:LINK'S

장르	액션 RPG
퍼블리셔	닌텐도
발매일	1993년 6월 6일
가격	3,900엔

요시와 커비도 나오는 스핀오프 작품

SFC가 발매한 신들의 트라이포스의 후일담을 그린 휴대용 게임기 최초의 젤다. 하이랄을 무대로 한 링크, 젤다, 가논의 삼각관계와는 다른 스핀오프 작품이다. 시스템은 전작을 따랐지만 조작 계통은 GB에 맞추어 간략화했다. 또한 갖고 있기만 해도 효과가 나오는 아이템을 준비하는 등 조작의 번거로움을 배제했다. 표류 중 도착한 섬에서의 탈출이 목표. 부제인 「꿈」과 관련된 시나리오가 전개되고 링크가 지금까지의 권선징악으로 정리되지 않는 복잡한 입장에 놓인다는 점이 재미있다. 스핀오프 작품이라 젤다의 전설이라는 틀에서 어느 정도는 자유롭다. 마리오 시리즈 등 닌텐도의 캐릭터가 종종 등장해 셀프 패러디를 보여주기도 한다. 도구 가게에서 물건을 훔치는 이벤트도 준비되어 플레이어의 양심을 실험한다.

자신의 칼을 입수한 후에 본격적인 모험이 시작된다. 이 모험의 시작 부분에서 방패 사용법을 알려준다.

다른 2D 젤다 작품과 마찬가지로 시점은 탑뷰이지만, 사진처럼 일부 화면은 사이드뷰로 바뀌기도 한다.

묘미는 그대로

시리즈의 특징인 퍼즐을 포함한 던전도 등장한다. 각 던전을 공략해서 악기를 모으는 것이 게임의 목적이다.

게임보이 소프트 소개 작품11

독특한 액션으로 세계적인 인기 타이틀로

별의 커비

KIRBY'S DREAM LAND

장르	액션
퍼블리셔	닌텐도
발매일	1992년 4월 27일
가격	2,900엔

운명적인 만남이 대히트작을 낳았다

마리오와 어깨를 나란히 하는 닌텐도의 간판 액션게임, 커비 시리즈 제1탄. 팬시한 캐릭터 디자인과 단순한 게임성으로 많은 팬을 만들었다. 처음에는 팅클 포포라는 이름으로 개발 중이었는데, 마리오와 젤다의 개발자인 닌텐도의 미야모토 시게루가 제작자 사쿠라이 마사히로에게 충고해서 다시 만든 결과, 전 세계 500만개 이상의 매출을 기록하는 별의 커비가 탄생했다는 뒷이야기도 있다. 참고로 당시 경영난을 겪고 있던 개발사 HAL연구소의 사장에 취임해 경영을 재건한 이와타 사토루는 12년 후 닌텐도의 4대 사장으로 취임한다. 직감적인 조작으로 히트한 슈퍼 마리오와는 대조적으로, 커비는 관성이 들어간 독특한 액션이 특징이다. 이후 작품에서 정착된 복사 기능은 없었지만 흡입과 호버링 등 기본 조작은 이 작품에서 비롯되었다.

쉽고 인상적인 액션

액션의 정석인 던지기 도구를 사용한 공격, 마리오처럼 점프에 의존하지 않고 빨아들이기와 뱉기를 이용한 액션은 획기적이었다. 스테이지 마지막에는 보스가 기다린다.

게임보이 소프트 소개 작품12

사무스의 사투가 GB에서 다시

메트로이드 Ⅱ RETURN OF SAMUS

METROID II

장르	액션
퍼블리셔	닌텐도
발매일	1992년 1월 21일
가격	3,500엔

지도 탐색의 즐거움으로 시스템을 강화했다

당시까지의 닌텐도 작품과는 다른 어둡고 진지한 세계관과 던전 탐색이 호평받아 열광적인 팬이 많은 메트로이드의 속편. 다시 은하연방의 요청을 받은 주인공 사무스의 임무는 당연히 메트로이드의 섬멸이다. 이번에는 규정 숫자의 메트로이드를 섬멸하면 다음 지역으로 넘어가는 구성이어서(지도 자체에 지역 구분은 없지만) 다른 시리즈 작품과는 조금 다른 시스템이다. 할당량을 달성하지 못하면 활동영역이 제한된다고 해서 게임이 간단해진 것은 아니다. 전작과 같이 맵핑 기능이 없어 탐색은 여전히 쉽지 않다. 달라진 점이라면 전작에서는 게임오버 시에 비기를 써야 했던 세이브가 특정 포인트에서 이루어지고, 사무스의 결점이었던 발밑 공격도 가능해져서 기능면의 개선을 눈으로 확인할 수 있다. 2017년 9월 3DS로 리메이크판이 발매되었다.

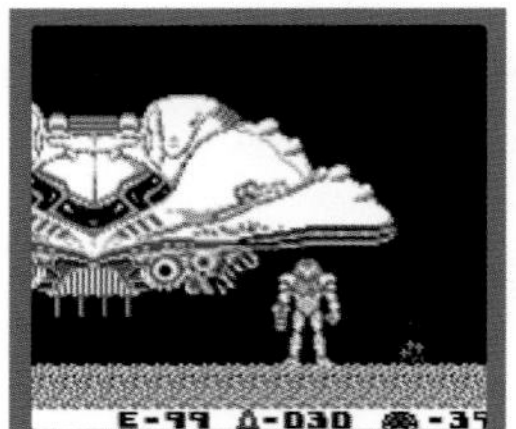

흑백 4색이라는 제약에도 불구하고 그래픽은 대단히 깔끔하다. 흉하게 생긴 적도 잘 표현되어 있다.

GB의 사양을 감안하면 지도는 대단히 넓은 편이다. 게임의 볼륨은 어중간한 FC 소프트보다 크다고 할 수 있다.

메트로이드 섬멸

유체 이외의 메트로이드는 미사일로 섬멸할 수 있지만, 변태하여 강화되면 섬멸에 필요한 탄수도 늘어나기 때문에 난사는 금물이다.

여신전생의 아틀라스가 만든 아채계 퍼즐게임

퍼즐보이

PUZZLE BOY

장르	퍼즐
퍼블리셔	아틀라스
발매일	1989년 11월 24일
가격	2,980엔

간단한 조작으로 플레이하는 경쾌함이 대히트로 연결

여신전생 시리즈로 유명한 아틀라스가 자사 브랜드로 처음 발매한 작품. 이후 패미컴 디스크 시스템과 PCE에도 이식되었다. RPG가 주력인 회사의 퍼즐게임은 의외였지만, 테트리스의 히트로도 알 수 있듯이 가볍게 플레이하는 퍼즐게임은 휴대용 게임기와 상성이 좋고 승산이 있다고 판단한 듯하다. 게임 내용은 소코반 방식. 기믹을 풀면서 감자인 포테링을 목적지로 가져가면 스테이지 클리어이다. 기믹은 3가지 타입이 있는데 회전하는 문, 돌, 구멍이 스테이지에 배치되어 있고 게임을 진행할수록 난이도가 올라간다. 스테이지에 따라서는 포테링 외의 캐릭터가 등장하고 그때는 캐릭터를 바꿔서 전원을 골인시켜야 한다. 퍼즐보이는 속편도 있지만, GBA에서는 본작의 시스템과 진 여신전생 데빌 칠드런의 캐릭터를 융합한 작품도 발매되었다.

초보자도 쉬운 구성

게임 시작 전에 탑뷰와 쿼터뷰를 고를 수 있지만 화면 자체는 탑뷰 그대로이므로 의미는 없다. 초보자와 퍼즐에 약한 유저를 배려해 재도전과 포기를 간단하게 할 수 있게 했다.

특효약으로 바이러스를 잡는다

닥터 마리오

DR.MARIO

장르	퍼즐
퍼블리셔	닌텐도
발매일	1990년 7월 27일
가격	2,600엔

테트리스 계열의 대히트로 낙하형 퍼즐 붐이 일어나다

테트리스로 시작된 낙하형 퍼즐 붐이 지속되는 가운데, 90년대에 들어서면 대형 개발사가 변화구를 시도한다. 세가는 컬럼스와 뿌요뿌요를 아케이드와 게임기에서 히트시켰고, 닌텐도는 닥터 마리오로 가볍게 게임하는 유저들을 만족시켰다. 이번 작품은 FC판과 GB판이 동시 발매되었는데, 컬러인 FC판보다 흑백인 GB판의 매출이 좋아 200만개 이상을 판매했다. 휴대가 편하고 자투리 시간을 활용할 수 있는 등 다양한 상황에 대응할 수 있는 휴대용 게임기와 퍼즐게임의 조합이 성공 비결이다. 병 속의 바이러스를 캡슐로 물리친다는 간단한 내용으로 같은 색상의 캡슐 혹은 바이러스가 가로세로 4개 연결되면 지워진다는 규칙이다. 화면의 바이러스를 모두 지우면 스테이지 클리어. 누구나 쉽게 할 수 있는 플레이로 오랫동안 인기를 유지했다.

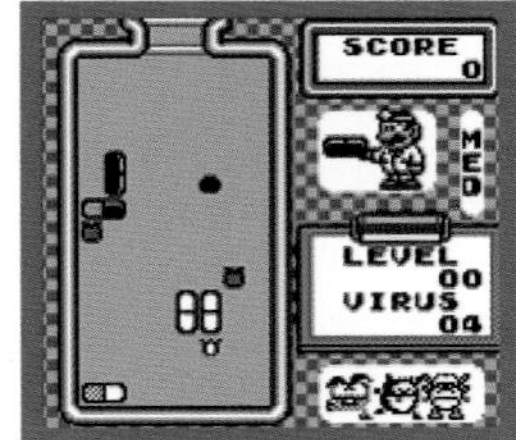

같은 색을 4개 연결하면 캡슐 혹은 바이러스가 지워진다는 규칙. 하지만 캡슐만 지우면 득점이 되지 않는다.

설정 화면에서는 BGM 선택, 바이러스의 증감(게임 레벨), 캡슐의 낙하 속도를 조정할 수 있다.

GB판의 사양

GB판은 15×8인 FC판보다 세로가 1줄 적지만 바이러스의 숫자는 같으므로 난이도는 GB 쪽이 높다.

GB에 최적의 게임성

해전게임 NAVY BLUE

BATTLESHIP NAVY BL E

장르	기타
퍼블리셔	유스
발매일	1989년 12월 22일
가격	3,400엔

GB와 상성이 좋은 게임 전체 128스테이지로 충실하다

5×5의 보드를 해전도로 보고 적 함대를 격침하는 테이블 게임이 해전 게임인데, 본 작품은 보드를 8×8로 확대・개량한 게임보이의 첫 시뮬레이션풍 게임이다. 보드에는 전함, 구축함, 잠수함 등 능력이 다른 배를 배치할 수 있다. 내가 배치한 전함을 상대는 볼 수 없고, 역으로 나도 상대의 배치를 볼 수 없다. 그 보이지 않는 적을 향해 미사일을 쏘아 공격하는데 상대 전함이 있는 칸에 미사일이 명중하면 전함이 살짝 모습을 드러낸다. 이렇게 공격을 반복하면서 상대 전함의 배치를 찾아가고 상대 전함을 모두 섬멸하면 승리하게 된다. 전체 128스테이지. 스테이지를 진행하면서 사용하는 미사일과 배가 늘어나므로 질리지 않고 플레이할 수 있다.

병기의 효율적 사용

게임을 진행하며 다양한 병기를 손에 넣고 이를 활용해 적을 물리친다. 속편과는 달리 적의 사고력은 높지 않으므로 병기 쓰임새는 크게 신경 쓰지 않아도 된다.

GB 최고 걸작은 이 게임이 아닐까?

개구리를 위해 종은 울린다

KAERU NO TAME NI KANE WA NARU

장르	어드벤처
퍼블리셔	닌텐도
발매일	1992년 9월 14일
가격	3,900엔

GB 최고라 칭송되는 불후의 명작

소설가 어니스트 헤밍웨이의 『누구를 위해 종은 울리나』에서 제목을 따온 어드벤처 게임. 하지만 내용은 소설과 아무 관계가 없다. 옛날에 카스타드 왕국과 사브레 왕국이 있었는데 두 나라는 사이가 좋았다. 왕자인 드 사브레와 리처드도 검술로 우정을 다지는 사이였다. 그런데 어느 날 마왕 데라링이 옆 나라 밀푀유 왕국을 침략해 여주인공인 티라미슈 공주를 잡아간다. 두 왕자는 공주를 구출하고자 밀푀유로 떠난다. 전투는 일반 RPG처럼 커맨드 선택식을 채용하지 않았다. 왕자와 적이 공방을 펼치다가 어느 쪽의 체력이 바닥나는 시점에서 끝나는 독특한 시스템이다. 또한 도처에 패러디가 존재한다. 이를테면 주인공이 방문하는 온천 마을 「게로벳푸」는 실제 지명이며 「푸린화산(風林火山)」 등 패러디의 배경을 찾아보는 것도 재미있다.

요즘 게임처럼 음성은 나오지 않지만 이렇게 글씨 크기를 이용해 긴장감을 연출했다.

진지하면서 개그 요소도 있는 작품. 광고에서는 「변신 개그벤처」라 칭했다. 주인공은 부유한 나라의 왕자이므로 돈의 힘으로 해결하려는 경우가 많다.

개구리와 뱀으로 변신 가능

개구리, 뱀, 인간의 모습으로 게임을 진행한다. 각자 장단점을 가지고 있다는 것이 게임의 깊이를 더해준다.

첫 번째 슈팅게임

솔라 스트라이커

SOLAR STRIKER

장르	슈팅
퍼블리셔	닌텐도
발매일	1990년 1월 26일
가격	2,600엔

총 6스테이지의 슈팅게임 각 스테이지마다 보스가 있다

GB의 첫 슈팅게임. '심플 이즈 베스트'를 추구한 종스크롤 슈팅게임으로 진입 장벽을 낮췄다. GB의 아버지인 요코이 군페이가 지휘했다고 알려져 있으며 2000년에는 닌텐도 파워의 다운로드 판매용 소프트로 재발매되었다. 신성력 2159년, 지구는 대암흑성 토리노에게 침략당한다. 외계의 압도적인 전력 앞에 지구는 손쓸 틈도 없었다. 하지만 달 기지에서는 대암흑성 토리노를 파괴하고자 극비리에 초고성능 전투기 솔라 스트라이커가 개발되고 있었다. 지구의 운명은 이 전투기에 맡겨졌다…. 어린 마음에 이 스토리에 몰입했던 적이 있었다.

본 작품은 인구위성 파워제로를 공격하면 파워업 아이템이 나오고 공격력이 올라가는 시스템을 채용했다. 참고로 공격은 싱글탄 → 더블탄 → 트리플탄 → 2way탄의 순서로 바뀌어간다.

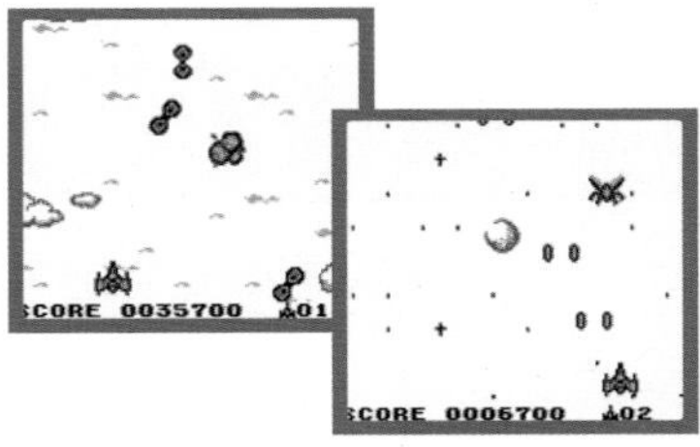

대단히 간단하고 난이도도 낮다

특별히 쓸 내용이 없을 만큼 모두가 즐길 만한 간단한 게임이다. 잔기제와 사망한 자리에서 부활하는 방식을 채용했다. 하지만 화력이 1단계 내려가므로 1회 실수에 게임이 끝날 수도 있다.

와이어 프레임으로 그려진 미래공간

X 엑스

X

장르	슈팅
퍼블리셔	닌텐도
발매일	1992년 5월 29일
가격	3,900엔

와이어 프레임 공간에서 격렬한 전투가 펼쳐진다

왕년의 『위저드리』를 방불케 하는 와이어 프레임 3D 슈팅게임. GB라고는 믿기지 않을 정도의 입체감을 즐길 수 있다. 생생한 입체감은 GB의 CPU 처리로 가능했는데, 이 3D 기술을 개발한 곳은 영국의 어거노트 게임즈로 리얼타임 화면을 실현했다. 이 회사는 1993년 발매된 SFC의 『스타폭스』 개발에서도 슈퍼 FX칩과 함께 닌텐도에 기술을 제공했다. 우주 세기 XXXX년, 인구 증가로 다른 혹성에 거주지를 찾는 인류. 지구와 환경이 비슷한 혹성 테스탐2를 발견해 이주 계획을 실행하던 중 에일리언의 공격을 받는다. 전투기 「VIXIV(빅시브)」가

에일리언 격퇴를 위해 발진한다는 내용이다. 닌텐도치고는 박력 있지만 와이어 프레임으로 구현된 사령관을 보면 뿜을 수도 있다. 하지만 게임은 진지해서 GB라는 하드웨어의 저력을 느낄 수 있다.

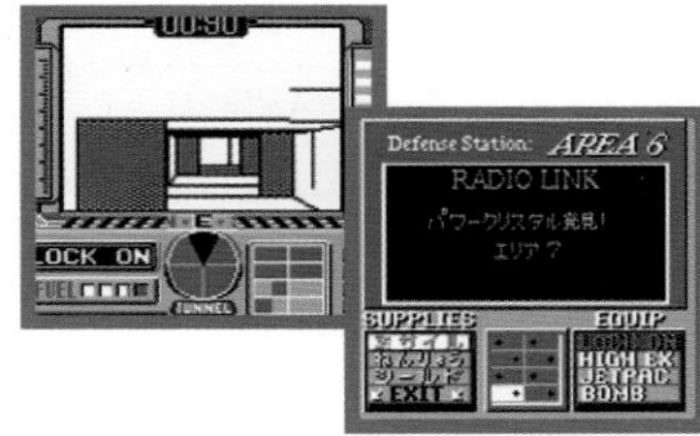

난이도가 대단히 높고, 조작에 적응하는 것도 고역

게임의 난이도 자체가 높게 설정되어 있는 데다 독특한 조작성으로 적응에 시간이 필요하다. 총 10개 미션을 클리어하는 것이 쉽지 않은데 그만큼 성취감이 크다.

게임보이 소프트 소개 작품19

영웅 크리스토퍼의 재등장

드라큘라 전설 II

CASTLEVANIA II : BELMONT'S REVENGE

장르	액션
퍼블리셔	코나미
발매일	1991년 7월 12일
가격	3,990엔

전작의 문제점을 수정해 양질의 액션게임으로 완성

여러 게임기에서 발매된 악마성 드라큘라 시리즈. GB에서는 완전 신작으로 3작품이 발매되었는데 그중에서도 드라큘라 전설II는 게임 내용만이 아니라 고딕호러의 세계관을 반영한 사운드가 높은 평가를 받았다. 전작은 시스템과 조작성에 문제가 있어 주인공 크리스토퍼 벨몬드는 벨몬드 가문 최약체라는 오명을 썼고, (원래 간단하게 클리어하는 게임은 아니지만) 게임 난이도를 끌어올리는 요인으로 연결되었다. 하지만 이번 작품은 느린 동작과 불합리한 부분을 수정하는 등 문제를 해결해 적절한 수준으로 플레이할 수 있게 조정되었다. 시스템적으로는 채찍을 파워업하면 파이어볼을 발사하는 독자 요소의 채용과 함께 시리즈 전통인 보조무기의 부활, 그에 따른 하트 아이템의 역할 변경 등으로 원조 악마성 드라큘라에 가까워졌다.

초반 4개의 스테이지는 공략 순서를 플레이어가 선택할 수 있다. 그것을 모두 클리어하면 드라큘라 성으로 가는 길이 열린다.

고기를 찾아서 라이프를 회복하고, 하트의 숫자가 보조무기의 사용 횟수와 관련되는 등 기존 시스템을 부활시켰다.

긴장감 넘치는 액션

사망하면 부활이 어려운 게임 설계 탓에 기믹 돌파와 보스전은 손에 땀을 쥐는 긴장감이 감돈다.

게임보이 소프트 소개 작품20

아서를 괴롭힌 그 숙적이 주인공

레드 아리마 MAKAIMURA GAIDEN

GARGOYLE'S QUEST

장르	액션RPG
퍼블리셔	캡콤
발매일	1990년 5월 2일
가격	3,300엔

2가지 파트를 공략하여 마계의 위기를 구한다

교활한 움직임으로 플레이어를 가지고 놀며 마계촌에 시체의 산을 쌓았던 숙적 레드 아리마를 주인공으로 한 액션 RPG. 몬스터의 시점으로 그려진 스토리가 인상적이다. 인간 아서가 적은 아니며, 의문의 군단에 의해 괴멸 상태에 이른 마계를 레드 아리마가 구한다는 내용이다. 게임은 액션 파트와 RPG 파트로 나눠지는데 전자는 사이드뷰로 진행되는 액션 스테이지를 공략한다. 게임계를 대표하는 괴물인 만큼 레드 아리마는 호버링과 벽에 붙기 등 독특한 액션을 구사하는데 스테이지 구조상 이런 액션들을 활용해야 진행할 수 있다. 한편 RPG 파트에서는 탑뷰의 필드맵으로 진행되고 목적지로 이동하면서 이벤트들이 펼쳐진다. 이번 작품은 경험치 등의 개념이 없기 때문에 레드 아리마의 강화는 시나리오 중간에 장비품을 입수하는 방식으로 진행된다.

인간에게는 적이지만 마계에서는 몬스터도 평온하게 살고 있다.하지만 갑자기 의문의 군단이 마계를 습격하고…

필드에서는 랜덤 인카운트로 적과 만나는 경우가 있는데 그때는 전용 액션 스테이지로 이동한다.

액션 파트

게임 진행에 맞춰 강해지는 시스템이라 맨몸으로 시작하는 첫 스테이지가 조금 어렵기는 하다.

게임보이 소프트 소개 작품21

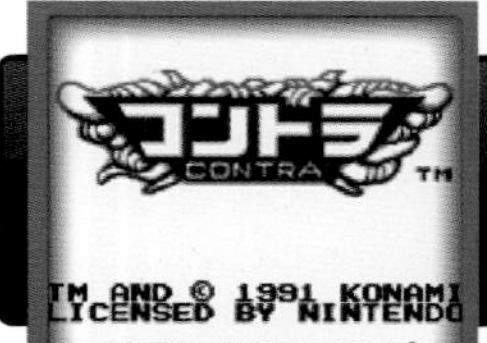

근육남이 GB로 돌아왔다

콘트라 (혼두라)

CONTRA

장르	액션
퍼블리셔	코나미
발매일	1991년 1월 8일
가격	3,500엔

놀라운 완성도! GB에서도 캐릭터가 살아 있다

가정용과 아케이드 양쪽에서 숱한 히트작을 뽑아온 코나미가 GB 시장에 참여한 것은 본체 발매에서 5개월 뒤이다. 첫 번째 타이틀은 『모토크로스 매니악스』라는 오리지널 타이틀. 이후에도 여러 차례 훌륭한 작품을 발매하며 GB에서도 코나미 브랜드를 정착시켜 나갔다. 콘트라는 해외에서 인기가 높은 시리즈이다. 이번 작품은 『콘트라』와 전년에 발매된 FC판 『슈퍼 콘트라』를 합친 듯한 구성이고, FC판에 지지 않을 정도로 완성도가 높다. 『드라큘라 전설』에서 너무 무겁다고 평가받은 캐릭터의 움직임이 크게 개선되어, 경쾌한 액션을 마음껏 즐길 수 있다. 나무들이 살짝살짝 흔들리는 등 배경도 훌륭하다. 휴대기라는 점을 고려해서인지 버튼을 누르기만 해도 자동연사를 지원하는 점이 매우 좋다. 이후 이 기능은 콘트라 시리즈의 표준이 된다.

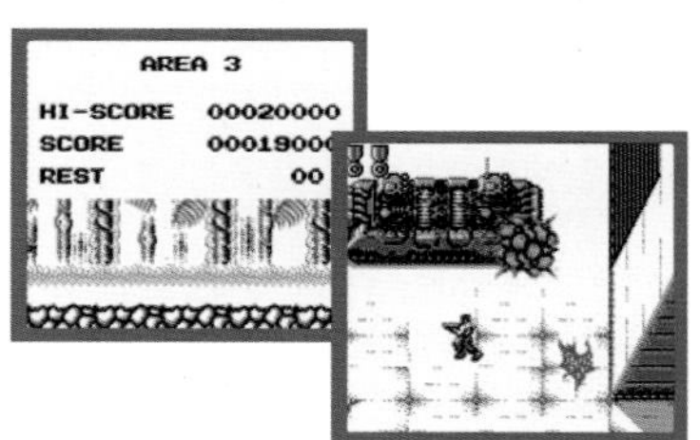

시작 스테이지를 임의로 선택 가능

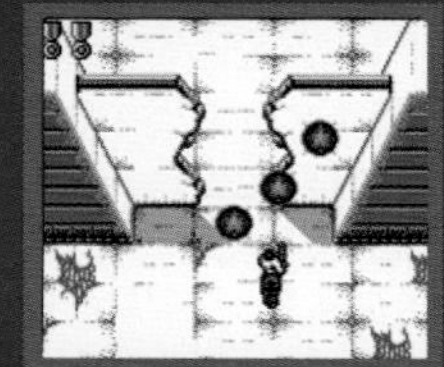

홀수 스테이지는 횡스크롤, 짝수 스테이지는 종스크롤로 총 5스테이지 구성. 시작 스테이지를 임의로 고를 수 있어 반복 연습이 수월한 점이 좋다. 하지만 최종 스테이지는 선택 불가.

게임보이 소프트 소개 작품22

GB에서도 잠입 액션을 즐긴다

메탈기어 고스트 바벨

METAL GEAR GHOST BABEL

장르	액션
퍼블리셔	코나미
발매일	2000년 4월 27일
가격	4,500엔

그 메탈기어가 GB에 등장 VR 훈련으로 오랫동안 플레이한다

세계적 인기를 모은 『메탈기어 솔리드』 시리즈의 GBC판. 하지만 액션 자체는 MSX판 『메탈기어2 솔리드 스네이크』의 어레인지이다. 주인공은 전설의 용병인 솔리드 스네이크. 그 외에 캠벨대령과 메이링이라는 익숙한 조연도 나오지만, MGS 시리즈와는 약간 다르다. 어디까지나 설정의 일부를 공유하는 평행세계 작품이라는 점을 알고 있어야 한다. 총 13스테이지의 스테이지 클리어형 액션으로 한 번 클리어한 스테이지는 임의로 선택할 수 있다. 또한 MGS와 인테그랄에서 화제가 됐던 「VR 트레이닝」도 채용했는데 그 숫자가 무려 180개이다. 외전이긴 하지만 대단히 인기가 높아서, 리메이크와 버철 콘솔 다운로드를 요구하는 작품에 속한다. 지금 플레이를 하려면 실제 기기를 구하는 것 외에 방법이 없으므로 보이는 대로 확보하자.

익숙한 무전기도 건재. 진지한 스토리이지만 무전기에서는 코믹한 대화도 즐길 수 있다.

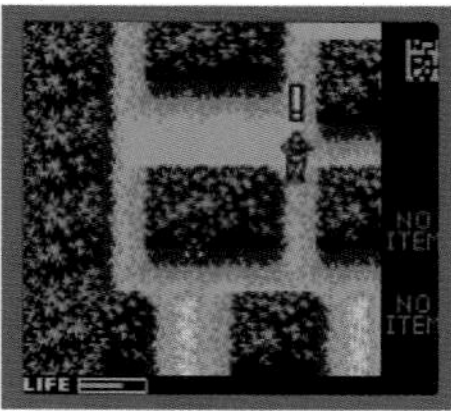

적에게 들키면 머리 위에 「!」 마크가 표시되고 음악이 바뀐다. 2D 필드여서 플레이 느낌은 MSX판에 가깝다.

적에게 발견되면 위험 모드로

적에게 모습을 들키면 위험 모드에 들어간다. 이후 회피 모드를 거쳐 일반 모드로 복귀할 수 있다.

당시에는 드물었던 미소녀계 RPG

아레사

ARETHA

장르	RPG
퍼블리셔	야노망
발매일	1990년 11월 16일
가격	3,800엔

판타지 세계에서도 돈의 소중함을 몸으로 알려주다

GB 초기에 발매된 RPG 작품으로 SFC에서도 발매되었다. GB판은 3부작으로 모두 마테리아라는 여주인공의 이야기를 그리고 있다. 당시 드래곤 퀘스트3과 같이 캐릭터 설정에서 성별을 고르는 작품은 있었지만, 인물 설정이 고정된 여성 캐릭터가 주인공인 RPG는 거의 없었다. 마법으로 몬스터를 캡슐에 가두어 전투에 참가시키는 기능 등 시스템도 참신했다. 필드에는 지역에 따라 레벨 차이가 설정되어, 일정 레벨에 이르면 그 지역에서는 몬스터가 나오지 않는다는 설정도 있다. 하지만 시나리오 진행에 필요한 이벤트 아이템들이 매우 비싸고 가게에서 팔고 있다는 설정이라, 레벨이 올라가면 몬스터를 잡아 돈을 조달하기 어려워진다. 장비류를 많이 구입하면 나중에 돈이 모자라 필수 아이템을 조달하지 못할 수도 있다.

여성이 주인공인 점을 강조하기 위해 마테리아의 컷을 많이 쓴다. GB 초기 작품치고는 그래픽도 깨끗한 편이다.

순발력이 높으면 선제공격을 하는 시스템이어서, 순발력 수치 성장을 방해하는 방어구는 최강 아이템 입수 전까지 입지 않는 것도 방법이다.

대출 시스템

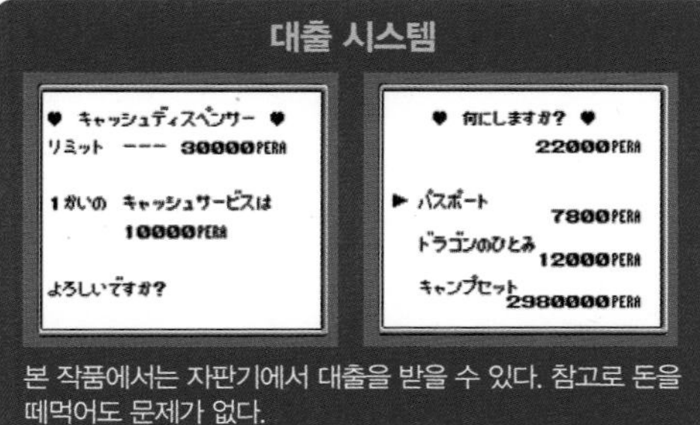

본 작품에서는 자판기에서 대출을 받을 수 있다. 참고로 돈을 떼먹어도 문제가 없다.

기발한 발상의 식도락 RPG

비타미나 왕국 이야기

GREAT GREED

장르	RPG
퍼블리셔	남코
발매일	1992년 9월 17일
가격	4,900엔

쾌적한 조작성으로 전투도 쾌적하게

FC에 두 번째로 참여한 고참 서드파티인 남코는 83개의 소프트를 공급했지만, 말기에는 생산 관련 트러블로 닌텐도와 관계가 나빠져 PC엔진에 주력하기도 했다. 그래서인지 이식과 리메이크를 포함하지 않은 GB 오리지널 타이틀은 놀랄 정도로 적다. 그런 의미에서 완전 신작으로 발매된 이 작품은 매우 귀중한 존재이다. 그 내용도 상당히 특이하다. 작품에 등장하는 고유명사는 전부 식품과 연결되어 있는 등 독특한 발상의 RPG이다. 커맨드 방식의 전형적인 전투이지만, 각종 버튼에 커맨드가 미리 배분되어 번잡한 조작을 생략한 전투를 지향하고 있다는 사실도 인상적이다. 비타미나 왕국 이야기는 코미디에 가까운 작품으로 이벤트도 개그 요소를 가진 것이 많다. 특히 엔딩은 플레이어의 선택으로 터무니없는 결과가 나오므로 한 번은 겪어볼 가치가 있다.

비타미나 왕국이라는 이 세계에 날아간 주인공 이야기. 작풍은 코믹하지만 실제로는 환경 문제가 주제이다.

작중에서는 왕녀 5명이 교대로 주인공을 도와준다. 엔딩 전까지 마음에 드는 아이를 찍어두면 좋을 것이다.

전투 시스템

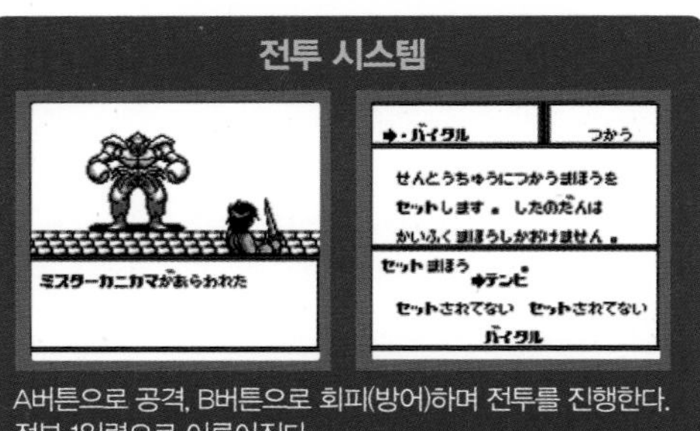

A버튼으로 공격, B버튼으로 회피(방어)하며 전투를 진행한다. 전부 1입력으로 이루어진다.

게임보이 소프트 소개 작품25

높은 품질을 보여준 걸작 슈팅게임

네메시스 Ⅱ

NEMESIS II

장르	슈팅
퍼블리셔	코나미
발매일	1991년 8월 9일
가격	3,800엔

비주얼 면에도 집중했던 GB를 넘어선 품질

네메시스는 원래 그라디우스의 해외판 타이틀명이었지만, LSI 게임 및 GB에 그라디우스를 이식할 때 이 이름을 사용했다. 이 무렵 사정은 조금 복잡한데, 나중에 발매된 코나미 GB 콜렉션은 다시 그라디우스로, 본 작품은 그라디우스Ⅱ로 개칭되었다. 전작도 높은 평가를 얻었으며 휴대용 게임기의 슈팅으로는 충분히 만족할 만한 내용이었지만, 본 작품은 그래픽의 진화와 조작성 향상, 새로운 요소의 도입으로 완전한 오리지널 작품이 되었다. 스토리 자체는 별로 중요하지 않지만 전작의 작전 종료에서 이야기가 시작되고, 오프닝에는 우군이 습격당해 빅파이퍼가 빅코어에게 쫓기는 연출이 준비되어 있다. 그 외에도 갑자기 장비를 빼앗기는 사건이 일어나 플레이어를 궁지로 몰아넣는 장면도 있다. 전체적으로 정성스럽게 만들어진 명작이다.

총 5스테이지 구성

5스테이지 구성이지만 1스테이지가 길어서 볼륨이 부족하다는 생각은 들지 않는다. 또한 일반 모드 외에 연습 모드가 채용되어 잘 풀리지 않는 스테이지를 집중 연습할 수 있다.

게임보이 소프트 소개 작품26

명물 캐릭터의 허리돌림 추가로 부활

파로디우스다!

PARODIUS DA!

장르	슈팅
퍼블리셔	코나미
발매일	1991년 4월 5일
가격	5800엔

성능 부족이 느껴지지 않는 충실한 이식

박력 노선을 걷는 그라디우스의 반대 노선을 걷는 것이 파로디우스. 그라디우스를 본뜬 셀프 패러디가 세일즈 포인트이다. 게임 디자인이 화려해서 원 작품보다 이쪽을 추천하는 팬도 많다. GB에는 아케이드에서 인기 급상승한 시리즈 두 작품이 이식되어서 휴대용 게임기에서도 Mr. 파로디우스=문어의 활약을 즐길 수 있다. 성능 제약으로 나중에 이식된 PCE, SFC판에 비해 당연히 재현도는 떨어지지만 그래픽, BGM은 아케이드판에 충실했다. 또한 일부 스테이지가 삭제된 대신 오리지널 스테이지와 보너스 스테이지를 넣는 등 어레인지를 통해 손색없는 작품으로 만들었다. 처리 지연이 많았던 FC판과 비교하면 완성도는 이쪽이 우수했다. 무엇보다 FC판에서 교체되었던 스테이지2의 보스인 카니발녀가 나오는 것이 큰 특징이다.

등장 캐릭터는 아케이드판과 같다. 빅파이퍼는 만능형이고, 펭타로는 사각이 많고 약간 다루기 까다롭다.

트윈비의 '벨파워'와 랜덤으로 파워업이 결정되는 '룰렛 캡슐'이 있다는 점도 이번 작품의 특징이다.

개성 넘치는 스테이지들

역시 섹시 보이스는 없어졌지만 카니발녀는 아케이드판을 거의 충실하게 재현하고 있다.

게임보이 소프트 소개 작품27

원조의 유전자를 이어받은 슈팅게임

사가이아

SAGAIA

장르	슈팅
퍼블리셔	타이토
발매일	1991년 12월 13일
가격	3,600엔

비주얼 양호! 사운드 양호!

네메시스와 마찬가지로 사가이아도 제목이 역수입된 사례다. 원래는 다라이어스2의 북미판 제목이지만, 내용은 다라이어스2가 아닌 다라이어스1을 이식했다. 물론 이식이라고는 해도 다라이어스 원조는 3화면 특수 캐비넷에서 플레이하는 게임이었기 때문에 완전 재현은 불가능하다. 게임기로 이식하는 경우는 모두 1화면용으로 조정된 리메이크이며 얼마나 다라이어스를 표현하는가에 초점을 맞추고 있다. 휴대기로는 본 작품과 GBA의 다라이어스R이 나와 있는데, 다라이어스R은 상위 기종인 GBA의 컬러를 활용해 원작의 그래픽을 재현했지만, 게임 밸런스를 비롯해 여러 문제를 갖고 있었다. 본 작품도 존 셀렉트가 폐지되거나 상당한 변경이 이루어졌는데 완성도는 확실하다. 흑백이지만 본 작품 쪽이 다라이어스를 재현했다고 할 수 있다.

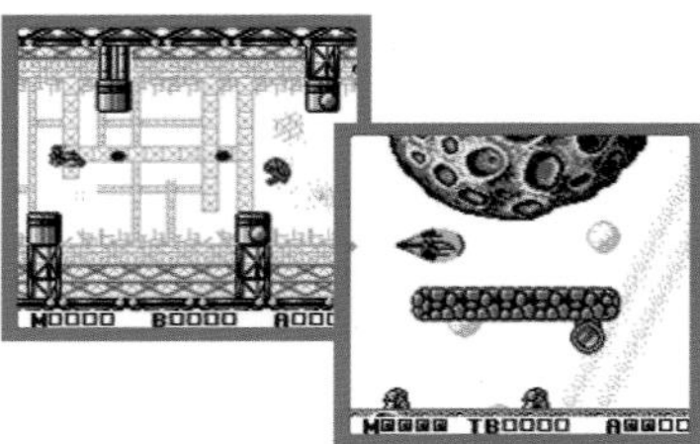

해산물 슈팅

다라이어스의 특징이라면 수중 생물과 기계를 조화시킨 거대 보스. 설정상으로는 전함이지만 실제로는 흉하고 매우 불쾌하게 생겼다.

게임보이 소프트 소개 작품28

3개 작품을 수록한 합본 소프트

R·TYPE DX

R·TYPE DX

장르	슈팅
퍼블리셔	에폭
발매일	1999년 11월 22일
가격	3,980엔

흑백과 컬러를 합쳐 5가지 모드 선택 가능

그라디우스, 다라이어스를 잇는 80년대 중후반의 횡스크롤 슈팅 3대장 중 하나. R·TYPE도 당연히 다수의 게임기에 이식되었으며 GB판은 개발사인 아이렘판과 에폭판이 있는데 본 작품은 후자에 해당한다. 이 소프트는 가성비가 좋은 것이 특징인데 R·TYPE1과 그 속편, 그리고 신작인 R·TYPE DX가 수록되어 있다. 또한 GBC에 대응하고 있어 흑백, 컬러 모두 플레이할 수 있는데, 단 DX는 컬러 전용이다. R·TYPE 시리즈는 에일리언으로 대표되는 SF 호러영화 같은 세계관이 기본이다. 또한 모아 쏘는 파동포(빔포)는 위력이 높은 만큼 빈틈도 많아 양날의 칼이지만 영원한 동경의 대상이다. 그런데 확산 파동포까지 쏘는 II의 R-9에는 실제로 사지가 절단되고 뇌만 남은 생체 파일럿이 탑승했다는 무서운 설정도 있다.

GBC 발매 후의 작품이어서 기본적으로 컬러 모드 추천이지만 GB 유저도 흑백으로 플레이할 수 있다.

화면에 비해 플레이어의 기체가 큰 것이 약간 신경 쓰이지만 통쾌함과 기믹에 대처하는 재미는 그대로이다.

DX는 컬러 전용

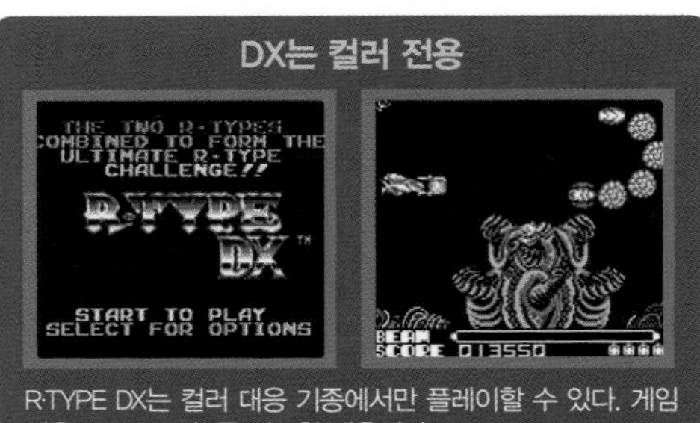

R·TYPE DX는 컬러 대응 기종에서만 플레이할 수 있다. 게임성은 R·TYPE I과 II를 믹스한 내용이다.

우주선 발사에서 미지의 조우까지

전체 3스테이지 구성. 게임 타이틀의 한자 제목인 「월면 착륙」은 스테이지2에 해당한다. 1스테이지는 우주선 발사인데 이것이 첫 번째 난관. 컴프레서 수치를 조정하면서 연료가 바닥나기 전에 우주로 날아올라야 한다. 무사히 우주에 도착하면 잠깐의 데모 영상 뒤에 드디어 월면 탐사기가 나온다. 엔진을 분사해 착륙 포인트에 착지하면 스테이지 클리어. 스테이지3은 월면 조사. 소리의 강약에 의지해 광물을 파낸다는 새턴의 『에너미 제로』 뺨치는 게임성이다.

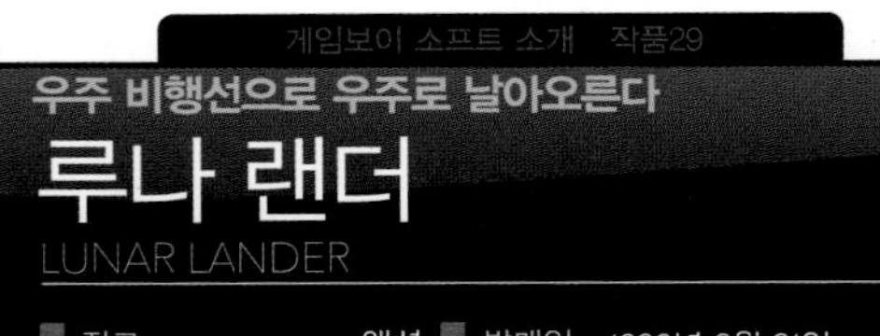

게임보이 소프트 소개 작품29

우주 비행선으로 우주로 날아오른다

루나 랜더

LUNAR LANDER

장르	액션	발매일	1990년 9월 21일
퍼블리셔	팩 인 비디오	가격	3,500엔

미지와의 조우보다 광물 채집에 열중?

지구 침략을 노리는 외계인일까? 달 표면에는 기묘한 생명체가 자리 잡고 있다. 광물 채취보다 이 생명체를 조사하는 편이 좋을 듯하다.

변신 능력을 가진 신비한 생물

서구 스타일의 게임. 해외에서는 『A Boy and His Blob』이라는 타이틀로 발매되었으며 2009년에 Wii에서 리메이크되었다. 주인공과 브로바니아 별의 브로비는 친구. 브로비는 변신 능력이 있는데 캔디를 먹으면 능력이 나타난다. 캔디 맛에 따라 무엇으로 변신할지 결정되므로 상황에 따라 적절하게 써보자. 힌트가 전혀 없어 실수를 반복하는 플레이가 된다. 이를 어떻게 보느냐에 따라 게임의 평가가 달라진다. 매니악한 게임성을 선호한다면 충분히 즐길 수 있다.

게임보이 소프트 소개 작품30

외계인과 소년의 신비한 이야기

이상한 브로비 ~프린세스 브로브를 구하라 ! ~

A BOY AND HIS BLOB

장르	액션	발매일	1990년 11월 9일
퍼블리셔	자레코	가격	3,400엔

스펠랑카를 연상시키는 내구력

주인공은 아무런 능력도 없는 평범한 소년. 스펠랑카 선생급으로 빈약하므로 높은 곳에서 떨어지는 것은 생각도 하지 말자.

멜닥이 잘하는 일본풍 슈팅 야심 넘치는 게임성까지

괴작 『말썽꾸러기 텐구』를 탄생시킨 멜닥의 요괴 슈팅. 5종의 캐릭터 중에서 최대 4인 파티를 편성할 수 있다. 최대 특징은 상황에 따라 대열을 바꿔가며 게임을 진행한다는 것. 하지만 멤버가 늘어난다는 것은 그만큼 히트박스가 커지는 것이므로, 결국은 쓰기 쉬운 닌자 하나로 진행하는 것이 최선이라는 결론에 이르게 된다. 단 동료가 있을 때는 그 전투에 참여한 캐릭터가 요괴로 변신해 특수 공격을 쓸 수 있다는 이점도 있다. 변신이 끝나면 죽어버리기는 하지만.

게임보이 소프트 소개 작품31

멜닥이 보낸 요괴슈팅

천신괴전

TENJINKAISEN

장르	슈팅	발매일	1990년 4월 27일
퍼블리셔	멜닥	가격	3,500엔

황금만능주의

텐포의 대기근을 구하기 위해 일어난 텐진 5인조. 하지만 그들도 사람이기에 움직이려면 돈이 필요하다. 이에야스의 명령인데 그래도 괜찮을지….

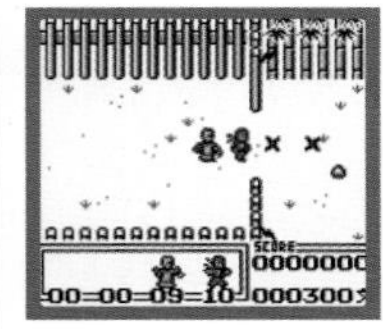

요괴로 변신한 상태에서는 무적. 하지만 왜병은 변신할 수 없다.

대열이 중요하다고 생각하겠지만, 실은 자유로운 1인 파티가 가장 편할 때도 있다.

아카가와 지로의 유명 소설을 그대로 GB에 이식했다

1983년 발표된 아카가와 지로 원작의 소설을 GB판으로 재현했다. 카타야마 형사와 그의 동생, 하루미, 그녀를 짝사랑하는 이시즈 형사, 추리묘 홈즈와 시리즈의 캐릭터들이 등장한다. 커맨드 선택식 어드벤처로 게임오버가 없다. GB 작품치고는 그래픽도 훌륭하고 배경으로 사용되는 클래식 음악도 잘 어울려 귀가 호강한다. 또한 플레이어를 카타야마 형사 혹은 하루미 중에서 고를 수 있다는 점도 재미있는데, 이 시스템을 제대로 활용하지 못한 점은 아쉽다.

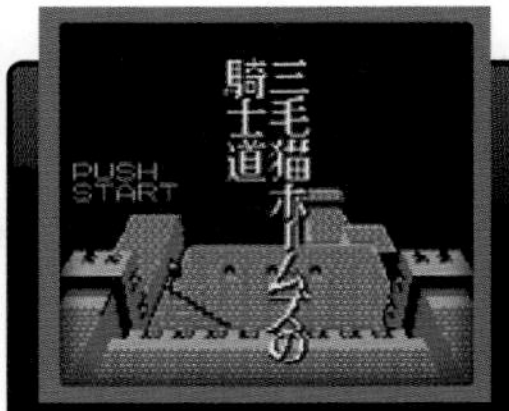

게임보이 소프트 소개 작품32

전형적인 어드벤처

삼색 고양이 홈즈의 기사도

CHIVALRY CALICO CAT HOLMES

장르	어드벤처	발매일	1991년 2월 15일
퍼블리셔	아스크 코단샤	가격	3,500엔

소설 속의 인물들

익숙한 얼굴들이다. 참고로 아카가와 지로의 작품은 FC(유령열차)와 원더스완(삼색 고양이 홈즈 고스트 패닉)으로도 발매되었다.

자산가의 차남인 히데야. 신혼여행 중에 부인 토모미를 잃는다.

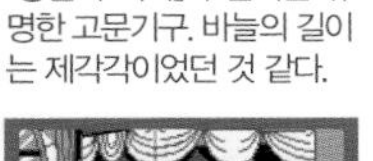

「강철의 처녀」라 불리는 유명한 고문기구. 바늘의 길이는 제각각이었던 것 같다.

가볍게 플레이할 수 있어 GB의 장수 시리즈로

일본에서는 익숙한 캐치프레이즈인 「뉴욕에 가고 싶습니까」로 알려진 방송에서 따왔다. 이 게임에는 세이브와 패스워드가 없기 때문에 꽤 엄격한 시스템이다. 어떤 의미에서는 원작에 충실하다고 해도 과언이 아니다. 첫 난관은 돔의 퀴즈에서 이어지는 가위바위보 대회. 운이 나쁘면 여기서 게임이 막혀버린다. 퀴즈의 결과를 모르는 기내 퀴즈도 성가시지만, 뉴욕에 도착하면 난이도가 내려간다. 이번 작품이 인기 시리즈가 되어 GB에서 총 4작품이 발매되었다.

게임보이 소프트 소개 작품33

GB판 최초의 사회자는 후쿠도메 노리오

미국 횡단 울트라 퀴즈

AMERICA OUDAN ULTRA QUIZ

장르	기타	발매일	1990년 12월 23일
퍼블리셔	토미	가격	3,980엔

운이 없으면 클리어 불가?

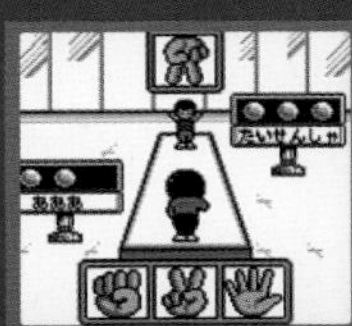

가위바위보는 그야말로 보통 수준이 아니다. 「지력, 체력, 시간의 운」이라 볼 수 있다. 여기서 이겨도 비행기에서의 퀴즈가 또 지옥이다.

시대를 너무 앞서간 숨겨진 명작

로그라이크 게임에 해당하는 작품. 거치용 게임기에서 대히트한 『톨네코의 대모험』보다 2년 앞서 발매되었다는 사실이 충격적이다. 4개의 던전에는 각각 목적이 설정되어 있으며 이를 달성하면 다음 레벨에 도전할 수 있다. 경험치와 레벨 개념은 없고 무기와 아이템으로 강화한다. 로그 원작에 비하면 많이 간략화되었지만 1회 플레이가 수십 분이라는 점은 GB로는 최적일 것이다. 톨네코 등과 비교하면 마이너하지만 로그라이크를 좋아한다면 플레이할 가치가 있다.

게임보이 소프트 소개 작품34

톨네코보다 먼저 로그라이크를 실현하다

케이브노아

CAVENOIRE

장르	액션RPG	발매일	1991년 4월 19일
퍼블리셔	코나미	가격	3,800엔

던전마다 미션 내용이 다르다

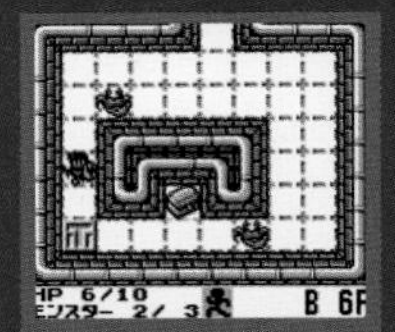

전투는 턴제. 플레이어가 움직이면 적도 함께 움직이고 근접하면 전투에 돌입한다. 적의 움직임을 기억해서 최대한 쓸데없는 전투를 하지 말자.

이전과는 달라진 파워업 시스템

FC에서 인기를 모았던 봄버맨의 GB용 타이틀. 기본적인 룰은 그대로이고, 지형의 영향이 작용하는 개성적인 스테이지에서 적 섬멸을 목적으로 하는 폭파 작업을 진행한다. 최종 스테이지를 제외하고, 플레이어는 지도 화면에서 스테이지를 임의로 고를 수 있고 각 스테이지당 5~10개의 복수 라운드를 진행한다. 다른 작품과 달리 본 작품은 파워업 등의 각종 아이템을 상점에서 구입하여 스테이지를 공략할 때 가지고 간다는 독자 시스템을 채용하고 있다.

게임보이 소프트 소개 작품35

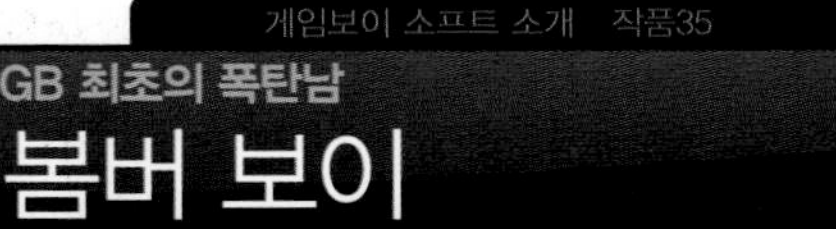

GB 최초의 폭탄남

봄버 보이

BOMBER BOY

장르	액션	발매일	1990년 8월 31일
퍼블리셔	허드슨	가격	3,500엔

FC판도 플레이 가능

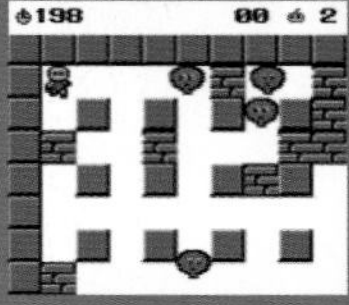

FC판의 봄버맨을 플레이하는 모드를 채용했다. 원판과 비교하면 필드가 축소되는 등의 변경점은 있지만 FC의 패스워드는 그대로 쓸 수 있다.

스테이지는 사막과 숲 등 풍부하게 준비되어 있으며 기믹도 다양하다.

지도 화면에서 스테이지를 선택하는 방식은 이후 작품에도 이어진다.

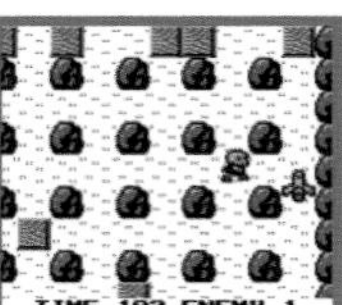

FC판과 마찬가지로 클리어 난이도는 대단히 높다

난이도 높은 액션으로 게이머들을 분노하게 한 록맨 시리즈의 GB판. 총 5개 시리즈 중 본 작품이 첫 번째이다. 기본적 액션과 시스템은 록맨1을 바탕으로 했고 거기에 2의 요소를 추가한 것이 특징. 전반 스테이지4에서는 1의 보스들과 싸우고, 후반의 마지막 보스 스테이지에서는 2의 보스들과 보스 러시를 치르는 흐름으로, 보스는 2개 작품에서 4마리씩 차출되었다. 험악한 상어가 있고 라이프 회복의 E캔은 없는 등, 불리한 조건이 많아 난이도는 상당히 높은 편이다.

게임보이 소프트 소개 작품36

휴대 기기에서 새로운 시리즈를 내놓다

록맨 월드

ROCKMAN WORLD

장르	액션	발매일	1991년 7월 26일
퍼블리셔	캡콤	가격	3,500엔

스테이지 선택제

플레이어가 스테이지를 고를 수 있다는 점은 FC판과 같지만 스테이지 숫자는 축소되었다. 후반에 나오지 않았던 2의 보스는 다음 작품에 등장한다.

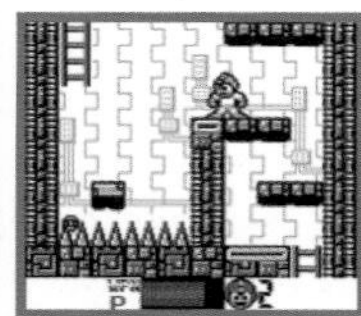

다른 작품보다 록버스터의 성능이 낮기 때문에 맨몸으로 치르는 보스전에서 고전을 면치 못한다.

보스에 다다르기 위해서는 결코 한 번에는 갈 수 없는 난관을 돌파해야 한다.

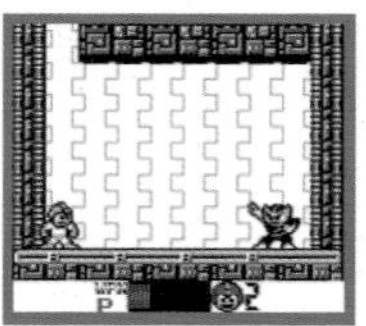

배트맨의 특징을 끌어낸 경쾌한 액션이 매력적

그 유명한 헐리우드식 히어로, 배트맨을 소재로 한 횡스크롤 액션게임. 1989년에 발매된 FC판과 마찬가지로 당시 상영된 팀 버튼 감독의 영화를 바탕으로 하고 있다. 후반 스테이지에 슈팅 스테이지가 존재하는 것도 특징 중 하나이지만, 캐릭터의 개성을 살린 경쾌한 움직임 속에서 다소 관성이 있는 가벼운 점프 액션이 매력적이다. GB 초기 작품이면서도 스테이지 사이에 양질의 그래픽으로 컷 씬을 삽입해 스토리성을 부여한 점은 높게 평가할 만하다.

게임보이 소프트 소개 작품37

미국의 인기 영웅이 GB에 상륙하다

배트맨

BATMAN

장르	액션	발매일	1990년 4월 13일
퍼블리셔	선소프트	가격	3,400엔

타도! 조커

영화와 같이 최종적으로 조커를 물리치는 것이 게임의 목적. 아이템으로 총을 파워업 하면서 적을 물리쳐 나간다.

제 3 장

가정용 게임기급 성능 실현! 게임보이 어드밴스 탄생

게임보이의 후속 기기는
32 비트의 굉장한 녀석!

게임보이 어드밴스의 CPU는 32비트. 작은 하우징 속에 슈퍼 패미컴을 뛰어넘는 성능을 숨기고 있다.

GAMEBOY ADVANCE

게임보이 어드밴스

작아도 32비트! 성능은 SFC를 뛰어넘었다

닌텐도 / 2001년 3월 21일 발매 / 8,800엔

대응 게임과 화면	
GBA 전용	32,768색, 와이드 화면
GBC 전용	32,768색 중 56색, 일반 화면※1
GB/GBC 공용	32,768색 중 56색, 일반 화면※1
GB용	4~10색※2, 일반 화면※1

※1…전원스위치를 켜고 L버튼을 길게 누르면 와이드 화면으로 전환.

※2…「GAME BOY」가 표시되고 있을 때 커맨드 입력으로 컬러 패턴으로 전환.

기본 사양

[CPU]	ARM7TDMI 32비트 16.78MHz + 샤프 LR35902 8비트 4.19/8.38 MHz
[RAM]	32k BYTE (CPU 내장)
[VRAM]	96k BYTE (CPU 내장)
[WRAM]	256k BYTE (CPU 외부)
[ROM]	8M bit~256M bit
[그래픽]	32,768 색상에서 동시발색 256색 지원, 해상도 240*160, 2.9인치 반사형 TFT 컬러 액정
[사운드]	PSG 3채널 + 노이즈 1채널 + PCM 2채널
[연속사용시간]	AA 알카라인 전지 2개로 약 15시간
[통신]	통신케이블 대응

휴대용 게임기도 드디어 32비트 시대로

ARM의 ARM7TDMI라는 저전력에 특화된 32비트 CPU가 채용되었다. 또한 GB 시리즈와의 호환성을 실현하기 위해 GBC의 CPU를 별도로 채용한다. 당시 유행했던 폴리곤 등의 3D 대응도 검토되었지만 소프트 개발이 미지수였던 점과 원가 상승을 고려해 무산된다. 그렇다고 해도 사양은 대단히 높다.

드디어 발매된 GB 시리즈의 후속 기기

GB 발매에서 대략 12년 후에 나온 차세대 기기 『게임보이 어드밴스』는 그 작은 하우징에 슈퍼 패미컴을 가볍게 뛰어넘는 무서운 성능을 숨기고 있다. 우선 CPU가 단숨에 8비트에서 32비트로 올라섰다. SFC로부터 이식하는 일이 간단해졌지만, 해상도가 조금 낮게 설정되어 있고 버튼 숫자가 부족하다는 단점이 있었다. 이식할 때 조작 계통을 재현하는 것이 어려워 변경한 작품들이 많다. 하지만 집 밖에서 SFC를 넘어서는 수준의 게임을 플레이할 수 있다는 것은 대단히 큰 매력이었으며 아울러 GB 시리즈와의 호환성도 실현되어 환영받을 수밖에 없었다. 소프트 면에서는 좋은 소프트가 준비되어 있었지만 밀리언 히트로 따지면 GB에 비해 매우 적다. 전 세계에서 약 8000만대가 출하되었다는 사실은 GB 시리즈의 교체 수요에도 대응했다는 점을 짐작하게 한다.

GBA의 팩 사이즈는 GB의 절반 정도

컬러 배리에이션

바이올렛

화이트

밀키 블랙

밀키 블루

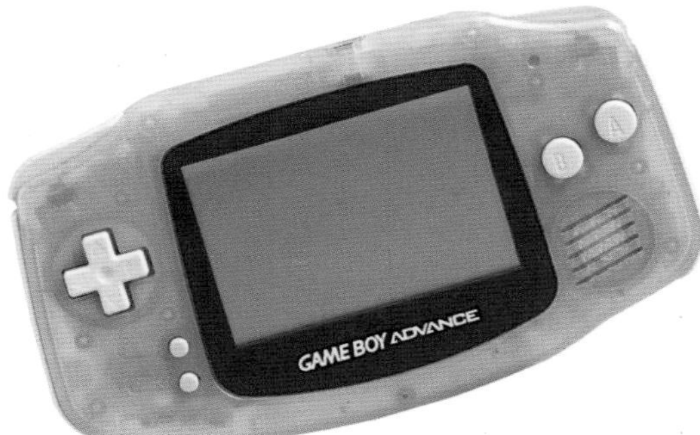

밀키 핑크

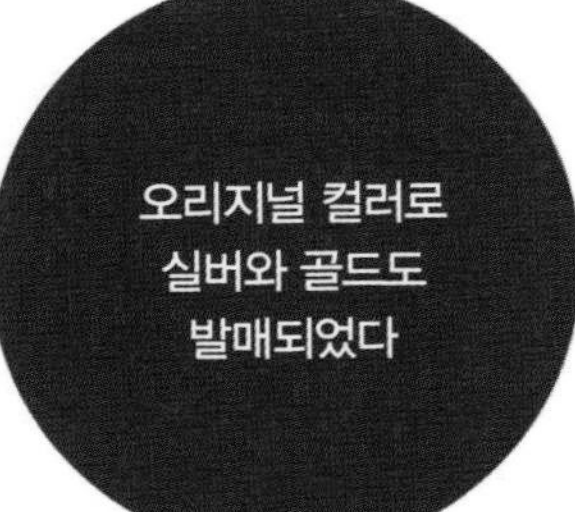

판매점 한정 컬러도 다수 등장 (목록 외에도 다수 존재)	
미드나이트 블루 (토이저러스)	자이언츠 버전 (이토요카도)
스이쿤 블루 (포켓몬스터)	록맨 커스텀 세트 (이토요카도)
세레비 그린 (포켓몬스터)	클리어 오렌지&클리어 블랙 (다이에)

게임보이 어드밴스 광고지

실버 및 골드 발매를 고지하는 내용. 게임보이 브로스의 실버와 골드 버전은 가격이 약간 비쌌지만 어드밴스는 8800엔으로 고정.

(겉)

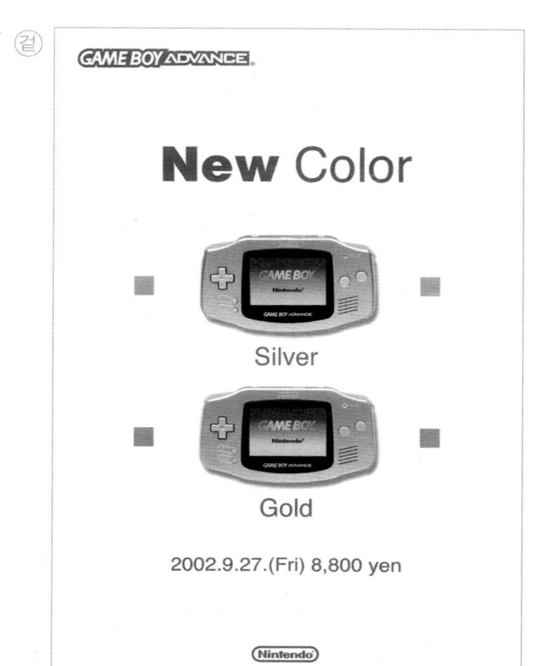

(속)

주변기기 & 특수칩

『카드e 리더』

『돌아가는 메이드 인 와리오』

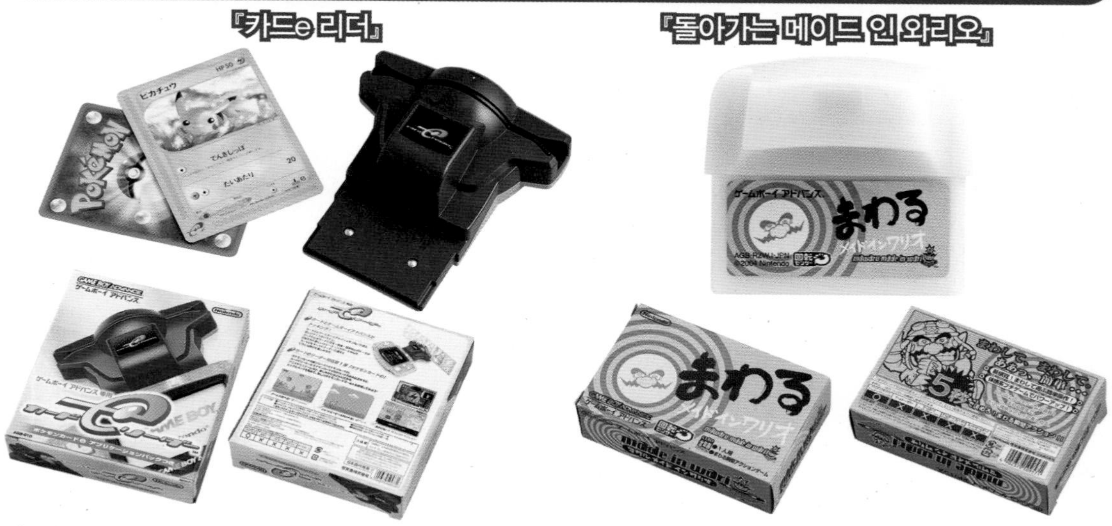

카드에 문자, 영상, 음성 등의 데이터와 프로그램을 탑재한 트레이딩 카드를 말한다. 이를테면 『포켓몬 카드e』에서 포켓몬 도감의 진화도를 보거나, 포켓몬의 짧은 동영상과 미니게임을 플레이할 수 있다. 이후 게임큐브와 게임보이 어드밴스에서는 통신이 가능한(게임 데이터 추가 등이 가능해진) 상위 버전의 『카드e+』 및 『카드e리더+』가 발매되었다.

순간 액션이라는 새로운 장르로 인기를 얻은 『메이드 인 와리오』의 속편. 회전 센서를 내장해 「돌리면서 플레이하는」 스타일을 만들었다. 회전 센서와는 별도로 진동용 소형 모터도 내장하고 있어 게임 중 여러 장면에서 진동한다. 본체 전체를 회전시켜야 하기 때문에 GBA SP에서는 약간 플레이하기 어렵다.

게임보이 어드밴스 SP

가지고 다니기 편리한
폴딩 방식의 GBA

닌텐도 / 2003년 2월 14일 발매 / 9,333엔

주요 변경점

①폴딩 방식 채용
접는 방식을 도입해 휴대성이 향상되었으며 화면 보호에도 도움이 되어 호평받았다.

②프론트 라이트 채용
2.9인치 반사형 TFT 액정을 채용한 것은 기존 GBA와 같지만, 프론트 라이트가 추가되어 어두운 곳에서도 보기 쉬워졌다. ON/OFF 스위치도 있다.

③리튬이온 전지 채용
3시간 충전으로 10시간 사용. 프론트 라이트를 끄면 약 18시간 쓸 수 있다. 드디어 건전지에서 해방되었다.

GBA보다 소형화 • 경량화되어 보다 가지고 다니기 쉬워졌다. 반면 조작 계통은 그저 그렇다는 이야기도 있다. 십자키와 AB버튼이 가까운 것이 원인일지도.

버철 콘솔로 GB & GBA의 게임을 즐긴다

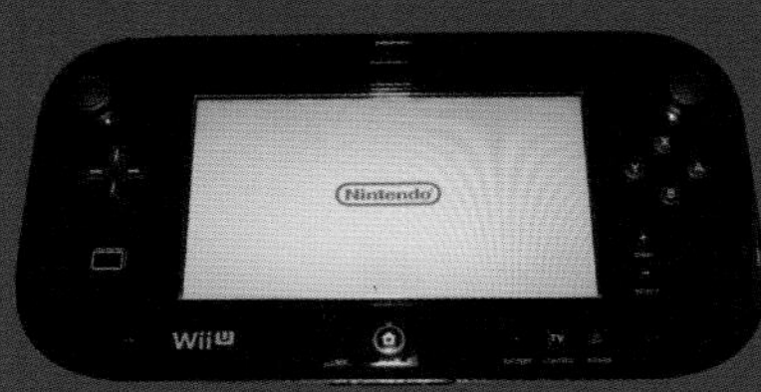

이전에 발매된 타이틀을 Wii(Wii U)와 3DS(2DS)에서 저렴하게 구입해 플레이할 수 있는 시스템이 버철 콘솔. 이 버철 콘솔을 잘 활용한 것이 Wii U이다.

Wii U라면 게임 패드만으로 다운로드한 게임을 플레이할 수 있다. 본체는 크지만 휴대용 게임기로 기능할 수 있다. 게임에 따라서는 다운로드가 끝난 경우도 있으므로 갖고 싶은 게임이 있을 때는 빨리 구매할 것을 추천한다. 다운로드가 끝났거나 SFC 타이틀의 경우는 New 3DS 전용이므로 주의해야 한다.

컬러 배리에이션 목록

오리지널 버전	
플래티넘 실버	아즈라이트 블루
오니키스 블랙	펄 블루
펄 핑크	패미컴 컬러
토이저러스	
스타라이트 골드	펄 그린
포켓몬 센터 (일본 전용 ※포켓몬 센터 NY 오리지널 모델도 있음)	
아차모 오렌지	리자몽 에디션
이상해꽃 에디션	레쿠쟈 에디션
피카츄 에디션	
캠페인 버전	
패미컴 20주년 버전 (이토요카도, TSUTAYA, HOT 마리오 캠페인 상품)	
동키콩 바나나 컬러 (동키콩 섬머 캠페인 상품)	
게임 소프트 동봉판	
펄 화이트 에디션 (『파이널 판타지 택틱스 어드밴스』)	
장고 레드 & 블랙 (『우리들의 태양』)	
마나 블루 에디션 (『신약 성검전설』)	
샤아 전용 컬러 (『SD건담 G제네레이션 어드밴스』)	
록맨 블루 (『록맨 에그제4』)	
나루토 오렌지 (『NARUTO RPG ～이어받은 불의 의지～』)	
킹덤 딥 실버 에디션 (『킹덤 하츠 체인 오브 메모리즈』)	

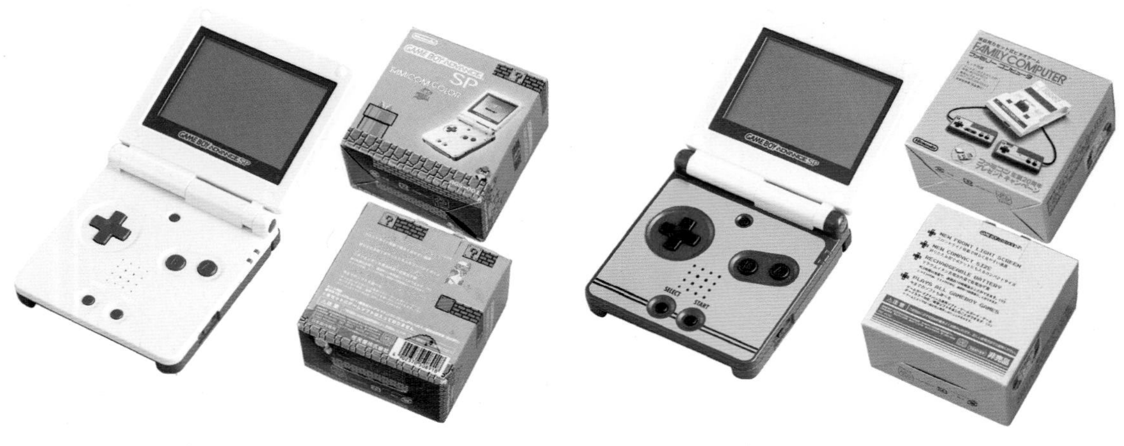

GAME BOY MICRO

게임보이 미크로

크기는 보다 작아지고
화면은 보다 밝아졌다

닌텐도 / 2005년 9월 13일 발매 / 11,429엔

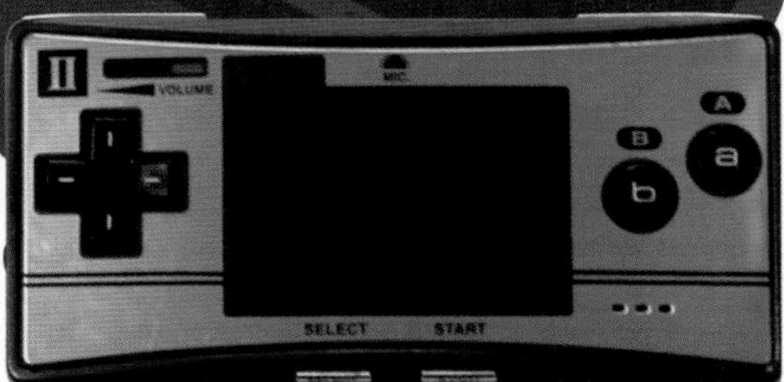

옆의 컬러에 더해 다양한 페이스 플레이트도 발매

실버	블랙
블루	퍼플
패미컴 버전	포켓몬 버전
FF 모델	MOTHER3 모델

패미컴 2P 페이스 플레이트는
지금은 사라진 클럽 닌텐도 한정품이어서 희귀

대히트한 패미컴 미니 시리즈

『슈퍼 마리오 브라더스』 발매 20주년에 맞춰 발매된 GBA 시리즈 마지막 모델은 미니란 이름 그대로이다. 즉 화면은 작아졌지만 발색은 좋아졌다. 하지만 GB 시리즈와의 호환성은 사라지고 이전에 발매된 주변기기도 쓸 수 없다. 닌텐독스와 뇌단련으로 기세를 올리던 DS에 밀려 많이 팔리지는 않았다. 다만 페이스 플레이트 교체 등 매니아에게는 인테리어 소품으로 인기가 좋다.

패미컴 컬러의 본체와 패키지
본체 뒷면에는 슈퍼 마리오 브라더스 발매 20주년 기념 로고가 새겨져 있다

게임보이 어드밴스 & 어드밴스SP로부터의 주요 변경점

①백라이트 채용
본체를 최대한 작게 만드느라 액정 사이즈가 2.9인치에서 2인치로 바뀌었다. 하지만 최초로 백라이트가 채용되어 매우 밝고 발색도 좋다.

②게임보이와의 호환성 폐지
게임보이 어드밴스 및 어드밴스SP는 게임보이 시리즈와 호환되지만, 미크로는 GBA 전용이 되었다. 그래도 찰진 손맛과 미려한 액정 등 GBA 사상 최고 걸작이라는 평가도 있다.

그를 빼고는 휴대용 게임기를 말할 수 없다 !

이 책을 손에 잡은 게임 팬이라면 한 번은 들어본 이름일 것이다. 바로 요코이 군페이. 일본 게임업계의 아버지라 불리는 그가 뿌리 깊은 게임계의 인간은 아니었다는 점이 놀라울 따름이다.

어느 날 군페이는 담당하던 설비 기계의 보수 점검 중, 시간을 때우기 위해 격자 형태의 신축성 있는 장난감을 만들어 놀고 있었다. 그것이 닌텐도 사장인 야마우치 히로시의 눈에 띈 것이다. 야단 맞을 줄 알았던 요코이는 반대로 그것을 응용한 상품을 개발하라는 지시를 받는다. 나중에 그 장난감은 『울트라 핸드』라는 이름으로 발매되어 대인기 상품이 되었다. 이 사건을 계기로 요코이는 새롭게 설치된 「개발과」에서 장난감 개발을 맡게 된다.

요코이가 관련한 닌텐도 제품은 셀 수 없을 정도다. 연인의 애정을 측정하는 아이템 『러브 테스터』와 『광선총 시리즈』 등, 개발한 장난감 대다수가 히트했다. 1979년에는 개발과에서 분리된 「개발 제1부」의 부장으로 취임한다.

요코이는 변함없이 사람들이 놀랄 만한 히트작을 만들어간다. 『게임워치』와 『게임보이』도 요코이가 개발한 제품이다.

요코이의 상품개발 철학은 '소통'이라고 한다. 앞에서 말한 러브 테스터의 개발 동기는 「여성과 자연스럽게 손을 잡는다」라고 말하며 입가에 미소가 번진다. 러브 테스터는 거짓말 탐지기의 기능을 이용한 상품인데 이것이 유명한 「고사한 기술의 수평사고」이다.

(참고문헌 『요코이 군페이의 게임관 RETURNS - 게임보이를 탄생시킨 발상력』 필름아트사 발간)

칼럼으로 잠시 휴식을

게임보이의 아버지 , 요코이 군페이 열전①

GAMEBOY GAMEBOY COLOR SOFTWARE GUIDE

게임보이 어드밴스 소프트 소개

게임보이 어드밴스 소프트 소개 작품1

파스텔풍의 그래픽이 따스하다

매지컬 베케이션

MAGICAL VACATION

장르	RPG
퍼블리셔	닌텐도
발매일	2001년 12월 7일
가격	4,800엔

유명 스튜디오가 제작한 GBA 굴지의 명작 RPG

PS의 명작 『성검전설 LEGEND OF MANA』를 개발한 브라우니 브라운이 제작한 RPG. 공식적으로는 커뮤니케이션 RPG라 칭한다. 등장인물 사이의 소통과 통신케이블을 이용한 친구와의 소통 과정을 즐긴다는 의미이다. 해변에 온 린칸학교 일행이 이계의 마물 에니그마에게 습격당해 뿔뿔이 흩어진다. 마물들과 싸우며 마법학교의 동료들을 찾는 모험이 시작된다. 미려한 파스텔풍 그래픽이 특징으로 GBA의 높은 성능에 정말 감동하게 된다. 이번 작품에서는 16종류의 마법이 주축이 되었으며 전투에서는 마법 속성을 생각하며 싸워야 한다. 즉 캐릭터와 관계 있는 정령과 친해져서 배틀에서 불러내면 그 속성 마법의 위력이 올라가 전투를 매우 유리하게 진행할 수 있다는 식이다. 매력 넘치는 게임이므로 한 번쯤 플레이해보기 바란다.

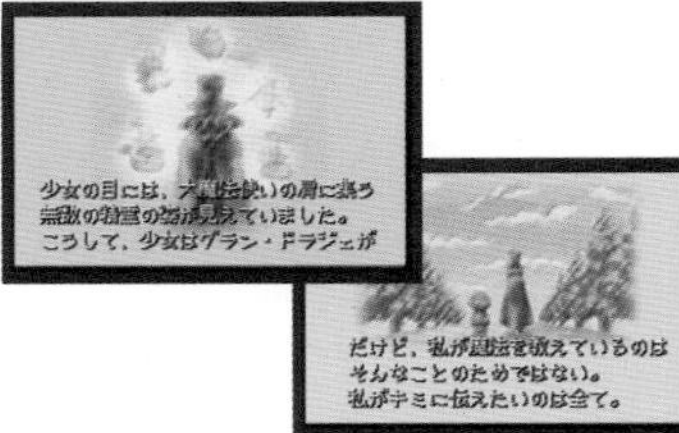

개성 넘치는 캐릭터에 주목!

캐릭터 디자인과 일러스트는 PS의 명작 『성검전설 LEGEND OF MANA』의 카메오카 신이치가 담당했다. 커뮤니케이션 RPG를 표방하고 있기에 등장인물 모두가 개성적이다.

게임보이 어드밴스 소프트 소개 작품2

1의 엔딩 이후 스토리도 구현했다

메트로이드 제로 미션

METROID ZERO MISSION

장르	RPG
퍼블리셔	닌텐도
발매일	2004년 5월 27일
가격	4,571엔

명작 액션이 GBA에서 리메이크되다

디스크 시스템의 명작 『메트로이드』의 리메이크 작품. 하지만 신규 지역과 능력 추가, 마더브레인 파괴 뒤 사무스의 행동을 따라가는 스토리가 제2부로 추가되어 리메이크 작품을 뛰어넘는다. 디스크 시스템 버전의 엔딩에서는 특정 조건을 만족시키면 사무스의 정체가 드러나서 당시에는 멍하니 쳐다보기만 했었다. 하지만 이번 작품에서는 오프닝 데모부터 모두 보여주고 시작한다. 게임 팬에게는 스펠랑카 선생이 빈약하다는 것만큼이나 잘 알려진 사실이지만, 당시에 열심히 플레이했던 대다수는 「이거 그냥 까도 되는 건가?」 하고 놀랐을 것이다. 무기 추가가 있다 해도 게임성은 1을 답습하고 있다. 팬뿐만 아니라 신규 플레이어도 그 많은 수수께끼와 높은 자유도, 그리고 찰진 액션에 빠져든다. 참고로 밸런스도 개선되어 난이도가 낮아졌다.

선명해졌지만 1의 분위기는 훌륭히 재현

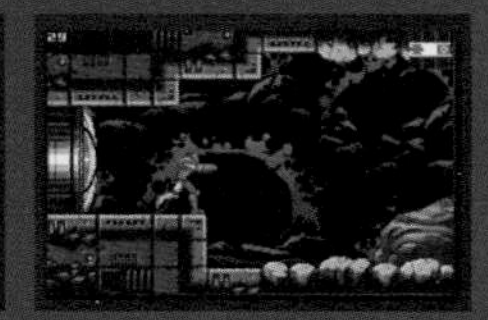

독특한 세계관은 GBA의 총천연색 화면에서도 변하지 않았다. 오히려 더 선명해지고 더 세밀하게 그려져 깊이를 느끼게 해준다. 적에게 불합리하게 연속 공격을 받는 경우도 줄어서, 1이 너무 어려워 포기한 유저에게도 추천한다.

불과 5초에 목숨을 거는 신 감각 게임

메이드 인 와리오

MADE IN WARIO

장르	기타
퍼블리셔	닌텐도
발매일	2003년 3월 21일
가격	4,800엔

계속되는 미니 게임이 플레이어의 순발력을 시험한다

느닷없이 화면에 나오는 단어들. 처음에는 어떤 미니게임이 나오는지 알 수 없는 구조이며 그것을 불과 5초 정도에 클리어해야 한다. 순발력과 집중력을 시험하는 게임들이며 일정 수량의 문제를 해결하면 속도가 올라가 아수라장이 벌어진다. 이를테면 나인볼트 스테이지의 경우, 닌텐도의 게임에서 따온 미니게임이 이어지는데 나오는 게임은 스테이지마다 다른 구조를 갖고 있다. 더욱이 스테이지를 클리어하면 그 스테이지는 무한으로 플레이할 수 있으며 난이도와 속도가 계속 올라간다. 마지막에는 뭐가 뭔지 알 수 없는 상태에 이르는 속도가 되지만 어느덧 그것이 쾌감으로 바뀐다. 그 외에 파고들기 요소도 많아 오랫동안 플레이할 수 있는 작품이다. 속편도 많이 나올 정도로 인기 시리즈가 된 작품이므로 한 번쯤 플레이해보길 권한다.

아는데 반응할 수 없다

화면에 갑자기 「멈추세요」 같은 문자가 나오고 바로 미니게임이 시작되는 구성이다. 미니게임을 어떻게 클리어하는 것인지 알기 어려운 경우가 많았는데 오히려 그것이 게임성을 끌어올리고 있다.

탐색형 드라큘라의 절정

캐슬배니아 ~ 효월의 원무곡 ~

CASTLEVANIA

장르	액션
퍼블리셔	코나미
발매일	2003년 5월 8일
가격	4,800엔

원조 액션 RPG. 깊이 있는 수수께끼 풀기가 매력

전통의 액션게임으로 FC 초기부터 인기 있었던 『악마성 드라큘라』 시리즈에 해당된다. 하지만 스테이지 클리어형 액션은 아니고 PS에서 발매된 『월하의 야상곡』 계보에 들어가는 탐색형 액션이다. 같은 타입의 게임으로는 4번째인데 월하의 주인공 '알카드'가 '아리가토켄야'라는 이름으로 바꿔서 나오는 점이 재미있다. 이번 작품은 적을 물리쳐서 많은 소울을 얻을 수 있는 「택티컬 소울 시스템」을 채용했다. 이 소울에는 다양한 배리에이션이 있고, 모든 적이 소울을 갖고 있기에 수집 욕구를 만족시켜 준다. 장비도 풍부하게 준비되어 있으며 소지한 장비 데이터를 이어서 플레이할 수 있어 오랫동안 즐길 수 있다. 이후에 탐색형 게임은 DS로 무대를 옮겨 명작들을 탄생시켰다. DS에서는 본 작품의 정통 속편인 『창월의 십자가』가 발매되었다.

택티컬 소울 시스템

적을 물리치면 드물게(출현율은 적에 따라 다르다) 소울을 남길 때가 있다. 소울 숫자는 100가지 이상이며 하나하나 능력이 다르므로 연구할 만하다.

의혹 많은 재판을 역전한다!

역전 재판

ACE ATTORNEY

장르	어드벤처
퍼블리셔	캡콤
발매일	2001년 10월 12일
가격	4,800엔

신참 변호사 나루호도 류이치의 데뷔작

법정 어드벤처라 못 박은 작품으로 신참 변호사인 나루호도 류이치를 조작해 누명을 쓴 피고인이 무죄를 받게 하는 것이 목적이다. 각 에피소드는 기본적으로 「탐정 파트」와 「법정 파트」로 구성된다. 탐정 파트는 재판의 정보를 입수하거나 증거품을 모으는 등 재판에 필요한 단서를 수집한다. 필요한 정보와 증거를 얻지 못한 채 법정 파트로 가는 경우는 없으므로 사건이 막힐 일은 없다. 게임이 진행되지 않는 때는 잠깐 머리를 식히면 의외로 잘 풀릴 수도 있다. 한편 법정 파트에서는 증인들의 증언을 듣고 그 모순점을 캐내야 한다. 나루호도 류이치의 명대사 「이의 있음!」으로 누명을 쓴 피고인을 무죄로 이끌자.

증언에 숨겨진 모순점을 캐내 진범을 밝혀라!

보다 자세한 정보를 듣고 싶을 때는 「동요하다」 커맨드를, 데이터에 모순점이 있다 생각되면 「들이대다」를 고른다. 단 모순이 없다고 판단될 경우에는 페널티를 받는다.

그라디우스 세대에게는 감동의 명작

그라디우스 제네레이션

GRADIUS GENERATION

장르	슈팅
퍼블리셔	코나미
발매일	2002년 1월 17일
가격	5,800엔

슈팅게임의 금자탑이 GBA 오리지널로 등장

아케이드에서 대인기를 얻은 『그라디우스』 시리즈. 많은 슈터들에게 사랑받은 명 시리즈가 GBA 오리지널로 발매되었다. 아케이드판과는 달리 난이도는 비교적 낮게 설정되었고 널리 알려진 코나미 커맨드도 존재한다. 게임 밸런스도 매우 양호해서 역시 명작의 계보를 잇는 완성도를 보여준다는 평가를 받는다. 스테이지는 총 8개가 준비되어 있는데 운석과 유리몸이 오가는 등 변화무쌍하다. 시리즈 단골 소재인 역화산과 모아이 스테이지 등도 있으므로 그라디우스 팬이라면 놓칠 수 없는 작품이다. 더욱이 그라디우스라 하면 역시 파워업 시스템인데, 시리즈 전통의 캡슐을 얻어 가는 시스템이 되었고 파워업 타입은 『그라디우스 외전』에 가깝게 만들어졌다.

GBA의 성능을 극한까지 끌어낸 슈팅게임

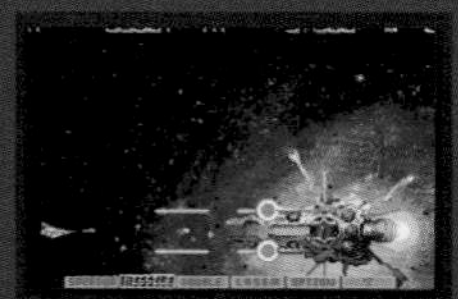

역시 GBA, 역시 코나미랄까. 결점은 보이지 않고 순수하게 슈팅의 재미를 모아 놓았다. 게임 자체의 난이도는 크게 높지 않지만, 특정 조건을 만족시키면 상급자용 챌린지 모드를 고를 수 있다.

GBA의 성능을 최대한 끌어낸 RPG

일본에서는 양질의 RPG가 해당 게임기의 판매를 책임지는 경우가 많은데, 이 작품은 GBA에서 그 역할을 해낸 작품이다. 개발 담당은 수많은 명작을 탄생시킨 카멜롯이다. GBA의 성능을 최대한 끌어내는 것을 목표로 여러 면에서 타협하지 않으며 그래픽부터 음악까지 철저하게 만들어졌다. 이런 노력 덕분에 해외에서도 높은 평가를 얻었다. 하드웨어의 매출이 급상승할 정도로 대히트하지는 않았지만 속편도 만들어졌다.

게임보이 어드밴스 소프트 소개 작품7

이야기는 속편 『잃어버린 시대』에서 완결

황금의 태양 열려진 봉인

GOLDEN SUN

장르	RPG	발매일	2001년 8월 1일
퍼블리셔	닌텐도	가격	4,800엔

에너지를 사용해 이야기를 진행한다

시작부터 큰 트러블에 휘말리는 주인공들. 스토리가 정말 재미있어 계속 플레이하고 싶어진다. 또한 에너지를 사용한 독특한 시스템도 재미있다. 전투는 물론 필드에서도 에너지를 쓸 수 있다.

개발 기간 12년 드디어 등장한 속편

1989년 『MOTHER1』이 나왔다. 일반적인 RPG는 중세 유럽에서 따온 세계관을 가지고 있는 데 반해 미국의 시골 마을이 무대라는 점에서 유명세를 탔다. 또한 신파 RPG의 대표격으로 게임 팬들에게 알려져 있다. 약 5년 만에 SFC로 등장한 2도 호평받았고 많은 팬들이 속편을 기다리고 있었다. 하지만 3이 발매된 것은 그로부터 12년 뒤 시점이다. 한때 개발 중지라고 알려졌지만 결국 발매에 이르렀다.

게임보이 어드밴스 소프트 소개 작품8

기묘하고 재미있다. 그리고 애절하다

MOTHER3

MOTHER3

장르	RPG	발매일	2006년 4월 20일
퍼블리셔	닌텐도	가격	4,571엔

전작까지의 내용에서 크게 바뀌었다

第1章
とむらいの夜

전작의 분위기를 일신했다. 이번 작품의 무대는 의문에 둘러싸인 노웨어섬의 유일한 마을, 타츠마이리. 챕터로 구분되어 있으며 챕터마다 주인공이 다르다. 다른 챕터에서 모험한 주인공과 합류할 때도 있다.

토마토를 먹을 수 없는 국민은 변두리에 살아야 한다

알파드림이 『기믹 어드벤처』라는 이름으로 GBC용으로 개발 중이었는데, 이것이 닌텐도의 눈에 띄어 GBA로 기종을 바꾸고 닌텐도에서 발매된다. 사랑스러운 모습과는 달리 스토리는 꽤 엄격하다. 어린이의, 어린이에 의한, 어린이를 위한 「케찹 왕국」에서는 토마토를 못 먹는 사람을 「드롭퍼즈」라 부르며 국왕의 명령에 의해 변두리의 「코보레 마을」로 이주당하고 토마토를 먹을 때까지 나올 수 없다…라는 스토리가 어린이용 같지만 실제로는 어른이 플레이하는 RPG이다.

게임보이 어드밴스 소프트 소개 작품9

토마토를 좋아하거나 싫어하거나 플레이 가능

토마토 어드벤처

TOMATO ADVENTURE

장르	RPG	발매일	2002년 1월 25일
퍼블리셔	닌텐도	가격	4,800엔

난이도가 높을수록 데미지도 크다

전투에는 액션 요소가 있어 이것이 상당히 성가시다. 공격할 때는 「타이밍」 「연타」라는 특정 조작을 해야 하며 성공하면 보다 큰 데미지를 줄 수 있다.

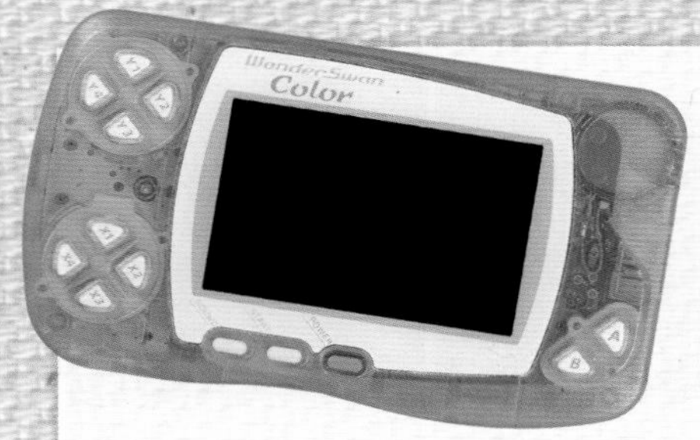

스펙 우선주의로 내달리던 게임업계를 우려했던 '게임의 신'

90년대 전반부터 요코이는 「TV를 상대로 하는 것은 언젠가 질리지 않을까」를 생각했던 것 같다. 머신의 성능보다 아이디어로 가지 않으면 언젠가 게임업계는 더 이상 나아가지 못할 것을 예견하고 있었다.

실제로 현재는 가볍게 플레이하는 모바일 게임이 유행하고 있다. 그 시장 규모는 게임처럼 성장하고 있으며 끝없는 성능 경쟁을 해온 본래 의미에서의 게임업계에 경종을 울리고 있다. 물론 게임을 플레이하려면 성능이 높은 쪽이 좋지만, 아이디어가 소홀해지면 앞뒤가 바뀌는 꼴이 된다. 아무리 개발비를 들이고 아무리 그래픽을 강화해도 최종적으로는 재미있는 게임이 평가받는다.

「50살이 되면 하고 싶은 일을 한다」라고 공언했던 요코이는 자신의 말 그대로 닌텐도에서 퇴사한다. 그 후 「코토」라는 회사를 창업해 다양한 휴대용 게임기와 장난감을 기획했고, 원더스완의 개발에는 어드바이저로 참여했다. 『GUNPEI』를 히트시켜 그 능력을 유감 없이 발휘했으나 독립한 다음해에 교통사고로 세상을 떠났다. 그가 살아 있었다면 휴대용 게임기 시장이 스마트폰에 먹히는 현재의 상황은 일어나지 않았을지도 모른다.

(참고문헌 『요코이 군페이의 게임관 RETURNS -게임보이를 낳은 발상력』 필름아트사 발간)

칼럼으로 잠시 휴식을

게임보이의 아버지 , 요코이 군페이 열전②

제 4 장

2인자의 자리는 나의 것! 휴대용 게임기 군웅할거 시대

흑백이라고?
당연히 컬러가 좋아!

세가에서 나온 게임기어는 컬러 액정을 채용했다. 게다가 TV까지 볼 수 있다는 추가 요소로 닌텐도에 대항했다.

GAME GEAR
게임기어

니텐도를 상대로 가장 선전했던, 게임보이 시리즈의 대항마

세가 / 1990년 10월 6일 발매 / 19,800엔

컬러 배리에이션은 8종류

블랙	펄 화이트
레드	블루
옐로	스모크
골드	실버

기본 사양

[CPU]	Z80A 3.58MHz
[RAM]	8k BYTE
[VRAM]	16k BYTE
[ROM]	256k bit~64M bit
[그래픽]	4096 색상에서 동시발색 32색, TV 모드에서는 4096색
[액정]	3.2인치 STN 컬러 액정, 해상도 160*144, CCFL 백라이트
[윈도우 기능]	스크롤 불가
[스프라이트]	8*8 최대 64개 표시
[사운드]	PSG 3채널 + 노이즈 1채널 ※이어폰 사용 시 스테레오 출력
[전원]	AA 전지 6개, 9V 1A 어댑터
[통신]	대전 케이블 대응

자사의 거치용 게임기(마크III, 마스터 시스템)와 사양은 동일했으나 해상도는 낮았다. 반면 색상 수는 증가. 백라이트 채용으로 어두운 곳에서 맹활약했다. 필자도 가족들이 잠든 시간, 이불 속에서 숨죽이며 플레이했던 아이였다.

컬러 액정으로 승부했으나 순식간에 큰 차이로 패배

닌텐도를 라이벌로 설정하고 닌텐도의 뒤를 추격하는 형태로 발매한 세가의 『게임기어』. 자사의 거치용 게임기 『세가 마크III』 『마스터 시스템』과 동일한 성능을 구현한 게임기어에서 가장 놀라운 점은 컬러 액정 채용이다. GB를 의식해 흑백은 시대에 뒤떨어졌다는 도발적인 캐치프레이즈를 내걸었지만 이미 많은 팬을 얻은 GB는 멀리 앞서 나갔고 그림자도 보지 못한 채 압도적 차이로 패배한다. 컬러 액정을 고집한 만큼 전지 소모량이 대단히 컸던 점이 최대의 패인으로 보인다. GB보다 2개 많은 AA 전지 6개를 가지고 겨우 3시간을 플레이했다. 결국 「라이벌이 컬러로 나오면 우리가 이긴다」라고 예측했던 닌텐도가 맞았다. 또한 GB와 비교해서 본체가 무거운 것도 은근히 좋지 않았다. 중후한 맛은 있으나 어린 이들이 들고 다니기엔 벅찼다.

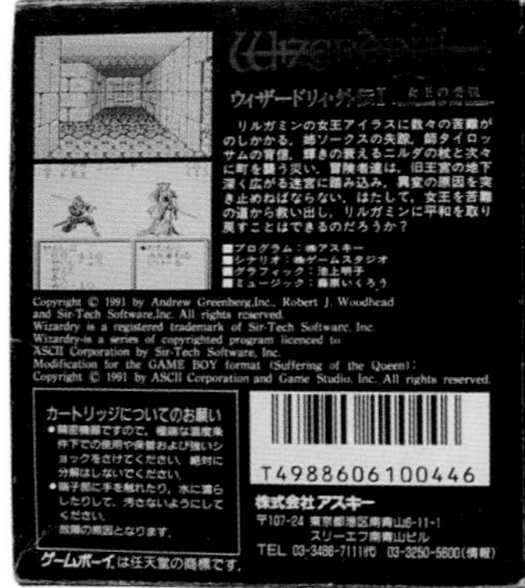

게임 박스도 게임 팩도 게임보이보다 약간 크다는 것을 알 수 있다

게임기어의 런칭 타이틀은 3개 『슈퍼 모나코 GP』만 3,500엔, 나머지 2개는 2,900엔으로 발매

컬럼스

장르 PZL

아케이드판의 이식. 배경이 바뀌는 오리지널 요소도 있다. 음악 등 기본적으로는 아케이드판을 답습했다.

슈퍼 모나코 GP

장르 ETC

유사 3D인 아케이드판과 비교하면 그래픽은 많이 떨어지지만 속도감은 훌륭히 재현하고 있다.

펭고

장르 ACT

1982년에 발매된 작품. 인기작이지만 오랫동안 가정용 게임기로 이식되지 않았다. GG판이 첫 이식이다.

게임기어가 있으면 TV도 볼 수 있다

당시 세가는 아케이드의 영웅으로서 수많은 히트작을 만들어왔다. 거치용 게임기에서도 많은 게임을 발매하고 있었으므로 그런 자산을 GG에서 활용할 수 있다는 것은 큰 장점이다. 실제로 유명 타이틀이 속속 이식되었다. 참고로 GG 초기의 패키지에 인쇄된 화면 다수는 세가마크Ⅲ나 메가드라이브의 게임이다. '세가의 인기 타이틀을 언제 어디서나 플레이 할 수 있다'라는 점을 암시했다고 볼 수 있다. 세가 매니아에게는 그야말로 꿈과 같은 게임기였으며, 그 콘셉트대로 일이 진행되었다면 GB를 뛰어넘는 인기를 얻었을지도 모른다. GG에서 빼놓을 수 없는 것이 「TV 튜너」이다. 당시로서는 획기적인 기능이었고 이 기능 때문에 GG를 산다는 사람도 많았다고 한다. 일찍이 인터넷 연결을 도입했던 드림캐스트처럼 시대가 세가를 따라오지 못했다.

주변기기 일람

기기명	설명	가격
TV 튜너팩	이것이 없으면 GG의 의미가 없을 정도의 필수품. 후기 버전에서는 채널 탐색이 자동으로 바뀌었다.	12,800엔
대전 케이블	별매 구성. 게임 소프트와 동봉된 일부 본체에 통신 케이블이 따라오기도 했다.	1,400엔
배터리팩	약 8시간 충전으로 3시간 사용 가능. 밤에 충전해서 다음날 하루 종일 돌릴 수 있었다면 좀 더 팔렸을지도 모른다.	6,800엔
파워 배터리	충전 중에도 게임 가능. 퀵 충전 모드라면 충전시간이 크게 줄어든다. 플레이 시간은 위와 같다.	6,800엔
카 어댑터	자동차 시가 잭에 꽂아 사용할 수 있다. 드라이브 나갈 때의 필수품이다.	3,500엔
빅 윈도우	GG 액정화면을 렌즈로 확대하는 주변기기. GB에도 같은 제품이 있었으나 너무 커서 휴대에는 적합하지 않다.	800엔

박스의 배경에 다양한 게임 타이틀이 나열되어 있다. 사용된 사진은 세가마크Ⅲ와 메가드라이브의 게임 화면이다.

게임기어가 TV로 변신

초기형 TV튜너는 수동으로 채널을 찾아야 했지만 후기형에서는 자동 탐색이 가능

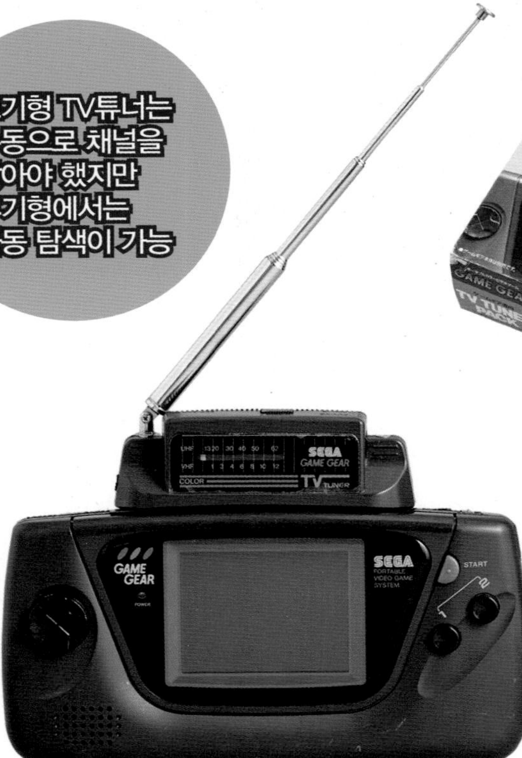

게임만이 아니라 TV도 휴대하는 게임기어

1990년 세가가 발매한 일본 최초의 컬러 휴대용 게임기. AA 전지 6개를 3시간 만에 빨아먹는 무지막지한 식탐 탓에 AC어댑터를 이용한 '실내 전용기'로 사용되는 경우가 많았지만, 당시에는 『뿌요뿌요』와 『소닉 더 헤지혹』 등의 킬러 타이틀이 버티고 있어 게임보이를 잇는 매출(일본 178만대, 해외 865만대)을 기록했다.

게임기어는 별매인 『TV 튜너팩』을 꽂아주면 휴대용 게임기에서 TV를 볼 수 있다는 강점을 갖고 있었다. 일본의 휴대용 게임기로서는 첫 시도였으나, 막대한 전기 소모량과 12,800엔에 이르는 TV 튜너 가격이 걸림돌로 작용해 크게 보급되지는 못했다.

이 TV 튜너 기능은 이후 PSP, 닌텐도DS가 원세그(DMB) 대응으로 적용한다. 1990년대는 DMB도 없던 시절인데, 시대가 세가를 따라가지 못했던 것인지 세가가 너무 튀었던 것인지 모르겠다.

지금은 아날로그 방송이 종료되어 TV는 볼 수 없지만, TV 튜너에 있는 비디오 입력단자로 가정용 게임기의 화면을 출력하는 매니악한 사용법도 있다.

AA 전지가 6개나 필요했지만 게임 시간은 단 3시간

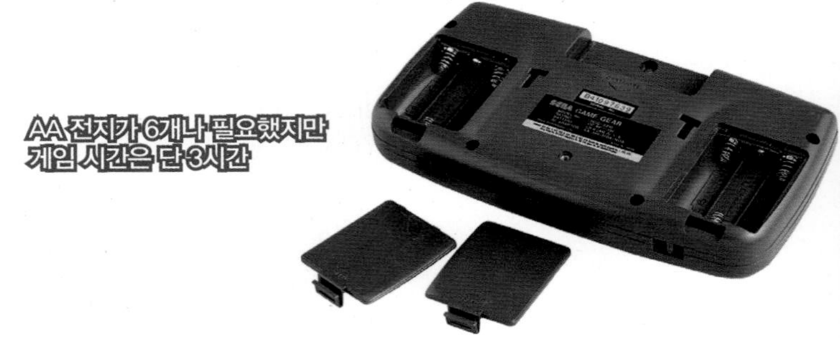

GAME GEAR SOFTWARE GUIDE

게임기어 소프트 소개

게임기어 소프트 소개 작품1

이상한 던전 시리즈보다 먼저 로그라이크를 즐겼다

드래곤 크리스탈 ~츠라니의 미궁~

DRAGON CRYSTAL

장르	RPG
퍼블리셔	세가
발매일	1990년 12월 22일
가격	3,500엔

랜덤으로 나오는 미궁을 드래곤과 함께 모험한다

일명 로그라이크 게임으로 분류되는 작품이다. 『로그』는 1980년 만들어진 PC용 RPG의 여명기 게임인데, 무상으로 공개되어 대학 등 UNIX를 중심으로 퍼졌다. 그 『로그』가 일본에서 크게 주목받은 것은 『이상한 던전』 시리즈 이후지만, 이 작품은 그보다 3년 먼저 발매되었다. 게임은 로그라이크의 기본대로 랜덤으로 만들어지는 필드를 모험한다. 아이템은 쓰기 전까지 어떤 효과가 있는지 알 수 없고, 무기와 방어구도 저주 받았을 가능성이 있기 때문에 어떤 타이밍에서 써야 하는지가 중요하다. 또한 식품 개념이 있어서 미로를 무작정 돌아다니면 굶어죽을 위험성이 올라간다. 본 작품의 독자 사양으로는 주인공의 뒤를 따라오는 드래곤(알)의 존재가 있다. 드래곤은 무적이며 적을 공격하지는 않지만, 적의 공격을 막는 벽의 역할을 해준다.

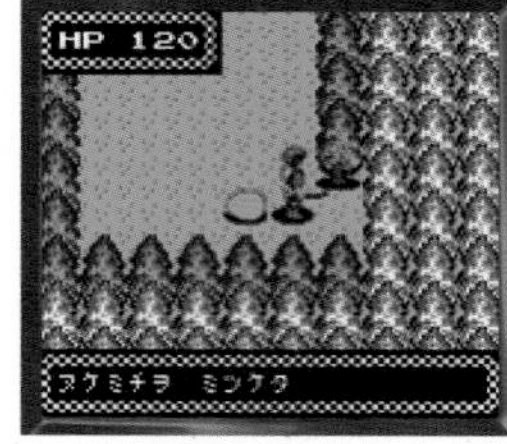

뜻하지 않게 중간에 사망한 경우에도 GOLD가 충분히 있으면 컨티뉴 할 수 있다. 하지만 아이템은 사라진다.

턴제 전투

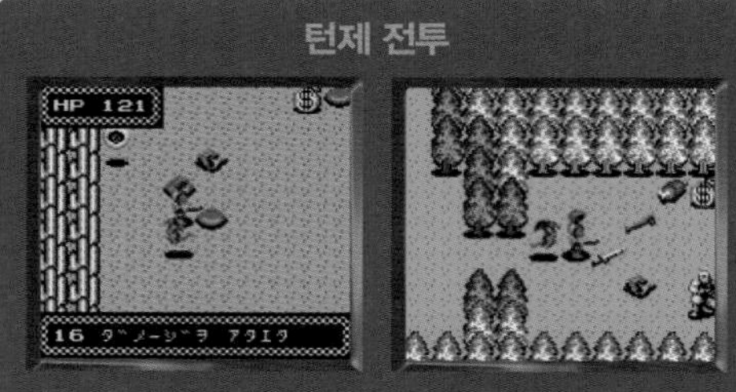

적과 자신이 번갈아가며 1턴마다 이동과 공격을 하는 방식. 적에게 둘러싸이지 않도록 드래곤(알)을 잘 써야 한다.

게임기어 소프트 소개 작품2

마이너하면서도 품질이 좋은 액션 RPG

실반 테일

SYLVAN TALE

장르	액션 RPG
퍼블리셔	세가
발매일	1995년 1월 27일
가격	5,500엔

정성스럽게 만들어진 게임기어 굴지의 명작

라이벌 GB에 열세를 면치 못했던 GG. 성능으로는 GB를 넘어섰지만 소프트의 숫자는 큰 차이를 보였다. 물론 숫자는 적지만 질 좋은 소프트가 많았던 것은 사실이다. 그중에서도 『실반 테일』은 명작으로 높이 평가받고 있다. 이 작품은 액션 RPG로, 주인공을 조작해 퍼즐과 보스전에 도전한다. 액션 RPG라 해도 경험치에 의한 성장이 없는 타입이라 착실하게 레벨업 하는 게임성은 없다. 액션게임 쪽이라 RPG적인 요소는 퍼즐과 스토리성에 쏠려 있다. 본 작품에서 가장 특징적인 부분은 석판의 힘에 의해 여러 동물의 능력을 쓸 수 있다는 점이다. 이를테면 인어의 능력을 얻으면 물속에서 이동할 수 있게 되고, 쥐의 능력을 얻으면 이동 속도가 올라가고 작은 구멍을 통과할 수 있다. 이런 능력을 활용하면 당연히 게임 클리어가 가까워진다.

양질의 액션 RPG

쿼터뷰 시점의 필드에서 펼쳐지는 액션 RPG. 조작성이 양호해 스트레스를 받을 일은 없지만, 퍼즐은 힌트가 없어 고생하는 수가 있다.

게임기어 소프트 소개 작품3

그 고슴도치가 휴대용 게임기로

소닉 더 헤지혹

SONIC THE HEDGEHOG

장르	액션
퍼블리셔	세가
발매일	1991년 12월 28일
가격	3,800엔

화면은 작지만 통쾌함과 박력은 최고

북미 시장에서 메가드라이브의 대약진을 이끈 원동력이자 세가를 대표하는 마스코트 캐릭터 『소닉 더 헤지혹』. 반년 후에 발매된 본 작품도 메가드라이브판처럼 GG를 이끄는 작품이 될 것으로 기대했으나 효과는 크지 않았다. 메가드라이브판은 기기 특성을 최대한 살려 고속 스크롤로 통쾌감을 끌어냈다. 같은 수준이라고는 할 수 없지만 이 작품도 그 통쾌함은 건재하며 휴대 기기로서는 파격적인 액션게임을 즐길 수 있다. 하지만 용량과 게임기 성능상 완전한 이식은 불가능했다. 스페셜 스테이지는 일반으로 바뀌었고, 총 스테이지는 11개에서 7개로 줄었다. 하지만 이 작품이 재미있다는 사실엔 변함이 없다. 본 작품 외에 『소닉2』 『소닉 & 테일즈』 『소닉 드리프트』 등 GG에서 즐길 수 있는 소닉 시리즈는 10개 작품에 이르러 그 인기를 실감할 수 있다.

메가드라이브판의 재미를 그대로

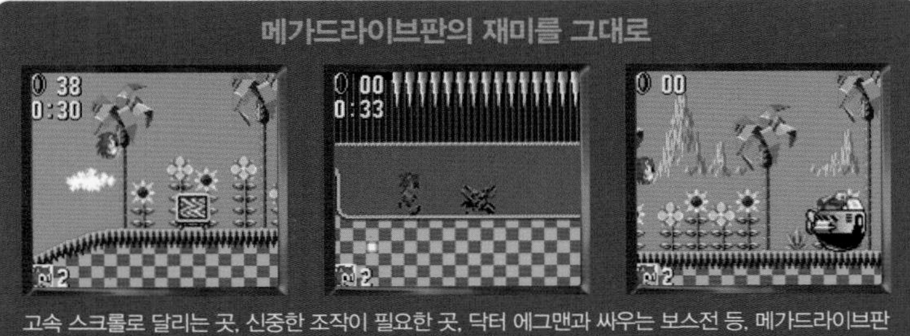

고속 스크롤로 달리는 곳, 신중한 조작이 필요한 곳, 닥터 에그맨과 싸우는 보스전 등, 메가드라이브판과 똑같은 재미를 즐길 수 있다. 어디서나 즐길 수 있다는 점도 좋다.

게임기어 소프트 소개 작품4

차세대 빛의 군세가 활약한다

샤이닝 포스 외전 원정 파사의 나라로

SHINING FORCE GAIDEN

장르	시뮬레이션RPG
퍼블리셔	세가
발매일	1992년 12월 25일
가격	5,500엔

샤이닝 시리즈의 3번째 작품

메가드라이브로 발매되었던 『샤이닝 포스』의 외전격인 시나리오. 게임성은 오리지널과 같은 SRPG로 완전히 같은 감각으로 플레이할 수 있다. 시나리오는 5장 구성으로 전작에도 등장한 가디아나의 여왕인 앙리가 저주로 잠든 시점에서 시작한다. 그 저주를 풀기 위해 2군 부대가 적지로 돌입하는데 이것이 이번 작품의 부제인 샤이닝 포스(빛의 군세)이다. 게임성은 기본적으로 전작을 따라가고 있어 전작을 플레이했다면 설명서를 볼 필요도 없다. 또한 전형적인 SRPG이므로 이 장르를 잘 안다면 중고 상점에서 알팩을 사도 문제없다. 이 시리즈는 GG에서 3작품이 발매되었는데 1과 2는 스토리적으로 연결되어 있고 메가CD로 리메이크판이 발매되었다. 3탄은 1에서 조금 과거로 거슬러 올라간 시점을 배경으로 한다.

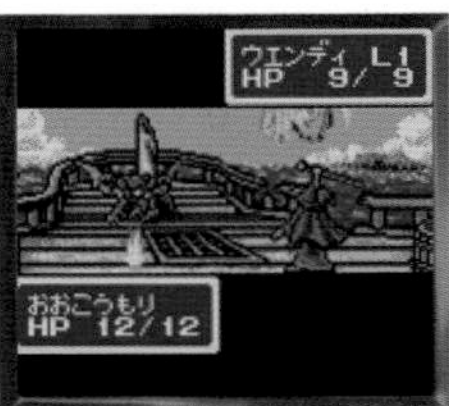

메가드라이브에서 호평받았던 전투 애니메이션도 있다. 전투 시간이 길지 않아 템포를 끊지는 않는다.

20년 후의 세계가 무대

『샤이닝 포스』의 캐릭터들이 20년 후의 모습으로 등장한다. 또한 이전 멤버의 아이들이 새롭게 참전한다.

게임기어 소프트 소개 작품5

뿌요뿌요 팬이라면 필수 소장

마도물어 I 3개의 마도구

MADOHMONOGATARI

장르	RPG
퍼블리셔	세가
발매일	1993년 12월 3일
가격	5,500엔

수치화를 철저하게 회피한 퍼지 파라미터 시스템 채용

원래 MSX용 디스크 매거진에 수록된 작품으로, 이후 『마도물어 1-2-3』으로 정식 제품화되어 MSX와 PC-98에서 발매되었다. 이번 작품은 마도물어1의 GG 이식판으로 컴파일이 제작하고 세가가 발매했다. 『마도물어』의 캐릭터는 『뿌요뿌요』에서 활약해 유명해졌는데 게임 지명도로는 후자가 압도적이다. 『마도물어』는 대단히 특이한 시스템을 채용했는데 본 작품도 예외가 아니다. 특히 여러 수치를 마스크 데이터화한 시스템은 다른 RPG에서 찾아볼 수 없다. 플레이어는 「좀 아파요」 「'꽤 하는구나'라는 표정」 등의 메시지에서 데미지를 파악해야 한다. 적과 우군의 HP도 표시되지 않아 같은 방식으로 추측해야 한다. 그러나 어렵지는 않고 메시지를 보고 대충 때려 맞춰도 된다. 오토 맵핑 기능으로 편하게 플레이할 수 있다는 것도 장점이다.

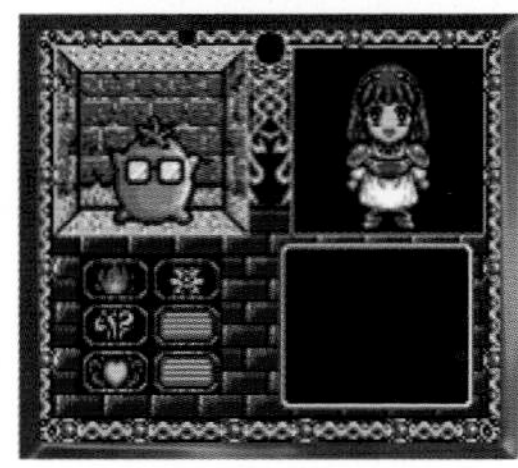

HP 등의 수치는 전부 숨겨져 있다

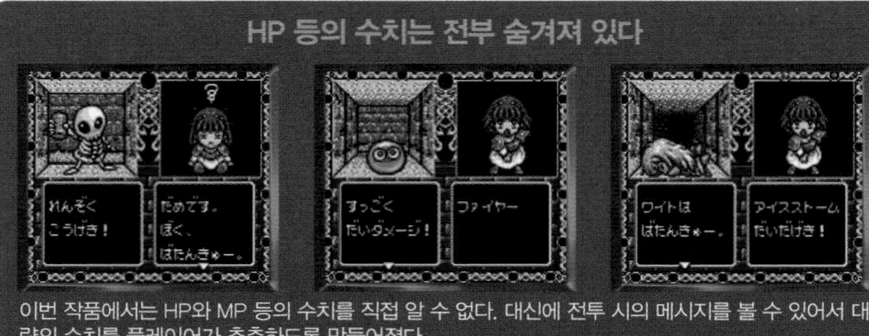

이번 작품에서는 HP와 MP 등의 수치를 직접 알 수 없다. 대신에 전투 시의 메시지를 볼 수 있어서 대략의 수치를 플레이어가 추측하도록 만들어졌다.

게임기어 소프트 소개 작품6

인기 슈팅게임 시리즈가 GG에 강림하다

GG 알레스터

GG ALESTE

장르	슈팅
퍼블리셔	컴파일
발매일	1991년 12월 29일
가격	4,800엔

화려함은 없지만 견실한 완성도가 장점

작은 화면과 낮은 해상도의 휴대용 게임기에서는 슈팅게임이 자리잡기 힘들다는 것이 정설이었다. 하지만 예외는 있다. GB의 『사가이아』와 『GG 알레스터』 등은 틀림없는 명작이다. 제작사는 『자낙』 시리즈와 『알레스터』 시리즈로 이름을 알린 컴파일. 본 작품 역시 높은 품질로 완성되었다. 게임성은 평타이고 혁신적인 시스템은 찾아볼 수 없지만 플레이어를 충분히 만족시킨다는 점에서 게임은 종합적인 완성도가 중요한 듯하다. 거치형 게임기의 슈팅과 비교하면 전체적으로 속도가 느리고 총알 숫자도 줄었다. GG의 특성상 어쩔 수 없지만 난이도는 상당히 낮다. 보다 쫄깃함을 원하는 플레이어를 위해 스페셜 모드를 넣었지만, 반격탄이 너무 많고 난이도도 크게 올라가서 눈으로 확인하기 어려운 것이 문제이다.

6종류의 무장 중에서 선택한다

플레이어 기체의 무장은 6종류이고 아이템을 얻으면 바꿀 수 있다. 하지만 웨이브와 호밍 이외의 무기는 쓰기 어려워서, 그 둘 이외의 아이템은 회피하는 처지가 된다.

게임기어 소프트 소개　작품7

GG의 RPG 최고 명작

샤담 크루세이더 머나먼 왕국

DEFENDERS OF OASIS

장르	RPG
퍼블리셔	세가
발매일	1992년 9월 18일
가격	5,500엔

휴대용 게임기에 대한 배려와 게임 밸런스에 호감도 상승

RPG의 무대는 주로 서양 판타지 세계이고 SF와 일본풍이 소수파로 자리하는 흐름이다. 하지만 이번 작품의 무대는 중동이고 그 완성도는 GG의 RPG 중에서 가장 높다. 주인공은 샤담왕국의 왕자. 약간 날라리 성향에 할아버지에게 빌붙어 살던 그가 침략당한 샤담왕국에서 옆 나라 공주를 데리고 탈출하는 장면에서 이야기가 시작된다. 왕국의 지하에서 램프의 마인을 동료로 삼고 여행 중에 도움이 되는 동료를 추가한다. 이를테면 RPG의 전형적인 스토리이다. 이 작품의 최대 특징은 아름다운 그래픽인데 GG 게임 중 최고봉이라 할 만하다. 또한 오토 세이브 기능이 채용되어 집 밖에서 플레이하는 휴대용 게임기에 대한 배려가 엿보인다. 난이도도 적당하다. 현재 이 작품은 3DS의 버철 콘솔을 이용해 저렴하게 플레이할 수 있다.

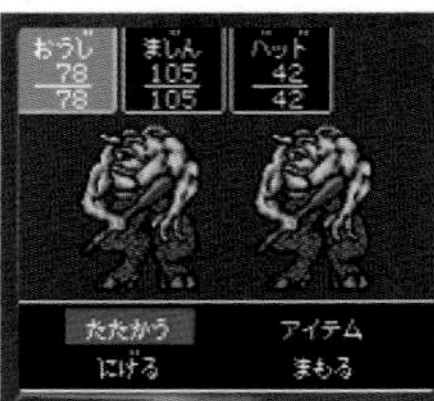

전투는 턴제로 진행되지만, 턴이 돌아오는 순번의 랜덤성이 강하고 반드시 계산대로 진행되지는 않는다.

마신은 아이템으로 강화한다

마인은 멤버 중 유일하게 마법을 쓸 수 있는 등, 도움이 되는 동료이지만 아이템으로 강화한다는 점을 잊으면 후반에서 걸림돌이 되므로 조심하자.

게임기어 소프트 소개　작품8

명작의 이름에 오점을 남기다

판타시 스타 어드벤처

PHANTASY STAR ADVENTURE

장르	어드벤처
퍼블리셔	세가
발매일	1992년 3월 13일
가격	3,500엔

볼륨 부족에 스토리에도 문제가 있다

RPG 시리즈 『판타시 스타』는 SF 세계관과 풀 애니메이션의 캐릭터 등을 특징으로 한다. 이번 작품은 그중 『판타시 스타II』의 세계를 무대로 한 어드벤처이다. 하지만 스토리적으로 연결되지 않아 완전한 오리지널 게임이 되었다. 장르적으로 보자면 일명 커맨드 선택식 어드벤처이지만 일반 커맨드가 '이동/보다/말하다/잡다/쓰다/버리다'의 6종류뿐이다. 또한 왕래할 장소도 적어서 볼륨 부족임을 알 수 있다. 퍼즐도 어렵지 않고, 어렵다 싶으면 전가의 보도 커맨드를 쓰면 대부분 해결된다. 당연히 본 작품에 대한 평가는 매우 낮다. 『판타시 스타』의 이름을 쓰면서 이런 완성도라니 팬들이라면 납득할 수 없었을 것이다. 스토리의 중심이 되는 머신 이름이 「힘 모리모링」이라는 점에서 살짝 의심이 간다.

휴대용 게임기에 시대착오적인 패스워드 방식을 채용했다. 믿기 어렵지만 밖에서 플레이하는 경우를 생각하지 않았을 것이다.

주사위 전투

웬일인지 전투에서는 화면에 주사위가 나오고 그 수치로 데미지가 결정된다. 너무나 운에 맡기는 시스템이 아니었나 싶다.

런칭 타이틀로서는 매우 무난한 선택

세가가 개발한 낙하형 퍼즐. 다양한 기기에 이식되어 퍼즐게임 애호가에게 널리 알려진 유명 타이틀이다. 본 작품은 GG와 동시 발매된 런칭 타이틀. 워낙 성공한 게임이라 특별한 변경 없이 이식되었지만, 대전 케이블을 연결하면 2P 대전 플레이를 지원한다. GG 본체와 같이 구입한 사람들이 많아 플레이를 경험한 사람도 많을 것이다. 그리고 그 재미는 지금도 여전하다.

게임기어 소프트 소개 작품9

언제 어디서나 즐거운 명작 퍼즐

컬럼스

COLUMNS

장르	퍼즐	발매일	1990년 10월 6일
퍼블리셔	세가	가격	2,900엔

플래시 컬럼스

화면 특정 지점의 보석을 지우는 『플래시 컬럼스』도 있다. 하지만 스테이지 숫자가 적어서 어디까지나 서비스적인 요소였다.

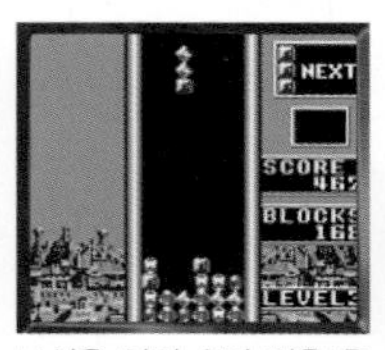

보석을 일정 숫자 지운 후에 나타나는 마법석은 연쇄 찬스로, 위기에서 구해주는 존재이다.

같은 색상의 보석을 가로・세로・대각선으로 3개 연결해서 지운다. 간단하지만 뜨거운 게임.

스페이스 해리어와 견줄 만한 세가 게임기의 필수요소

1986년 아케이드에서 발매된 체감게임. 정해진 코스를 빙빙 도는 기존 레이싱 게임과는 달리 다양한 풍경 속을 페라리 테스타로사로 달리는 드라이브 게임이다. 처음부터 인기가 높아서 세가 게임기들에는 아웃런이 이식되는 것이 필수 코스였다. 성능이나 ROM의 용량상 GG로의 이식은 처음부터 문제가 있었지만 플레이어의 사랑으로 넘길 수 있었다. GG에서 연주되는 「MAGICAL SOUND SHOWER」도 대단하다.

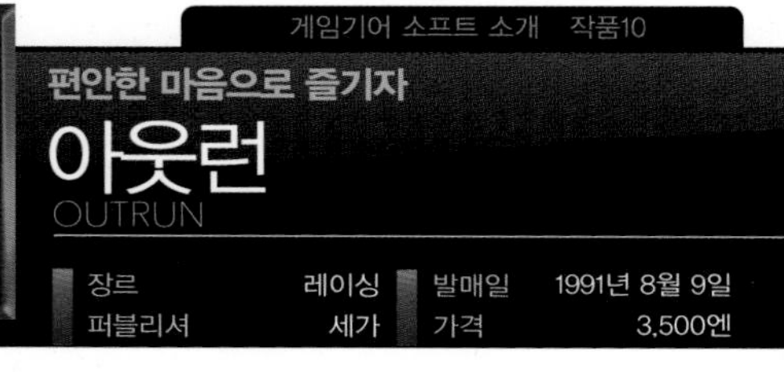

게임기어 소프트 소개 작품10

편안한 마음으로 즐기자

아웃런

OUTRUN

장르	레이싱	발매일	1991년 8월 9일
퍼블리셔	세가	가격	3,500엔

도로의 업다운

도로의 고저차도 재현되어 있지만 화면이 잘 안 보여 어려운 느낌이다. 처음부터 완전이식이 무리라는 점은 알고 있어서 이해가 되는 측면이 있다.

루트 분기로 다른 풍경의 코스를 달린다는 것이 이 작품의 최대 특징이다.

CPU 및 플레이어와의 대전 모드도 있다. 하지만 이것은 완전히 덤이라고 생각하는게 좋다.

게임 자체는 재밌지만 입수하기가 어렵다

「프레이」는 일본 PC게임 『사크』의 여주인공 「프레이아 젤반」의 애칭. 그녀가 마도사가 되기 위해 마법학교에서 수행하는 과정이 게임의 스토리이다. MSX와 PC98에서 발매된 『프레이』는 액션 RPG였지만 이번 작품은 종스크롤 액션 슈팅이다. 게임성 자체는 특별할 것이 없지만 프리미엄이 많이 붙어 있는 것으로 유명하다. 풀 세트 구성이면 상당한 가격에 거래되고 있다. 일반 플레이어가 무리해서까지 손에 넣을 이유는 없을 듯하다.

게임기어 소프트 소개 작품11

사크의 인기 캐릭터가 GG로 오다

FRAY (수행편)

FRAY

장르	슈팅	발매일	1991년 12월 27일
퍼블리셔	마이크로 캐빈	가격	4,500엔

모아쏘기로 마법 발동

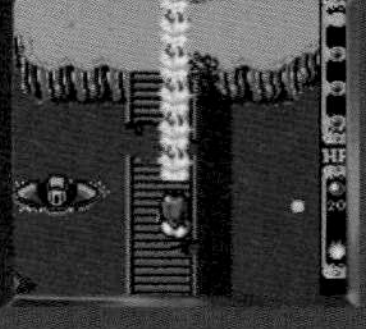

일반 공격 외에도 버튼을 일정 시간 눌렀을 때 발동되는 마법을 쓸 수 있다. 하지만 매직 포인트를 소비하므로 연속 사용은 안 된다.

아이템을 사서 파워업 할 수 있다. 메달은 클리어 뒤의 평가로 달라진다.

보통 스테이지에서는 프레이가 물에 빠지면 실수가 된다. 점프를 잘 활용하자.

참으로 카네코스러운 개그 게임

베를린의 벽은 역사적으로 냉전의 상징이라 할 수 있는 존재였다. 이 작품은 베를린의 벽을 둘러싸고 일어난 비극을 그린 어드벤처…는 아니고, 벽의 붕괴에 이르기까지의 경위를 다룬 역사 시뮬레이션…도 아니다. 발매 1년 전에 일어난 역사적 사건에서 이름만 가져온 액션게임이다. 게임 자체는 예전부터 타이토가 잘 만들던 고정화면의 액션게임이지만, 제목 탓에 개그 게임으로 취급된다. 관심이 있다면 한번 플레이해보는 것도 나쁘지 않다.

게임기어 소프트 소개 작품12

GG에서 1, 2위를 다투는 의문의 작품

베를린의 벽

THE BERLIN WALL

장르	액션	발매일	1991년 11월 29일
퍼블리셔	카네코	가격	3,800엔

고정화면의 액션게임

플레이어는 의문의 노인에게서 받은 해머로 바닥에 구멍을 만들 수 있다. 그 바닥에 적을 빠뜨리고 위에서 해머로 내리쳐 적을 물리친다.

세가새턴에서 게임기어로 무대를 옮기다

『팬저 드라군』은 세가새턴에서 발매된 3D 슈팅. 주인공이 드래곤에 올라타 유전자 개조된 생물 병기와 사라진 기술로 만들어진 병기를 쓰는 제국과 싸운다. 독특한 세계관과 시점 이동이 가능한 게임성이 특징이지만, 본 작품에서는 이 요소를 전혀 살리지 못했다. 필드 묘사는 빈약하고 임의로 시점을 바꿀 수도 없다. 플레이어 기체가 드래곤이라는 점과 일부 보스에 오리지널의 흔적이 보일 뿐이다. 32비트 작품을 8비트 기기로 이식하는 것은 역시나 무리였다.

게임기어 소프트 소개 작품13

이식 프로젝트 자체가 문제

팬저 드라군 MINI

PANZER DRAGOON MINI

장르	슈팅	발매일	1996년 11월 22일
퍼블리셔	세가	가격	4,800엔

총체적인 문제를 드러낸 이식

GG에서 『팬저 드라군』을 플레이하고 싶다는 요청에는 응했으나 게임성은 보증할 수 없었다.

기발한 코스들을 지혜와 운으로 공략하라

스포츠 게임은 간단할수록 몰입감이 올라가는 장르이다. 『퍼트와 퍼터』는 이 법칙을 따라 저절로 몰입이 이루어진다. 타이틀에서 대략적인 게임성이 예상되다시피 본 작품은 퍼팅을 바탕으로 한 골프 게임이다. 하지만 필드는 골프장의 그린과 많이 다르고 한 가지 방법으로는 갈 수 없는 형태를 하고 있다. 또한 벽과 장애물에 공이 맞으면 크게 튕겨나가고 예상 외의 움직임을 보일 때도 있다. 간단한 룰이면서도 깊이가 있는 게임성이다.

게임기어 소프트 소개 작품14

볼의 움직임에 저절로 힘이 들어간다

퍼트와 퍼터

PUTT & PUTTER

장르	스포츠	발매일	1991년 9월 27일
퍼블리셔	세가	가격	3,500엔

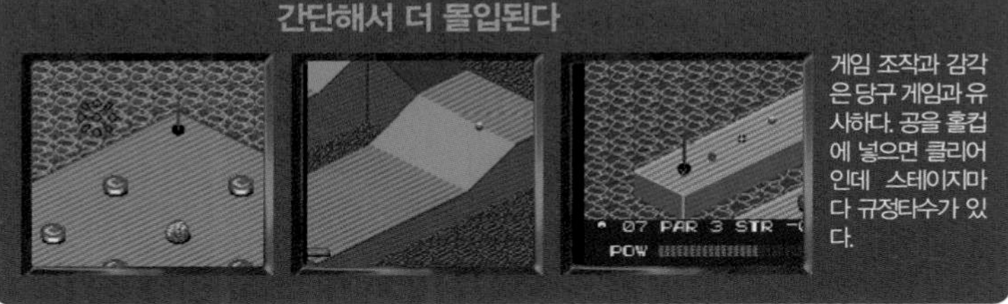

간단해서 더 몰입된다

게임 조작과 감각은 당구 게임과 유사하다. 공을 홀컵에 넣으면 클리어인데 스테이지마다 규정타수가 있다.

ATARI LYNX

아타리 링스

확대, 회전, 축소 기능을 탑재한
미국에서 온 대단한 게임기

아타리 / 1989년 9월 1일 발매 / 29,800엔

각 명칭과 역할	
A/B 버튼	위아래에 2개씩 달렸다. 어느 쪽으로도 플레이가 쉬운 유저 친화적인 배치이다.
조이패드	상하좌우뿐 아니라 대각선에도 대응하는 8방향 방식. 촉감은 나쁘지 않은 편이다.
ON/OFF 버튼	전원을 켜고 끌 수 있는 버튼. 켜고 끄는 것을 따로 만들 필요가 있었을까 싶다.
OPTION 1/2	다양하게 사용하는 편리한 버튼. 설명서에 따르면 1은 미사일이나 파워업, 2는 게임 음악을 다른 것으로 바꿀 수 있다고 한다.
일시정지	말 그대로의 기능. 누르면 게임을 멈출 수 있는데 의외로 편리한 기능이다.
리셋/반전	일시정지와 OPTION1 버튼을 동시에 누르면 리셋, 일시정지와 OPTION2 버튼으로 화면의 위아래를 뒤집는다.

기본 사양

[CPU]	65SC02 3.6~4MHz
[RAM]	64k BYTE
[VRAM]	16k BYTE
[ROM]	128k BYTE ~ 512k BYTE
[화면]	3.5인치 컬러 LCD, 해상도 160*102, 백라이트
[그래픽]	4096 색상에서 동시발색 16색
[사운드]	4채널 ※이어폰 사용 시 스테레오 출력
[전원]	AA전지 6개, AC어댑터 ※자동 OFF 기능 채용
[통신]	COMLYNX 케이블로 멀티 플레이 지원(최대 8명)

성능은 타 기종을 크게 뛰어넘는다

당시의 그 어떤 휴대용 게임기도 뛰어넘는 고성능을 실현했다. 그러기에 가격도 상당했다. 일본에서는 29,800엔이라는 가격을 설정했다고 하나, 판매점도 상당히 한정적이라 정확히 확인하기는 어렵다.

그야말로 아메리칸 스타일 크면 최고인가?

일단 크다. 이것이 미국 스타일인가 생각될 정도로 큰 본체에 들어 있는 성능도 굉장했다. 4,096색 컬러 액정에 스프라이트의 확대·축소·회전 하드웨어 처리, 통신케이블을 통한 8인 동시 플레이를 지원하는 등, 당시 휴대용 게임기로서는 경이적인 성능이다. 참고로 백라이트를 채용한 컬러 액정을 쓴 휴대용 게임기는 업계 최초이다. 본체의 위아래를 뒤집어 잡으면 왼손잡이라도 위화감 없이 플레이할 수 있어서 유저 친화적인 디자인을 실현했다. 세로로 잡을 수도 있어서 부족함이 없어 보이지만, 사실 부족한 것은 소프트웨어였다는 어이없는 게임기였다. 일본에서는 테트리스를 앞세운 게임보이가, 해외에서는 소닉을 앞세운 GG가 히트하는 와중에 그 상황을 손가락 빨며 지켜볼 수밖에 없던 링스라니 참으로 슬프다.

압도적인 성능을 자랑하지만, 사이즈가 압도적으로 커서 휴대성은 대단히 나쁘다

200만 대 판매에 그친 불운의 게임기
좋은 작품은 많지만 소프트 수량 자체는 적다

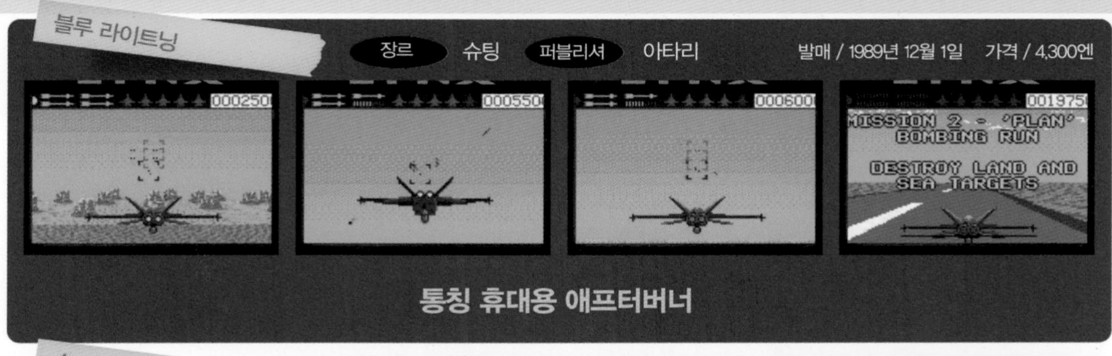

아타리 링스 2

아타리 / 1991년 발매 (일본은 미발매)

초기형보다 크기를 줄였지만 그래도 게임기어급이었다. 초기형보다 세련된 인상으로 크기가 줄어든 만큼 플레이하기 쉬워졌다. 또한 전력 소모를 줄였고 이어폰 출력에서도 스테레오를 지원한다. 초기형이 가지고 있던 롬팩 취급 관련 문제도 해결했다. 게임기 생산이 끝난 1994년 이후에도 소량의 소프트가 발매되었다.

PCENGINE GT

PC 엔진 GT

밖에서도 가볍게 PC엔진을 플레이한다는 콘셉트에 모두가 놀랐다

NEC HE / 1990년 12월 1일 발매 / 44,800엔

기본 사양

[CPU]	HuC6280A, 1.79MHz / 7.16MHz
[GAM]	HuC62, 총 512 색상에서 512색 동시발색
[RAM]	8k BYTE, VRAM 64k BYTE
[화면]	2.6인치 액티브 매트릭스 구동 방식 컬러 액정, 해상도 256*240~512*240, 백라이트 지원
[그래픽]	HuC62 (비디오 디스플레이 컨트롤러에 HuC6270, 비디오 컬러 인코더에 HuC6260을 사용).
[사운드]	PSG 6채널(그중 2채널을 노이즈 채널로 사용 가능) ※PC엔진의 음원을 따름
[전원]	AA전지 6개, 9V 1A 어댑터
[통신]	통신케이블

PC엔진을 그대로 휴대 기기로! 다만 일부 작동되지 않는 게임도

가장 주목해야 할 것은 액정화면. 게임기어보다 고품질의 TFT 액정을 채택해 생생한 게임 화면을 제공한다. 하지만 화면이 작아서 「사신성 네크로멘서」와 같은 세세한 패스워드는 읽기 어렵다는 문제도 있다.

가정용 게임기를 가지고 다닌다? 꿈의 휴대 기기

거치형 게임기 『PC엔진』을 밖에 가지고 나간다? 전대미문의 휴대용 게임기로 발매일부터 기존에 깔려 있는 많은 게임들을 플레이할 수 있었던 사치스러운 기기이다. 별도 TV튜너를 쓰면 소형 액정TV로도 쓸 수 있다. 하지만 본체 가격은 무려 44,800엔. 어지간한 매니아가 아니면 손이 움직이지 않았다고 쉽게 상상할 수 있다. 세로로 긴 본체 형태는 게임보이와 닮았지만, GT에서는 표준으로 연사 기능이 준비되어 있어 슈팅게임 등에서 그 위력을 보여준다. 또한 기존 PC엔진용 주변기기는 확장버스가 없기에 쓸 수 없고, CD-ROM도 쓸 수 없다. 그래도 풍요로운 휴카드 자산을 활용할 수 있다는 것은 큰 장점이다. 나중에 노트북 형태로 발매된 『PC엔진LT』는 휴대성이란 측면에서는 GT보다 뒤떨어지지만, CD-ROM과 연결할 수 있다는 장점을 가졌다. GT/LT 모두 염가판은 발매되지 않아서 지금은 모두 정가 이상의 프리미엄이 붙었다.

해외 제품명은 『TurboExpress』
성능은 일본 국내판과 동일
일본과 거의 동시에 발매되었다

PC엔진 휴카드 대부분을 쓸 수 있었으나 글씨를 읽기 어려웠다

이쪽은 『PC엔진LT』로
99,800엔이라는 숫자의 폭력을 보여준다
CD-ROM과 연결할 수 있다

VIRTUAL BOY

버철보이

너무 빨리 세상에 나왔던 VR 체험이지만
입체감은 엄청났다

닌텐도 / 1995년 7월 21일 / 15,000엔

기본 사양

[CPU]	NEC V810 커스텀(20MHz)
[RAM]	1MB
[VRAM]	512KB
[그래픽]	384*224 해상도, 화면 모노 4단계 ※화면 밝기는 32단계 조절
[사운드]	16비트 스테레오
[전원]	AA건전지 6개 / AC어댑터(별매)
[통신]	포트는 있으나 사용하지 않음
[부속품]	스탠드, 컨트롤러, 전지박스, 눈가리개, 눈가리개 홀더

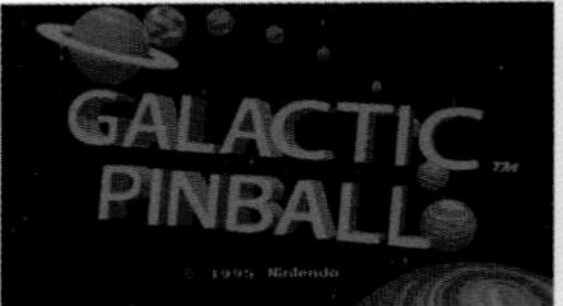

게임 화면은 빨간색

이 기기를 휴대용 게임기라 부를 수 있을지는 의문이지만 기왕 나왔으니 소개해본다. 일단 32비트 CPU로 성능은 나쁘지 않다. 하지만 문제는 눈앞에 펼쳐진 붉은 세상. 일부 게이머는 이건 이대로 좋다고 생각할 수도 있겠지만 일반인이라면 받아들이기 힘들지 않을까?

백문이 불여일견 한번 해봐야 알 수 있다

스탠드에 설치된 고글 모양의 디스플레이를 들여다보며 플레이하는 버철보이. 시각차이란 개념을 이용해 좌우에 다른 영상을 내보내 입체 화면을 실현했다. 플레이 중에는 주변을 전혀 볼 수 없다는 어려움이 있지만 그 몰입감은 요즘 VR 기기에도 뒤처지지 않다. 십자키를 2개 채용했다는 점도 강조할 만한 부분. 언젠가는 이것을 활용한 게임이 발매되었을 것이다. 이후 닌텐도는 입체영상 기술을 3DS에서 부활시키지만, 버철보이의 입체영상이 훨씬 강렬했다. 물론 3DS의 미려한 컬러 화면과는 달리 버철보이의 화면은 빨간색 하나로, 이것이 버철보이의 최대 단점이기도 했다. 의욕적인 게임기였지만 판매대수는 전 세계에서 100만대 이하. 겨우 8개월 만에 단종되어서 일시적으로는 본체와 소프트가 덤핑으로 거래되었다. 지금은 매니아들 사이에서 고만고만한 가격으로 매매되는 레어 아이템이 되었다.

버철보이를 플레이하는 올바른 자세

안정감 있는 장소에 버철보이를 놓고, 의자에 앉아 편안한 자세로 플레이한다

팩 사이즈는 조금 큰 편

왼쪽은 원더스완, 오른쪽은 GBA 휴대용 게임기 중에서도 큰 부류에 속한다

버철보이 본체 / 각 부분 명칭과 기능

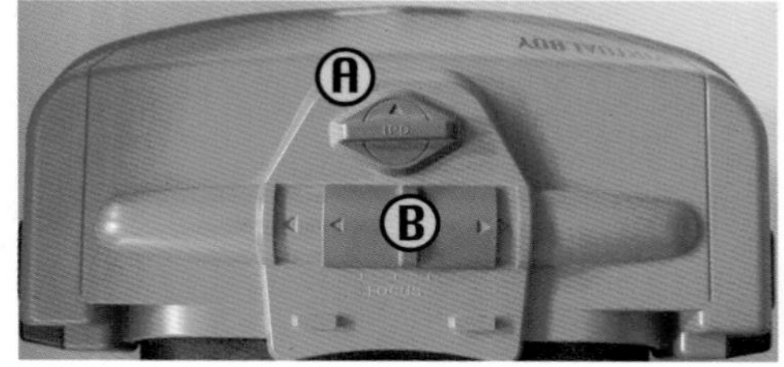

윗면		
A	눈 사이 조정 다이얼	눈의 좌우 폭에 버철보이 내부의 표시 장치를 맞추는 다이얼
B	핀트 조정 슬라이드 노브	시야 각을 조정하는 슬라이드 노브

디스플레이면	
C	스피커
D	버철 윈도우 좌우

아래면	
E	음량 조정 다이얼
F	이어폰 단자
G	전용 스탠드 장착용 마운트
H	컨트롤러 포트
I	외부 확장 포트

앞면	
J	팩 삽입구

십자키가 2개 있다

뒷면엔 트리거 버튼도

런칭 타이틀은 총 5개
모두 버철보이의 특성을 활용한 게임이다

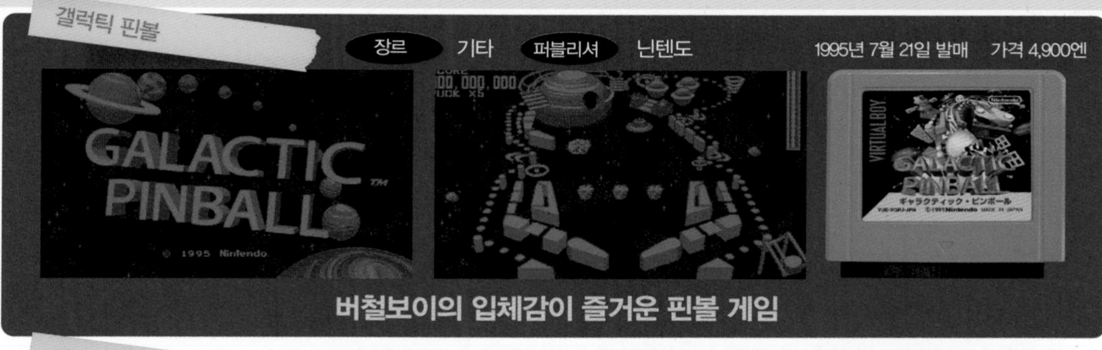

갤럭틱 핀볼

장르 기타 퍼블리셔 닌텐도 1995년 7월 21일 발매 가격 4,900엔

버철보이의 입체감이 즐거운 핀볼 게임

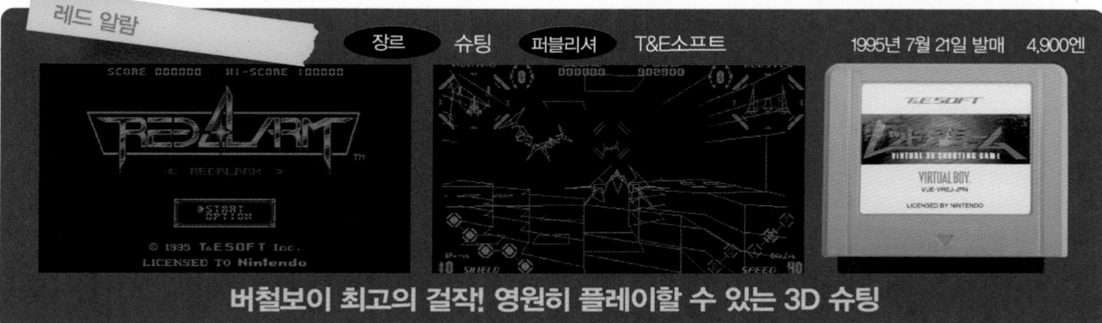

레드 알람

장르 슈팅 퍼블리셔 T&E소프트 1995년 7월 21일 발매 4,900엔

버철보이 최고의 걸작! 영원히 플레이할 수 있는 3D 슈팅

버철보이 광고지

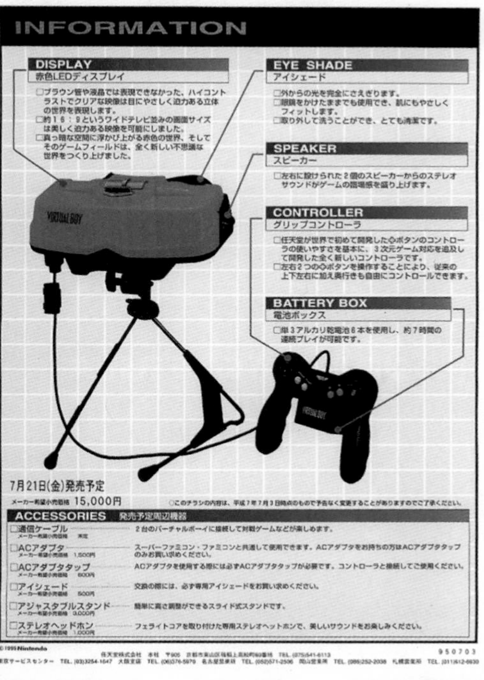

발매를 알리는 귀중한 광고지로 런칭 타이틀도 고지하고 있다

NEOGEO POCKET

네오지오 포켓

대전 격투게임 전문인 SNK에서
휴대용 게임기가 등장하다

SNK / 1998년 10월 28일 발매 / 7,800엔

기본 사양

[CPU]	메인 TLCS-900/H(6.144MHz) + 사운드 Z80(3.072MHz)
[RAM]	12+4k BYTE, VRAM 16k BYTE
[화면]	모노 8색. 160*152해상도 *백라이트 채용
[사운드]	T6W28 3.072MHz.구형파 3채널 & 노이즈 1채널, 6비트 DAC 2채널
[전원]	AAA전지 2개 / AC어댑터, 세이브 및 시계용 리튬전지 CR2032 1개
[통신]	대전 케이블, 무선 유니트, 드림캐스트 연결 케이블

컬러 베리에이션은 8종류

플래티넘 블루	플래티넘 실버
플래티넘 화이트	카본 블랙
메이플 블루	카모플라쥬 블루
카모플라쥬 브라운	크리스탈 화이트

격투게임 매니아를 위한 휴대용 게임기

NGP라는 말을 듣고 PS VITA를 떠올렸다면 아직 어릴 것이고, 이 게임기를 떠올렸다면 40대의 올드 게이머일 것이다. 1998년에 발매된 네오지오 포켓. 대전 격투게임의 영웅으로서 수많은 명작을 발매한 SNK가 만들었기에 소프트들도 대전 격투게임이 많았다. 기기 자체도 그것을 감안해 설계되어서, 방향키에는 네오지오 CD용 조이패드의 부품이 채용되었다. 이는 SNK 특유의 복잡한 커맨드 입력을 요구하는 대전 격투게임을 플레이할 때 손가락의 부담을 줄이기 위한 장치이기도 하면서 커맨드 입력 그 자체가 부드럽게 이루어지도록 고려했기 때문이다. 네오지오 포켓은 격투게임 매니아들에게 높이 평가받았지만, 이미 컬러 버전이 예고되어 있어 아쉽게도 판매는 원활하지 못했다.

본체 내장 기능 (포켓 메뉴)

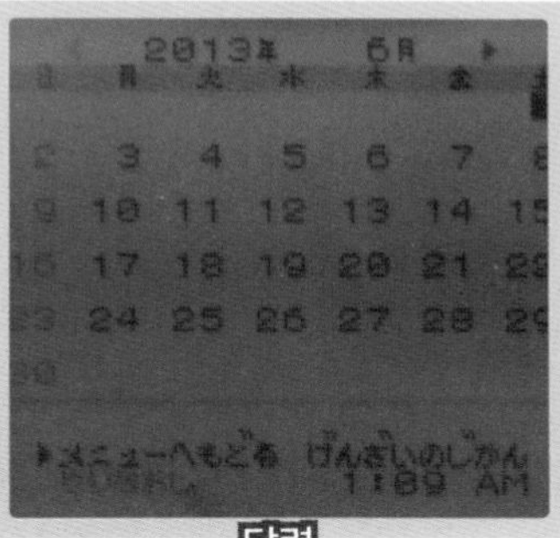

달력

세계의 시간

운세놀이

알람

본체 내장 기능이 충실하여, 롬팩을 꽂지 않고 켰을 때는 그 기능을 쓰는 구조이다. 알람 기능은 소박하지만 중요하다.

SNK / 1999년 3월 19일 발매 / 8,900엔

기본 사양

[CPU] 메인 TLCS-900/H(6.144MHz) + 사운드 Z80(3.072MHz)
[RAM] 12+4k BYTE, VRAM 16k BYTE
[화면] 전용 반사형 TFT액정, 160*152 해상도 *백라이트 채용
[그래픽] 총 4096색에서 최대 146색, 최대 48개 팔레트
[사운드] T6W28 3.072MHz, 구형파 3채널 & 노이즈 1채널, 6비트DAC 2채널
[전원] AA전지 2개 / AC어댑터, 세이브 및 시계용 리튬전지 CR2032 1개
[통신] 대전 케이블, 무선 유니트, 드림캐스트 연결 케이블

이 밖에도 한정판 컬러가 있었다

플래티늄 블루	카본 블랙
카모플라쥬 블루	솔리드 실버
펄 블루	크리스탈 블루
크리스탈 옐로	크리스탈 화이트

발매에서 7개월 뒤에는 경량화 버전도 등장

흑백 8단계였던 네오지오 포켓의 화면을 컬러화했다. 게임보이 컬러, 원더스완 컬러와 삼파전을 펼쳤지만 그것도 순식간에 끝난다. 단, 3종류 중에서는 액정 표현력이 가장 높아서 그 점은 평가할 만하다. 또한 전지 지속시간이 우수해 공식 발표로는 알카라인 전지를 사용할 경우 약 40시간 플레이가 가능하다. 그리고 별매인 무선 유니트를 활용하면 최대 64인 동시 플레이가 가능하지만 실현 여부는 확실치 않다. 『SNK 걸즈 파이터즈』와 『정상 결전 최강 파이터즈 SNK vs CAPCOM』 등 평가가 좋은 게임도 있지만, 파치스로 시뮬레이터가 많이 발매되어 결국은 그 파치스로의 경품으로 나오는 경우가 드물지 않았다. 그러다가 어느 사이엔가 시장에서 자취를 감췄다. 성능은 괜찮았는데, 그것을 활용하기 위한 바탕을 만들지 못했던 점이 아쉽다.

주변기기 일람

기기명	설명	가격
전용 AC어댑터	전지 지속시간이 우수해 실제로는 사용되지 않았다.	1,500엔
전용 이어폰	전철 안에서 중요한 아이템. 전용이라 되어 있지만 품질이 좋은 것은 아니다.	1,000엔
넥 스트랩	기발한 패션을 좋아하는 사람이 아니라면 사용하는 데 용기가 필요하다.	1,280엔
핸디 스트랩	색상은 7종류. 물건을 잘 떨어뜨리는 사람이라면 필수 장비.	780엔
전용 통신케이블	휴대용 게임기의 상식이 된 아이템. 대전 격투게임이 많아서 중요하다.	1,500엔
드림캐스트 접속케이블	드캐와 연동되는 게임을 위한 케이블.	2,800엔
무선 유니트	통신 범위는 약 10m, 최대 64대 연결. 여러 게임을 혼합할 수도 있다. 진짜라면 대단한 기능이다.	1,000엔

このソフト
「METAL SLUG
2ND MISSION」は
ネオジオポケット
カラー専用です
モノクロ版では
遊べません

컬러 전용은 흑백에서 기동하지 않는다

NEOGEO POCKET SOFTWARE GUIDE

네오지오 포켓 시리즈 소프트 소개

네오지오 포켓 소프트 소개 작품1

전작에서 보다 파워업!

METAL SLUG 2nd MISSION

METAL SLUG 2ND MISSION

장르	액션
퍼블리셔	SNK
발매일	2000년 3월 9일
가격	3,980엔

여러 가지 무기와 탈것을 활용하라

SNK의 2D 액션 슈팅게임인 메탈 슬러그는 SNK의 간판 타이틀 중 하나이다. 참고로 메탈 슬러그는 플레이어가 타는 1인승 소형 전차를 말한다. 아케이드에서 시작해 많은 가정용 게임기에 관련 작품이 만들어졌다. NGP판의 최대 특징은 루트 분기가 설정되었다는 점이다. 루트 분기의 조건은 많지만, 전작과 달리 플레이 시의 캐릭터도 조건의 하나이다. 1st 미션의 성공 후 괴멸했다고 생각됐던 반란군이 이성인과 손을 잡았다는 정보가 들어온다. 미지의 기술에 의한 초병기 개발의 공포를 제거하고 반란군의 야망을 깨뜨리는 것이 게임의 목적. 이번 작품에는 전차와 전투기 등 탈것만이 아니라 잠수함과 무기 등 신 아이템도 추가됐다. 캐릭터의 움직임이 부드럽고 액션도 경쾌함 그 자체이다. 오래 즐길 수 있는 작품으로 완성됐다.

휴대용 게임기에서도 메탈 슬러그다움을 전개

휴대용 게임기에서는 유일하다 할 정도로 격투게임과 액션게임의 상성이 훌륭하다. 화면은 작아도 캐릭터의 움직임은 세밀하고 메탈 슬러그 시리즈 특유의 호쾌함도 여전하다.

네오지오 포켓 소프트 소개 작품2

아케이드에서 인기였던 탈의 마작이 NGP로 등장

슈퍼 리얼 마작 프리미엄 컬렉션

SUPER REAL MAHJONG PREMIUM COLLECTION

장르	기타
퍼블리셔	세타
발매일	2001년 3월 29일
가격	4,250엔

18세 이상 추천 NGP이기에 가능했다

휴대용 게임기에서 충격의 등장이다. 아케이드에서 인기를 얻었던 전설의 탈의 마작이 네오지오 포켓 컬러에서 플레이할 수 있게 되었다. 등장 캐릭터는 『2』의 쇼코, 『5』의 미즈키, 아야, 아키라, 『6』의 타마리와 마리, 『7』의 유리나와 에츠코의 총 8명으로 흠잡을 데 없는 호화 캐스팅이다. 역시 컬렉션이라 할 만한 스케일이다. 참고로 이전에 공식 사이트에서 이루어졌던 인기투표에서는 후지와라 아야가 간발의 차이로 1위를 차지했다. 중요한 탈의 씬은 일부 움직임이 삭제됐으나 기본은 아케이드용을 따라갔다. 이 작품은 18세 이상 추천이므로 플레이어가 보고 싶은 것을 마음껏 보여준다. 세밀한 도트는 그야말로 예술품이다. 또한 휴대 기기이기에 누구에게도 보여줄 필요 없이 혼자 플레이할 수 있다는 점도 좋다. 이 소프트 하나를 위해 본체를 구입한 사람도 많았을 것이다.

탈의 마작이라면 역시 슈퍼 리얼 마작!

탈의 마작이라는 단어는 종종 듣지만 실제로는 본 적이 없다. 전부 벗은 후에는 어떻게 되는지 기대가 된다.

네오지오 포켓 소프트 소개 작품3

언제 어디서나 파치스로를 마음껏 한다

파치스로 아루제 왕국 포켓 AZTECA

PACHI SLOT ARUZE OUKOKU POCKET AZTECA

장르	기타
퍼블리셔	아루제
발매일	2000년 2월 10일
가격	3,800엔

하고 싶지 않아서 샀는데 쓸데없이 하고 싶어지는 기분

4호기 전성시대, 한 시대를 풍미했던 회사가 바로 아루제(현 유니버설)이다. 그중에서도 이 아즈테카라는 기기는 대단한 회수율로 인기를 모았던 명기 중의 명기. 고백하자면 필자도 이 아즈테카에 빠져서 폐인생활을 했던 적이 있다. '이대로라면 파산이다'라는 생각에 만난 것이 아루제 왕국 포켓이었다. 본가인 PS판과 비교하면 화면이 깨끗하지 못하지만 그래도 실제 기기의 분위기는 충실히 재현되어 있어 전철에서 종종 플레이했던 기억이 난다. 문제는 파친코를 하지 않기 위해 이 게임을 하려는 건데, 반대로 하고 싶어진다는 점이다. 아침 8시부터 파친코 가게에 줄을 서서 아즈테카를 플레이하고 있었다. 실제로 필자 외에도 비슷한 사람을 본 적이 있으므로 아루제의 속임수가 아니었나 하는 생각도 든다.

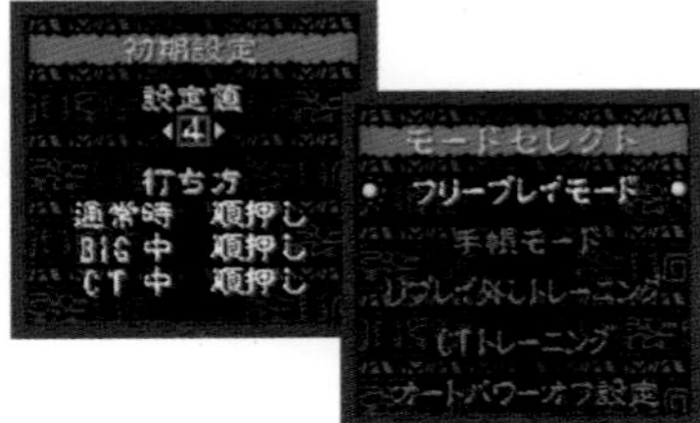

실제 기기를 충실히 재현하다

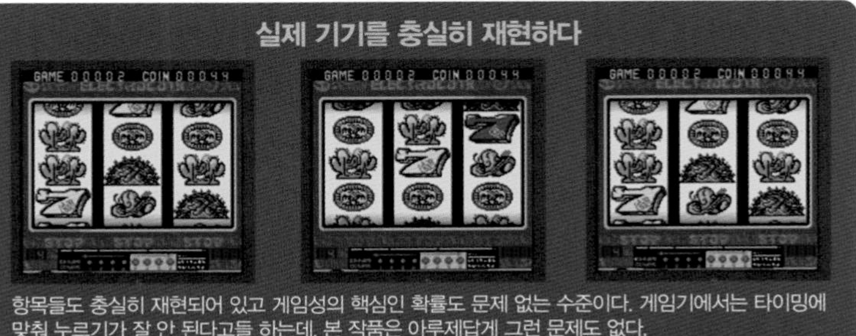

항목들도 충실히 재현되어 있고 게임성의 핵심인 확률도 문제 없는 수준이다. 게임기에서는 타이밍에 맞춰 누르기가 잘 안 된다고들 하는데, 본 작품은 아루제답게 그런 문제도 없다.

WONDERSWAN

원더스완

AA전지 1개로 약 30시간 구동!
게다가 놀라운 가격을 실현했다

반다이 / 1999년 3월 4일 발매 / 4,800엔

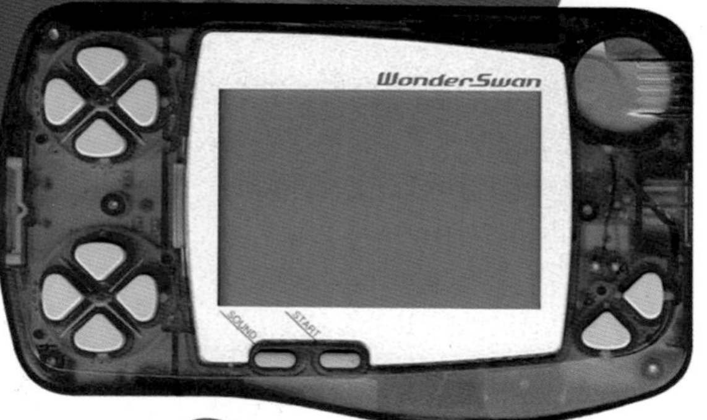

기본 사양

[CPU] NEC V30MZ(3.072 MHz)
[RAM] 16k BYTE, VRAM 16k BYTE
[화면] 2.49인치 반사형 STN 액정, 모노 8색, 224*144 해상도 *백라이트 채용
[사운드] 파형 메모리 음원 4채널 (1채널을 PCM 음원으로 사용 가능) ※음량 2단계 및 음소거 중 선택
[전원] AA전지 1개
[통신] 대전 케이블, 적외선 통신, 모뎀 케이블

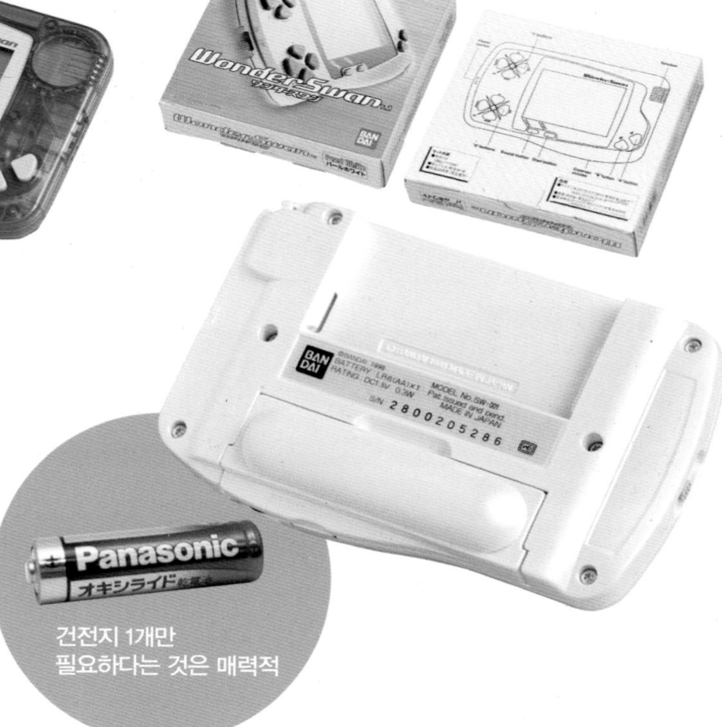

건전지 1개만
필요하다는 것은 매력적

버전 업을 거듭한 끝에 이상적인 모습으로

게임보이를 제작한 요코이 군페이가 닌텐도를 퇴사하고 세운 코토사가 기획, 개발에 크게 관여했다고 알려져 있다. 휴대용 게임기에 컬러화의 파도가 몰아치는 가운데 일부러 흑백 액정으로 승부를 걸었던 원더스완. 가격도 타 기종보다 훨씬 싸다. 하지만 시대의 흐름을 거스르지 못하고 다음해에는 원더스완 컬러를 발매한다. 하지만 구형 STN 액정을 채용해 식별이 잘 안 된다는 불만이 많았다. 결국 고성능 TFT 액정을 채용한 스완 크리스탈을 발매하기에 이른다. 참고로 흑백 버전은 기동음 제거를 기본으로 설정할 수 없어서, 사람들이 많은 곳에서 기기를 켤 때는 조심할 필요가 있었다. 켜고 바로 버튼을 연타하는 모습은 우스꽝스럽기까지 했다. 이 문제는 컬러 버전에서 해결되지만 컬러 버전은 장시간 사용했을 때 전원 ON/OFF가 어려워진다는 다른 문제를 가지고 있었다.

신기한 주변기기가 많은 원더스완 시리즈	
원더 웨이브	적외선 통신 어댑터. PS2에 부착한 포켓 스테이션과의 통신도 가능했다.
모바일 원더 게이트	NTT도코모의 휴대폰과 연결하는 모뎀 케이블. 전국 랭킹 등에 사용한다.
원더 버그	대응 소프트에 내장된 적외선 LED를 통해 제어하는 완전 자율형 곤충 로봇.
원더 위치	CD-ROM, 개발 설명서, 케이블, 전용팩을 세트로 구성. C언어에 의한 개발 환경.

원더스완 컬러 배리에이션

펄 화이트

스켈레톤 그린

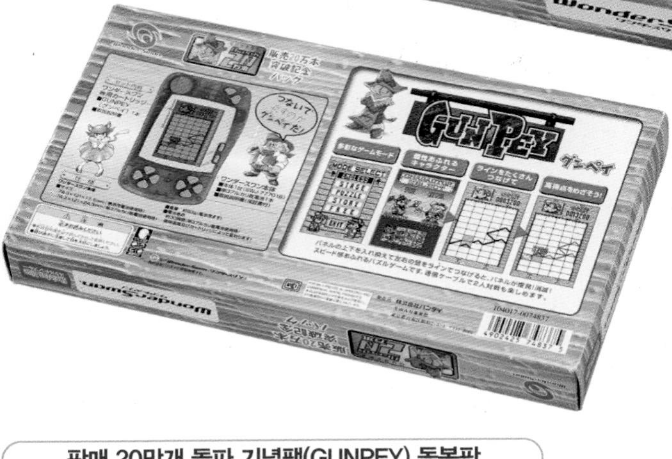

판매 20만개 돌파 기념팩(GUNPEY) 동봉판

GB의 아버지 요코이 군페이가 어드바이저로서 개발에 참여했다

WONDERSWAN COLOR
원더스완 컬러

컬러화의 파도에 저항하지 않고 초기 모델 발매 후 바로 등장했다

반다이 / 2000년 12월 9일 발매 / 6,800엔

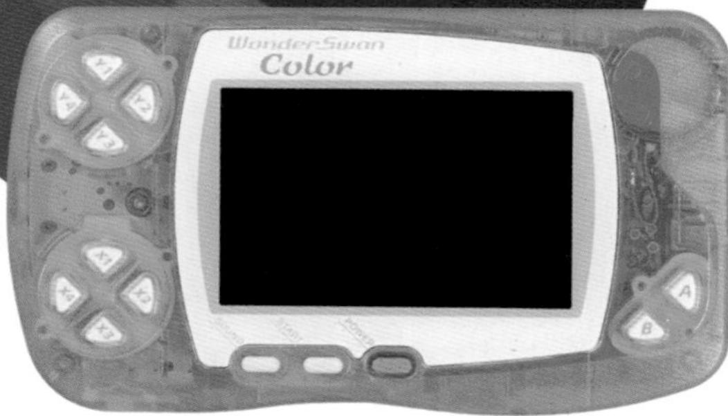

FF 시리즈와 함께 당당하게 등장

원더스완 탄생에서 대략 1년 9개월 만에 발매된 컬러 버전. 휴대용 게임기에서 첫 리메이크되는 『파이널 판타지』를 동시 발매해서 큰 화제를 모았다. 파이널 판타지는 『II』와 『IV』가 리메이크됐으나 예정되어 있던 『III』는 발매 중지된다. 변함없는 저전력 설계와 저렴한 가격은 대단히 매력적이어서 발매 초기에는 판매가 괜찮았으나, 다음해에 게임보이 어드밴스가 발매되어 열기는 단숨에 식어버렸다.

원더스완 컬러 액정

[화면] 2.8인치 반사형 STN 액정, 224*144 해상도, 4096색 중 241색

SWANCRYSTAL
스완 크리스탈

불평이 많았던 액정 화면을 개선 마지막에는 완전 주문 생산으로

반다이 / 2002년 7월 12일 발매 / 7,800엔

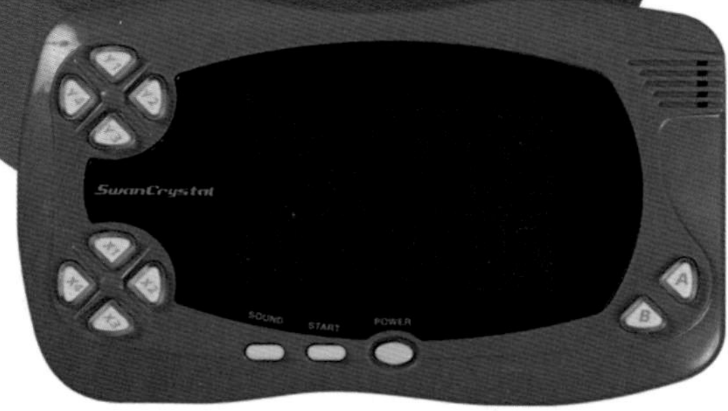

STN에서 TFT로 업그레이드

구형 STN 액정을 채용한 원더스완 컬러는 잔상이 심하다는 중대한 단점이 있었다. 이것을 개선한 것이 원더스완 시리즈 마지막 기기인 『스완 크리스탈』이다. CPU 스펙은 기존과 같지만 노트북 등에도 쓰이는 고품질 TFT 액정을 채용해 잔상과 화면 어둠을 해소했다. 하지만 판매는 늘어나지 않아 스완 크리스탈은 이후 완전 주문 생산 체제로 바뀌었다. 이 기기에서만 즐길 수 있는 멋진 게임도 많으니 중고를 구입하는 것도 방법이다.

스완 크리스탈 액정

[화면] 2.8인치 반사형 TFT 액정, 224*144 해상도, 4096색 중 241색

초기형부터 탑재된 기능. 개인정보이므로 등록에는 조심할 필요가 있다.
가장 좋은 기능은 컬러에서 채용된 볼륨 기능이다.

〈입력 가능한 개인정보〉

1. NAME (이름)
2. BIRTHDAY (생일)
3. SEX (성별)
4. BLOOD TYPE (혈액형)
5. VOLUME (본체 기동 시 음량)

원더스완 시리즈 컬러 배리에이션

※ ■ 원더스완, ■ 원더스완 컬러, ■ 스완 크리스탈 아래 외의 컬러도 있을 수 있다

펄 화이트	메론 샤베트	퍼플(한정판매)	샤아자쿠 버전
실버 메탈릭	MSVS 연방군	크리스탈 블루	디지몬 그라우몬 컬러
블루 메탈릭	MSVS 지온군	크리스탈 블랙	퓨어 크리스탈 (한정판매)
스켈레톤 블루	디지몬 오렌지	크리스탈 오렌지	시게오 모델 (증정품)
스켈레톤 핑크	디지몬 블루	펄 블루	오리지널 컬러
스켈레톤 그린	초코보 옐로	펄 핑크	블루 바이올렛
스켈레톤 블랙	타레판다 화이트	FF I 동봉판	와인 레드
소다 블루	위장 패턴(증정품)	FF II 동봉판	크리스탈 블루
프로즌 민트	골드(증정품)	건담 버전	클리어 블랙

컬러 배리에이션은 휴대용 게임기에서 선두를 달린다

WONDERSWAN SOFTWARE GUIDE

원더스완 시리즈 소프트 소개

원더스완 소프트 소개 작품 1

GUNPEY

GUNPEY

런칭 타이틀은 요코이 군페이가 개발

원더스완 굴지의 명작 게임

본체를 세로로 잡고 플레이하는 스타일. 게임보이를 비롯해 여러 닌텐도 제품을 개발한 그 요코이 군페이가 감수한 퍼즐게임이다. 게임필드는 세로 10열, 가로 5열. 아래에서 점점 올라오는 패널과 공백 패널의 위아래를 바꾸면서 필드 양끝을 라인으로 연결하면 라인상의 패널이 소멸한다. 이것을 반복하면서 패널이 필드 윗 부분에 닿으면 게임 오버. 패널이 사라질 때는 일시적으로 게임 진행이 멈추는데 그 사이에도 패널을 옮길 수 있다. 이것을 활용하는 것이 게임을 유리하게 진행하는 비결이다. 기기가 대히트하자 PS로도 이식됐다. 원더스완 컬러 전용판『GUNPEY EX』에서는 라인 색상도 중요한데, 같은 색으로 좌우를 연결하면 보너스 특전을 받을 수 있다. 그 외에 PS판에 채용된 중단 기능과 원더 게이트에도 대응했다.

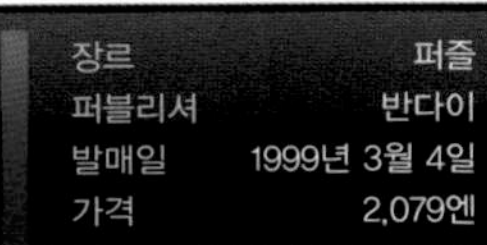

장르	퍼즐
퍼블리셔	반다이
발매일	1999년 3월 4일
가격	2,079엔

정신 차리고 보면 몇 시간이 지나 있다

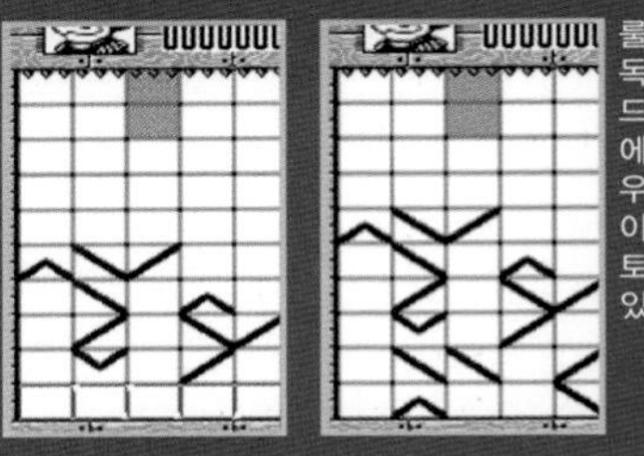

룰이 단순한 만큼 중독성이 있다. 게임 모드는 「ENDLESS」 외에 규정 패널 수를 지우는 「스테이지」, 스테이지 클리어형의 「스토리」 등이 준비되어 있다.

원더스완 소프트 소개 작품2

컬러로 부활한 신과의 싸움

마계탑사 Sa·Ga

MAKAITOUSHI SA·GA

장르	RPG
퍼블리셔	스퀘어
발매일	2002년 3월 20일
가격	5,200엔

GB의 명작을 WS으로 하지만 버그 기술은 재현 실패

휴대용 게임기 첫 RPG는 불후의 명작 『마계탑사 Sa·Ga』. 본 작품은 그것의 컬러 리메이크 버전이다. 스토리는 게임보이판을 따르고 있지만 연출이 강화되어 몰입감이 고조되었다. 또한 게임보이판의 버그를 모조리 잡아 안심하고 플레이할 수 있다. 하지만 버그를 이용한 비기도 잡혀버린 것이 조금 아쉽다. 이번 작품에는 몬스터 도감이 새롭게 추가되어 한 번 변신한 적이 있는 몬스터의 능력은 언제나 알 수 있게 됐다. 그 외에 능력이 올랐을 때는 그 내용이 표시되는 등, 보다 유저 친화적으로 진화했다. 참고로 Sa·Ga의 리메이크는 모바일 버전을 빼면 이것 하나로 끝나게 된다. 닌텐도 DS에서 리메이크된 『2』와 『3』처럼 신규 이벤트와 새로운 시스템은 없지만, 원작에 충실한 스토리를 풀 컬러로 즐길 수 있다는 것은 충분히 매력적이다.

게임보이판의 단점을 해소한 올바른 리메이크

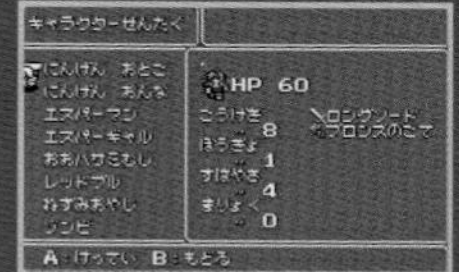

시스템 면에 큰 변경점은 없지만 인터페이스의 개량 등 세밀한 부분을 파워업했다. 흑백으로 충분하다는 사람들도 풀 컬러가 된 이 작품의 게임 화면을 보면 마음이 흔들리지 않을까?

원더스완 소프트 소개 작품3

이후 GBA와 PSP에도 이식된 작품

Riviera ~약속의 땅 리비에라~

RIVIERA:THE PROMISED LAND

장르	SRPG
퍼블리셔	반다이
발매일	2002년 7월 12일
가격	4,980엔

가볍게 플레이할 수 있지만 매우 쫀득한 게임

스완 크리스탈의 런칭 타이틀 중 하나. 이후 게임보이 어드밴스와 PSP에도 이식되는 등, 원더스완을 대표하는 작품으로 지금도 팬이 많다. 전투에서는 처음에 3명까지의 출격 멤버와 포메이션, 그리고 4개까지의 사용 아이템을 고른다. 아이템은 멤버 전원의 무기로 공용하지만, 같은 아이템이라도 캐릭터에 따라 사용 방법이 다른 것이 재미있다. 이를 테면 나무 열매를 던져 공격하는 캐릭터도 있고 열매를 먹어서 체력을 회복하는 캐릭터도 있다. 일부 무기를 빼고는 사용 횟수가 정해져 있고, 아이템 소지 수량에도 여유가 없으므로 신중하게 행동해야 한다. 참고로 이 작품에는 귀여운 여자와 서비스 씬이 많이 나와서 미소녀 게임이라 착각하는 경우도 있다. 스토리는 박진감 넘치고 세계관은 매우 깊이가 있다. 이 작품을 플레이하기 위해 게임기를 사도 좋을 정도이다.

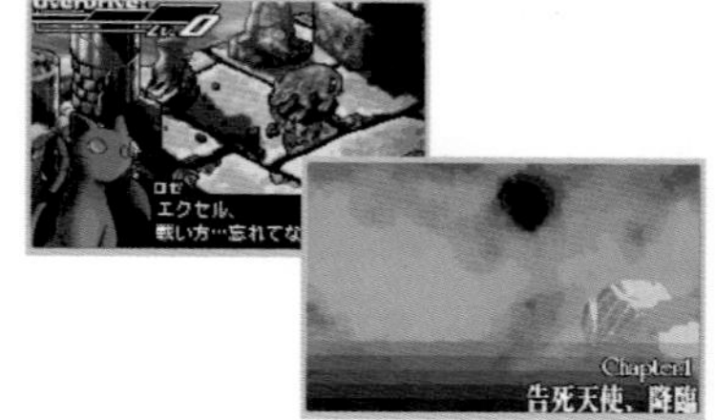

천벌을 내리는 일에 의문을 가진 소년 엑셀

신들이 사는 신계에 마족이 모인 마계가 침공하여 신마 전쟁이 일어난다. 궁지에 몰린 신들은 자신들의 힘과 지혜를 새겨서 검은 날개를 가진 칼끝에 죽음을 알리는 고사 천사를 창조했다. 이 작품의 주인공 엑셀은 고사 천사의 소년. 고사 천사용 무기를 가진 대가로 날개는 잃어버렸다.

원더스완 소프트 소개 작품4

TERRORS

열대야에 플레이하고 싶은 작품

TERRORS

세로로 플레이하는 노벨 시어터 제1탄

원더스완의 특징 중 하나인 세로 배치 플레이를 활용한 게임. 위 화면에는 그래픽을, 아래 화면에는 문장을 배치한 구성으로 가독성이 매우 우수하다. 스토리가 30분 정도에 끝나는 것도 휴대용 게임기로서 적절하다. 하지만 매우 강렬한 비명 소리가 나오므로 이어폰을 끼고 플레이하는 것을 추천한다. 이 작품이 다른 사운드 노벨 작품과 결정적으로 다른 점은, 주인공이 「공포를 느낀다」라는 선택지를 고르면 쌓이는 「테라 포인트」이다. 이 포인트는 시나리오와 엔딩에 강하게 영향을 준다. 포인트를 많이 쌓으면 주인공이 쫄아서 중요한 국면에서 과감한 행동을 하지 못한다. 하지만 테라 포인트가 너무 내려가서도 안 되므로 적절한 수준을 찾는 것이 매우 어렵다. 이 작품의 엔딩은 매우 푸짐하므로 일일이 찾아보는 것도 재미 중 하나이다.

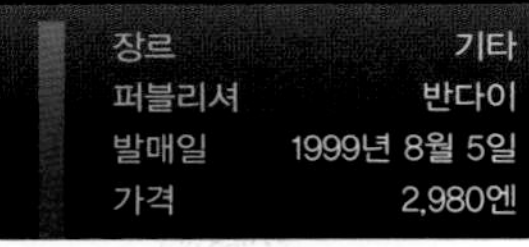

장르	기타
퍼블리셔	반다이
발매일	1999년 8월 5일
가격	2,980엔

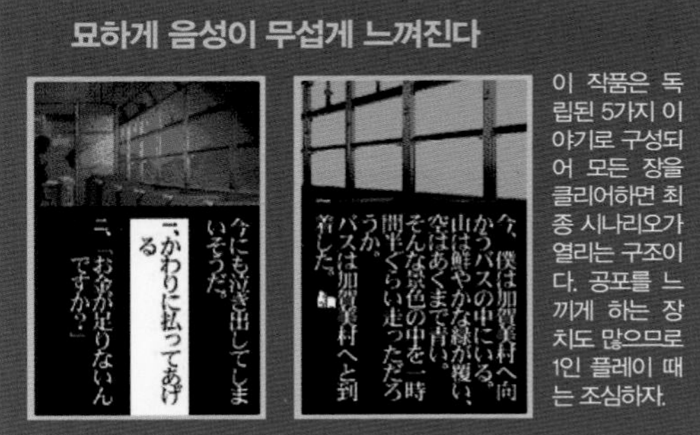

묘하게 음성이 무섭게 느껴진다

이 작품은 독립된 5가지 이야기로 구성되어 모든 장을 클리어하면 최종 시나리오가 열리는 구조이다. 공포를 느끼게 하는 장치도 많으므로 1인 플레이 때는 조심하자.

원더스완 소프트 소개 작품5

beatmania for WonderSwan

이것이로 다른 음악 게임은 필요없다

BEATMANIA FOR WONDERSWAN

휴대용 게임기로는 매우 높은 완성도

코나미 유일의 원더스완용 게임은 대선풍을 일으킨 음악 게임인 『비트매니아』인데, 이 작품은 『3rdMIX』를 바탕으로 하고 있다. 내장 음원의 1채널을 PCM으로 할당하는 원더스완의 특징을 최대한 활용하여, 오리지널 음원을 그대로 샘플링하여 보컬곡을 포함해 고음질을 실현했다. 음질을 중시한 결과 수록곡은 11곡으로 끝났지만 음질이 좋아 비트매니아 팬이 WS를 구입한다는 이야기도 있을 정도였다. PS판과 마찬가지로 코나미가 개발을 담당했기 때문에 완성도는 대단히 높다. 동영상이 간략화된 것은 아쉽지만, 그래도 1999년에 이 수준이라는 것은 경이적이다. 모드는 프리 모드뿐이고 각 음악에서 일부를 발췌한 메들리곡도 준비되어 있다. 곡 숫자는 적지만 비트매니아 팬이라면 충분히 납득할 수준이다. 원더스완이라는 기기의 저력을 세상에 알린 작품이다.

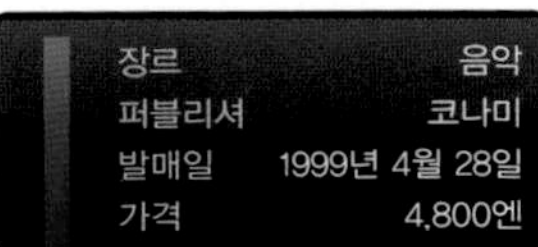

장르	음악
퍼블리셔	코나미
발매일	1999년 4월 28일
가격	4,800엔

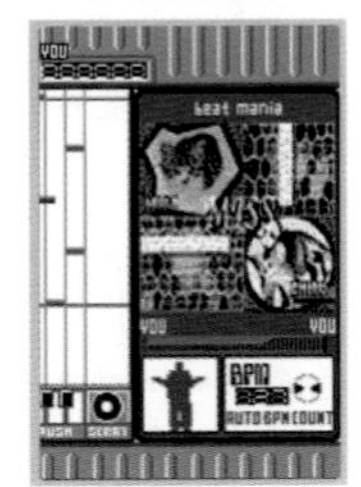

이어폰 추천

원더스완 톱클래스인 128M의 음량. 당시 휴대용 게임기의 모든 소프트 중에서도 음질이 가장 높으므로 반드시 이어폰이 필요하다.

근육남들의 진지한 카드 배틀

근육남들이 팬티만 입고 나오는 인기 시리즈. 시작은 PC엔진용 슈팅게임이었는데 본 작품에서는 느닷없이 카드 배틀로 바뀌었다. 매우 평범한 RPG 필드에 눈을 의심한 분도 많겠지만 의외로 완성도가 좋아 두 번째 놀라게 된다. 전투는 40장 1세트의 데크를 써서 진행한다. 공격은 「기술」 카드로 하는데 이를 쓰려면 형귀의 필수 아이템인 「프로틴」이 필요하고, 프로틴이 없으면 단련된 자신의 몸(HP)을 쓰게 된다. 카드 게임이 됐어도 초형귀의 분위기는 그대로이다.

원더스완 소프트 소개 작품6

초형귀까지 WS에 참전

초형귀 남자의 혼찰

CHO ANIKI:OTOKO NO TAMAFUDA

장르	기타	발매일	2000년 2월 10일
퍼블리셔	NCS	가격	3,980엔

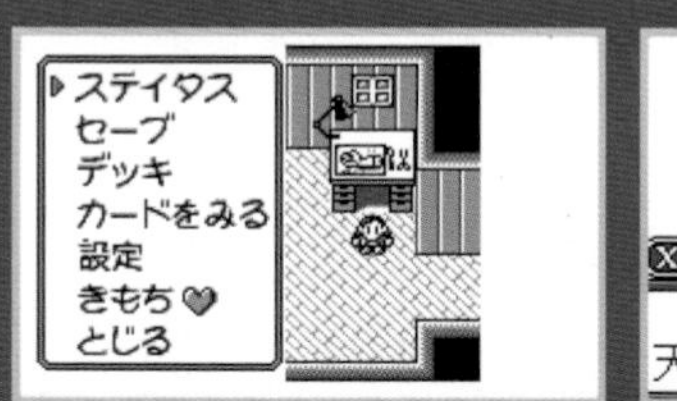

머나먼 외계 우주에서 온 의문의 빌더 군단「박력 헤성제국」과의 근육 싸움을 그린다.

FC의 명작을 어레인지 사쿠라 공주를 구출하라!

아케이드 출신인 『닌자군 마성의 모험』의 스핀오프 작품인 『닌자 쟈쟈마루군』은 FC에서 발매되어 인기를 얻었다. 본 작품은 기본적인 게임성은 FC판을 따라가고 있다. 여기에 MAP 화면과 데모 장면 등 약간의 요소를 추가했다. FC판은 무한 루프 사양이었는데, 본 작품은 (4스테이지+보스 스테이지)×5의 총 25스테이지가 되었고, 마지막에 어김없이 공주를 구출하는 이야기로 바뀌었다. 올드 게이머에게는 매우 감동적이지 않았을까.

원더스완 소프트 소개 작품7

고전 게임이 리메이크되다

원조 쟈쟈마루 군

GANSO JYAJYAMARU KUN

장르	액션	발매일	1999년 4월 15일
퍼블리셔	자레코	가격	3,800엔

쟈쟈마루군을 주인공으로 한 작품은 FC를 비롯해 다수 발매되었다. 이 작품 이후 속편이 Wii U까지 나왔다.

너무 늦은 느낌의 리메이크 FC판 2개를 하나로 합쳤다

패미컴판 『세인트 세이야 황금전설』과 『황금전설 완결편』 2개를 하나로 합친 후, 새로운 캐릭터를 추가하고 그래픽을 개선한 호화판 리메이크. 오리지널과 다른 부분도 많아서 패미컴판을 플레이한 유저도 다시 하고 싶어지는 작품이다. 전투에서 필살기의 이름과 전용 그래픽이 나오는 등, FC판에 비해 박력 있는 배틀이 전개된다. 횡스크롤 액션 파트는 많이 삭제됐지만 그만큼 스토리가 중시되는 구성이다.

원더스완 소프트 소개 작품8

브론즈 세인트들의 뜨거운 싸움

세인트 세이야 황금전설

SAINT SEIYA GOLDEN LEGEND PERFECT EDITION

장르	액션	발매일	2003년 7월 31일
퍼블리셔	반다이	가격	3,980엔

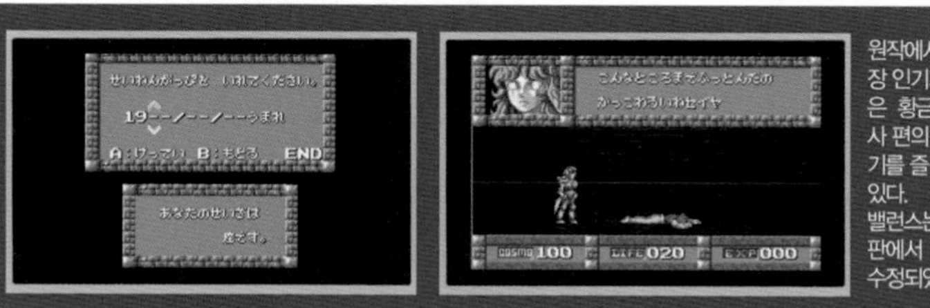

원작에서 가장 인기가 높은 황금성투사 편의 이야기를 즐길 수 있다. 게임 밸런스는 FC판에서 많이 수정되었다.

POCKET STATION
포켓 스테이션

밖에서 미니게임을
플레이할 수 있다

SCE / 1999년 1월 23일 발매 / 3000엔

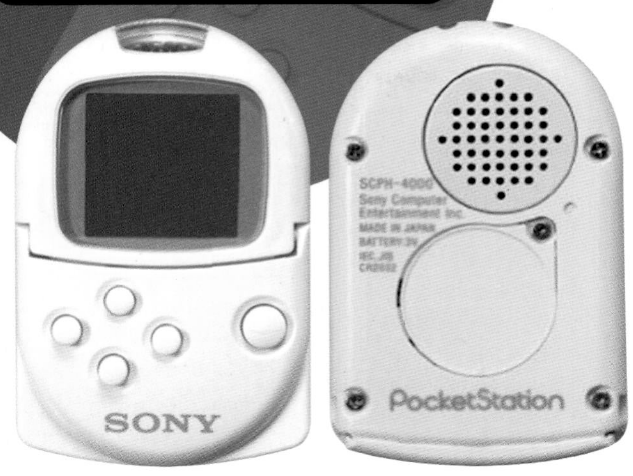

대응 여부는 패키지 뒷면에서 확인할 수 있다

기본 사양

[CPU]	32Bit RISC CPU ARM7T
[RAM]	SRAM 2k BYTE, 플래시 메모리 128k BYTE ※PS1의 메모리카드 영역과 공유
[화 면]	32*32 해상도, 반사형 흑백 액정
[전 원]	CR2032 버튼전지 1개
[통 신]	적외선 방식(쌍방향, IrDA)

PS1과 PS2에서 사용 가능

32비트 CPU와 반사형 흑백 액정을 채용했다. PS의 메모리카드로서도 쓸 수 있는 점이 좋았다. 화이트 외에 크리스탈 모델도 발매되었고, 게임 소프트의 한정판에 오리지널 컬러가 동봉되기도 했다.

미니게임을 가지고 다닌다! 메모리카드로도 사용 가능

PS와의 연동 기능을 가진 휴대용 게임기, 하지만 정확하게는 주변기기에 해당한다. 포켓 스테이션 단독으로 쓸 수는 없고 일단은 PS에서 게임 데이터를 다운받아야 하기 때문이다. 참고로 PS의 메모리카드로 쓸 수도 있다. 『어디서나 함께』의 히트로 일시적인 물량 부족 사태가 있었으나, 그 이후엔 이렇다 할 히트작이 없어 발매 약 3년 반 만에 단종됐다. 하지만 대응 게임은 많았고 일부이지만 포켓 스테이션 전용 게임도 발매되었다. 콘셉트로는 나쁘지 않았지만 가지고 다니면서 플레이하고 싶을 정도의 게임이 적었던 것은 사실이다. 전용 소프트가 좀 더 충실했더라면 어떻게 되었을지 모른다. 본체는 CR2032 전지 1개를 쓰는데 소모 속도가 빠른 것이 단점. 본체 이전에 발매되어 있던 비주얼 메모리 역시 전지 소모 속도가 빨랐다.

크리스탈 모델과 각종 동봉판도 발매! 『어디서나 함께』의 히트로 일시적인 물품 부족 현상도 일어났다

적외선 통신을 하는 탓에 전지 소모 속도가 빨라 전지를 자주 갈아야 했다

포켓 스테이션 대응 게임 리스트①

아크 더 래드3 (SCE)	스파이로 더 드래곤 (SCE)
아머드 코어 마스터 오브 아레나 (프롬 소프트웨어)	스파이로x스파크스 무모한 투어즈 (SCE)
R4 -RIDGE RACER TYPE 4- (남코)	성검전설 LEGEND OF MANA (스퀘어)
I.Q FINAL (SCE)	더비 스탈리온99 (아스키)
애장판 봉신연의 (코에이)	태양의 알림 (프로그레스)
i모드도 함께 (SCE)	옥잠이야기 (겐키)
아쿠아노트의 휴일2 (아트딩크)	타레고로 -타레판다가 있는 일상- (반다이)
애니메틱 스토리 게임1 카드캡터 사쿠라 (아리카)	Dance Dance Revolution 3rdMIX (코나미)
집에 강아지가 왔다 in my pocket (코나미)	Dance Dance Revolution 4thMIX (코나미)
일격 강철의 인간 (반다이)	초코보 콜렉션 (스퀘어)
반피르 흡혈귀전설 (아트딩크)	초코보 스탈리온 (스퀘어)
위닝포스트4 프로그램 2000 (코에이)	쵸로Q 원더풀! (타카라)
SD건담 영웅전 대결전!! 기사vs무사 (반다이)	테일즈 오브 이터니아 (남코)
맞선 커맨드 바보 커플에게 지적을 (에닉스)	테마 아쿠아리움 (일렉트로닉스 아츠)
화류계의 꽃길 (포니 캐니온)	테크노 비비 (코나미)
가게에서de점주 (테크노 소프트)	디지몬 테이머즈 포켓 크루몬 (반다이)
카드캡터 사쿠라 크로우카드 매직 (아리카)	디지몬 월드2 (반다이)
CHAOS BREAK -Episode from "CHAOS HEAT" (타이토)	디지몬 월드 디지털 카드 아레나 (반다이)
기차로GO! (타이토)	데빌 사마나 소울해커즈 (아틀라스)
캐잉의 즐거운 메일 (The SECOND)	전차로GO! 프로페셔널 (타이토)
갤롭 레이서3 (테크모)	전차로GO! 나고야 전철편 (타이토)
프리크라 대작전 (휴먼)	전설동물의 구멍 몬스터 콤플리 월드 ver.2 (아이디어 팩토리)
근육번부 vol.3 최강의 도전자 탄생~! (코나미)	트루 러브 스토리 팬디스크 (아스키)
크래쉬 밴디쿳3 (SCE)	두근두근 메모리얼 드라마시리즈 Vol.3 여행의 시 (코나미)
그란디아 (게임아츠)	두근두근 메모리얼2 (코나미)
핸드폰 에디 (잉크리먼트P)	어디서나 함께 (SCE)
K-1 왕자가 되자! (엑싱)	어디서나 햄스터2(츄) (벡)
개굴개굴킹 (미디어 팩토리)	도박묵시록 카이지 (코단샤)
아기고양이도 함께 (SCE)	도라에몽3 마계의 던전 (에폭사)
코못치 (빅터 인터랙티브 소프트웨어)	토롱에 하인 (캡콤)
사이킥 포스2 (타이토)	나자부의 대모험 (남코)
서유기 (코에이)	버거버거2 (갭스)
사가 프론티어2 (스퀘어)	하이퍼 밸류 2800 시리즈 전체 3개 (코나미)
사무라이 스피릿츠 신장 ~검객이문록 소생하는 창홍의 칼날~ (SNK)	하이퍼 밸류 2800 화투 (코나미)
사루겟츄 (SCE)	하이퍼 밸류 2800 마작 (코나미)
산요 파친코 파라다이스4 ~초밥집이다 겐상~ (아이렘)	하이퍼 밸류 2800 하이퍼 파친코 (코나미)
THE 더블 슈팅 (타이토 / D3퍼블리셔)	PAQA (SCE)
THE 굴삭기 (타이토 / D3퍼블리셔)	버스라이즈 (반다이)
씨 배스 1-2-3 DESTINY! 운명을 바꾸는 자! (자레코)	파치스로 완전공략 아루제 공식가이드4 (시스콘)
제트로 GO! (타이토)	파치스로 제왕 (미디어 엔터테인먼트)
시스터 프린세스 (미디어 웍스)	파치스로 제왕Mini (미디어 엔터테인먼트)
죠죠의 기묘한 모험 (캡콤)	파치스로 제왕2 (미디어 엔터테인먼트)
사립 저스티스 학원 열혈청춘일기2 (캡콤)	파치스로 제왕3 (미디어 엔터테인먼트)
수족관 프로젝트 ~피시헌터로의 길~ (테이치쿠)	파치스로 제왕4 (미디어 엔터테인먼트)
슈퍼로봇대전 알파 (반프레스토)	파치스로 제왕5 (미디어 엔터테인먼트)
나아가라! 해적 (아트딩크)	파치스로 제왕6 (미디어 엔터테인먼트)
스트리트 파이터 제로3 (캡콤)	파치스로 제왕W (미디어 엔터테인먼트)
스노포케라 (아틀라스)	파치스로 제왕 ~야마사 Remix~ (미디어 엔터테인먼트)

포켓 스테이션 대응 게임 리스트②

뿌요뿌요BOX (컴파일)	몬스터 콤플리 월드 (아이디어 팩토리)
브라이티스 (SCE)	몬스터 팜2 (테크모)
프루무이 프루무이 (D3퍼블리셔)	몬스터 레이서 (코에이)
브렌드x브랜드 외출 합성RPG (톤킨하우스 / 도쿄서적)	유희왕 진 듀얼몬스터즈 봉인된 기억 (코나미)
프로야구 시뮬레이션 덕아웃99 (디지큐브)	유구조곡 All Star Project (미디어 웍스)
BOYS BE… 2nd Season (코단샤)	요시모토 무치코 대결전 ~남쪽 섬의 고롱고섬~ (소니 뮤직 엔터테인먼트)
목장이야기 하베스트 문 (빅터 엔터테인먼트)	라면다리 (토미)
목장이야기 하베스트 문 For Girl (빅터 엔터테인먼트)	라그나큘 레전드 (아트딩크)
나는 항공관제관 (시스콘)	러브히나 사랑은 마음속에 (코나미)
포케카노 ~아이노 유미~ (데이텀 폴리스타)	러브히나2 ~말은 눈가루 같이~ (코나미)
포케카노 ~호조인 시즈카~ (데이텀 폴리스타)	랜드 메이커 (타이토)
포케카노 ~우에노 후미오~ (데이텀 폴리스타)	리모트 컨트롤 댄디 (휴먼)
포케단 (SCE)	룸메이트 ~이노우에 료코~ (데이텀 폴리스타)
포켓 자랑 (SCE)	루나틱 돈3 (아트딩크)
포켓 던전 (SCE)	레이크 마스터즈 PRO 일본종단 흑준기행 (다즈)
포켓 튜너 (리버힐 소프트)	레이 크라이시스 (타이토)
포켓 디지몬 월드 (반다이)	영각 -이케다 귀족 심령연구소- (미디어 팩토리)
포켓 디지몬 월드 윈드 배틀디스크 (반다이)	레이싱 라군 (스퀘어)
포켓 디지몬 월드 쿨 & 내이처 패들 디스크 (반다이)	레전드 오브 드라군 (SCE)
포켓 패밀리 ~행복가족계획 (허드슨)	록맨 (캡콤)
포켓 무무 (SCE)	록맨2 닥터 와일리의 수수께끼 (캡콤)
포케라 (아틀라스)	록맨3 닥터 와일리의 최후? (캡콤)
포케라DX핑크 (아틀라스)	록맨4 새로운 야망!! (캡콤)
포케라DX블랙 (아틀라스)	록맨5 브루스의 함정!? (캡콤)
팝픈 뮤직2 (코나미)	록맨6 사상최대의 싸움!! (캡콤)
팝픈 뮤직3 어펜드 디스크 (코나미)	월드 스타디움3 (남코)
팝픈 뮤직4 어펜드 디스크 (코나미)	월드 스타디움4 (남코)
포포로그 (SCE)	월드 스타디움5 (남코)
마작조두기행 (미디어링)	월드 네버랜드2 ~플루트공화국 이야기~ (리버힐 소프트)
미스터 프로스펙터 호리아테군 (아스크)	우리들 밀림탐색대!! (빅터 인터랙티브 소프트웨어)
모두의 골프2 (SCE)	원더 웨이브 (반다이)
메카 포케라 (아틀라스)	원피스 튀어나와 해적단! (반다이)
가자! 명문야구부 (다즈)	※이하 PS2 타이틀
메탈기어 솔리드 인테그랄 (코나미)	전차로 GO!3 통근편 (타이토)
메타로드R 파츠 콜렉션 (이매지니어)	전차로 GO! 신칸센 산요 신칸센편 (타이토)
모모타로 전철V (허드슨) (초회판의 부속CD-ROM전용)	도쿄 버스 안내 (석세스)

포켓 스테이션 대응, 대표 게임 소개

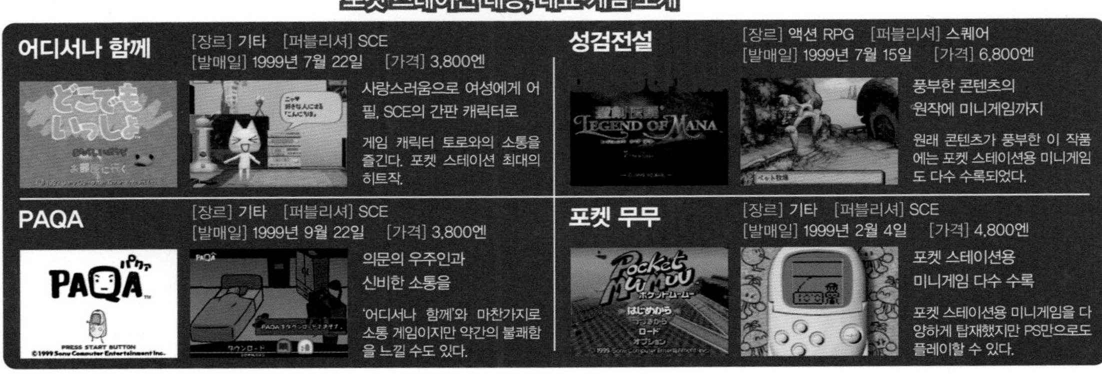

VISUAL MEMORY
비주얼 메모리

메모리카드로서는 처음으로
스피커를 채용했다

세가 / 1998년 11월 27일 발매 / 2,500엔

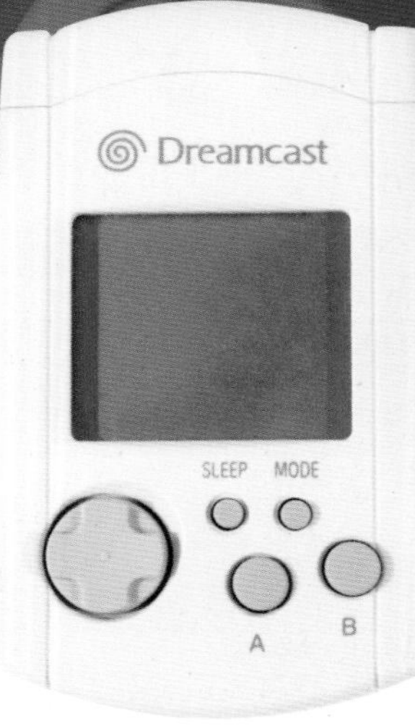

기본 사양

[CPU]	8Bit LC8670 "POTATO"
[화면]	48*32 해상도, 흑백 액정
[전원]	CR2032 버튼전지 2개 ※DC 컨트롤러에 연결 시 DC 측의 전원 사용
[통신]	적외선 방식 ※아케이드 기판인 NAOMI에 대응
[기타]	플래시 메모리

컨트롤러에 연결하는 형식으로 게임 중 서브 화면 표시와 보존용 메모리카드로 사용할 수 있다. 여러 색상의 VM이 발매되어 있다.

VM 상부의 뚜껑을 떼면 슬롯이 나와 컨트롤러의 윗부분에 꽂을 수 있고 VM 액정이 그대로 서브 화면으로!

초소형 휴대용 게임기 소개

「다마고치」

반다이 / 1996년 11월 23일

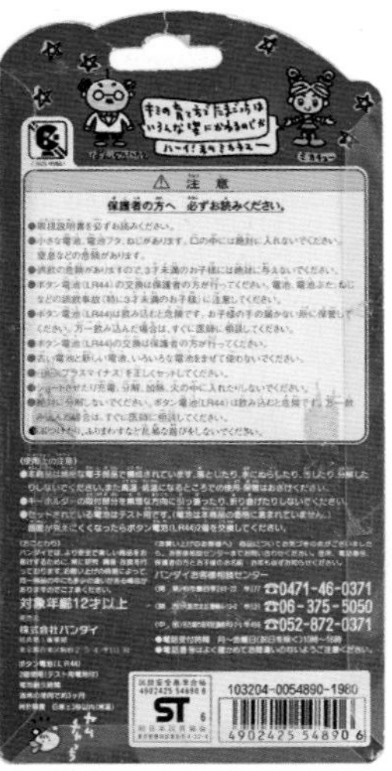

여성을 중심으로 인기를 모아 사회 현상이 된 육성게임. 1세대의 정가는 1980엔이었는데 품절 사태가 이어져 가격이 올라갔다. 그 뒤 버전업을 거듭하며 지금도 시리즈가 이어지고 있다.

「포켓 피카츄」

닌텐도 / 1998년 3월 28일

피카츄와의 소통을 즐기는 만보계로 2500엔에 발매되었다. 걸으면 전류가 충전되고 이것을 피카츄에게 주면 친밀도가 올라간다. 이후 『포켓 피카츄 컬러 금·은과 함께!』도 발매되었다.

FOREIGN MADE HANDHELD GAME CONSOLE CATALOG

해외의 휴대용 게임기 카탈로그

해외 게임기 매니아 특집

Tehru 프로필

테헤루라고 읽는다. 휴대용 게임기를 사랑하며 휴대용 게임기 박물관 설립을 꿈꾸는 남자. 영어는 못 하지만 해외 소프트를 좋아하며, 해외 휴대용 게임기의 컬렉션은 그를 따를 자가 없다.

SUPERVISION

발매일	1992년경	가격	49.95$
퍼블리셔	Watara	원산지	홍콩

GB를 모델로 만들어진 홍콩의 휴대용 게임기

기본 사양

[CPU] 8-bit 65SC02 @ 4MHz
[RAM] 불명
[ROM] 불명
[화면] 160*160 흑백 4색
[사운드] 2채널+노이즈 1채널
[전원] AA전지 4개, 6V AC/DC어댑터
[기타] 통신포트 채용, TV 출력 기능 채용(TV어댑터 별매)

당시로서는 획기적인 TV 출력 기능 채용

아시아와 유럽에서 발매되어 별칭 유럽의 게임보이이다. 기울일 수 있다는 점이 재미있다.

액정은 GB보다 약간 큰 정도. 액정 상단에는 어디선가 본 글자가…, 배터리 램프 위치도 그렇고 완전히 GB를 의식했다는 것이 확인된다.

테헤루의 SUPER VISION 게임 리뷰

【CRYSTBALL】
본체 구입 시 동봉된 소프트로 「벽돌깨기」에 해당한다. 벽돌을 깨면 파워업 아이템이 나오거나 적이 나오는 등 색다른 벽돌깨기를 즐길 수 있다.

【POPO TEAM】
팩맨 부류의 액션게임. 뱀 머리가 붙은 펌프식 호스를 이용해 몬스터를 피하며 화면 위에 있는 점을 먹는다. 호스 부분에 적이 닿으면 아웃이므로 신경을 집중해서 호스를 늘리자.

【SUPER KONG】
야자나무에 올라가 반대편 나무에 있는 고릴라에게 야자열매를 던져서 나무에서 떨어뜨리는 액션게임. 자벌레가 몸에 닿으면 격침되는 주인공이 한심하게 느껴지지만, 고릴라와의 싸움은 한층 치열하다.

앗, 어디서 본 것 같은데? 일본 밖의 수상한 게임기들

중국제 게임기 『COOL BOY(좌측 상단)』. 8비트와 16비트의 게임을 즐길 수 있으나…

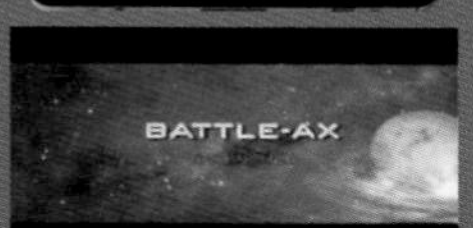

게임 화면이 미려한 『allione』

Linux를 채용한 휴대용 게임기 『CAANOO』. 오픈소스란 개발 환경이 특징

일본 밖에서 이상한 페이스로 새로운 게임기가 나오고 있다. 최근에는 음악과 동영상 시청 기능에 더해 GPS를 채용한 것도 있다. 득템이라 생각할 수 있지만 소프트 자체의 품질이 상당히 낮으므로 무심코 손을 대는 건 위험하다.

GAME KING

발매일	2003년경	가격	불명
퍼블리셔	TimeTop	원산지	중국

3 in 1으로 3가지 게임이 내장되어 있다

게임보이 어드밴스가 떠오르는 디자인이지만 컬러가 아닌 흑백. 게임 그래픽은 게임보이 이하이다.

GAME KING2

발매일	2004년경	가격	불명
퍼블리셔	TimeTop	원산지	중국

백라이트 채용으로 화면 식별이 쉬워졌다

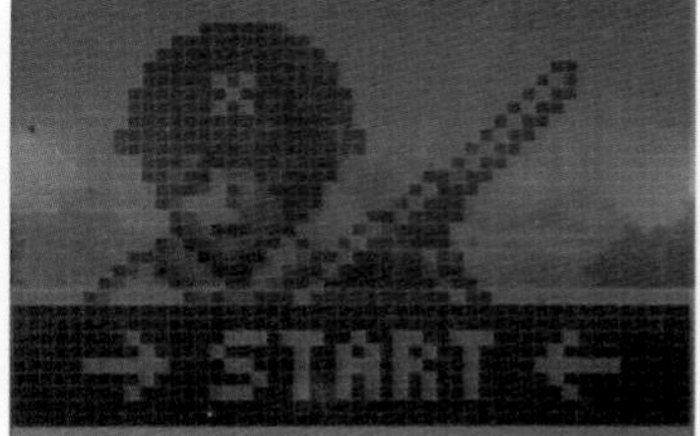

PSP가 떠오르는 디자인으로 바뀌었으며 백라이트가 추가됐다. 흑백은 그대로이지만 배경에 산과 초원이 그려져 있다.

GAME KING3

발매일	2005년경	가격	불명
퍼블리셔	TimeTop	원산지	중국

모양은 거의 비슷하고 컬러 액정을 채용했다

흑백에서 컬러로 바뀌었고 게임 소프트도 작아졌다. 내장 게임은 3개에서 1개로 줄어들었다.

1년마다 신 기종을 발매, 액정 화면도 서서히 진화했다

결국 짝퉁으로 분류되지만 많은 전용 게임이 있다는 점은 평가할 만하다. 하지만 게임 내용은 슈퍼 마리오 브라더스풍과 1942풍의, 다시 말해 일본 게임을 잘 연구했다고 볼 수 있다. 팩을 꽂으면 본체에서 돌출되어 보인다는 점이 아쉽다.

GP32

발매일	2001년 11월 23일	가격	198,000원
퍼블리셔	게임파크	원산지	한국

한국이 만든 최강의 소형 에뮬레이터 휴대 기기

기본 사양

[CPU] 삼성 3C2400X01
[RAM] 8MB SDRAM
[미디어] 512k~128M SMC카드
[화면] 320*240 해상도, TFT 액정
[사운드] 6비트 스테레오, WAV, 소프트웨어 MIDI지원
[전원] AA전지 2개, 3V AC어댑터
[기타] 통신포트 채용, TV 출력 기능 채용 (TV어댑터 별매)

2000년대 초에 게임, 음악, 동영상을 즐길 수 있었던 1인 3역의 우수한 하드웨어. 다양한 에뮬레이터가 개발되었다.

야심만만한 기기 설계가 눈길을 끈다

1 미디어는 SMC카드, 처음부터 다운로드 판매를
오리지널팩이 아닌 SMC카드를 채용했다. 일반 판매 외에 전용 사이트에서 다운로드 판매도 가능. 로딩 시간이 긴 것이 단점이다.

2 게임 개발 툴을 무료 제공, 프리웨어 개발이 성행
다양한 게임기의 에뮬레이터 개발 등, 게임 개발 툴이 무료 배포되어 팬 사이트 등에서 자작게임과 홈브류를 다운로드해서 플레이할 수 있었다.

3 USB 포트를 통해 PC 연결 가능
본체를 PC와 USB 케이블로 연결하여 게임과 음악, 동영상을 옮길 수 있다는 것이 당시로서는 획기적이었다. 음악은 MP3, 동영상은 DivX로 원활히 재생된다.

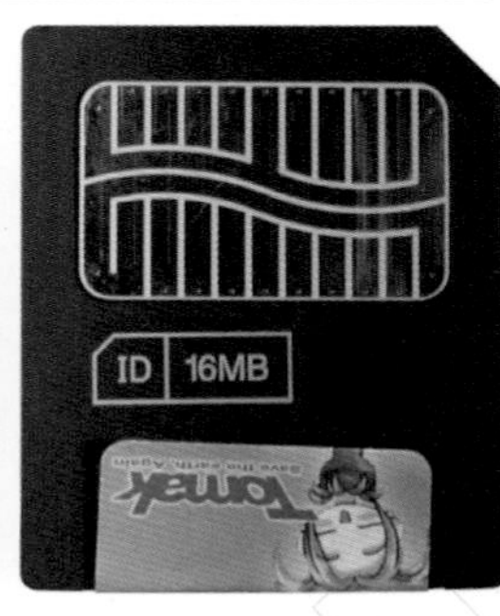

테헤루의 GP32 게임 리뷰

2001년 등장했다고 하니 게임 화면은 한마디로 미려하다
(사진은 『Tomak save the earth Again』)

【Tomak save the earth Again】

머리 육성게임으로 유명한 「Tomak」의 SD 캐릭터가 나오는 횡스크롤 슈팅게임. 일반 총과 폭탄으로 적을 물리친다. 화분으로 파워업하는 것이 재미있고 난이도도 적당해 쫀득함이 있다.

【GP 대난투】

한마디로 한국판 『열혈경파 쿠니오군 다운타운 열혈행진곡』. GP학교를 무대로 강자들이 경기에서 겨루는 액션게임. 빵 먹기 경주, 장애물 경주, 대난투 등, 원본을 너무 베낀 건 아닌지.

【김치맨】

김치 모양의 히어로인 김치맨이 나오는 횡스크롤 액션게임. PC 이식작이어서 화려한 그래픽으로 다채로운 액션과 캐릭터의 표정을 재현했다.

게임하면서 배우는, 미국 발매 교육용 휴대 기기

↑『리프스타 익스플로러』 ↑『리프스타GS』는 후속 기기

리프스타EP의 대상은 4~6세, 리프스타GS는 4~9세, 다른 페이지에 소개된 디쉬는 리프스타 시리즈보다 대상 연령이 조금 높은 6~10세이다.

GP2X-F100

발매일	2007년 10월	가격	189.99달러
퍼블리셔	게임파크 홀딩스	원산지	한국

멀티미디어 기기로서 여러 용도로 사용 가능

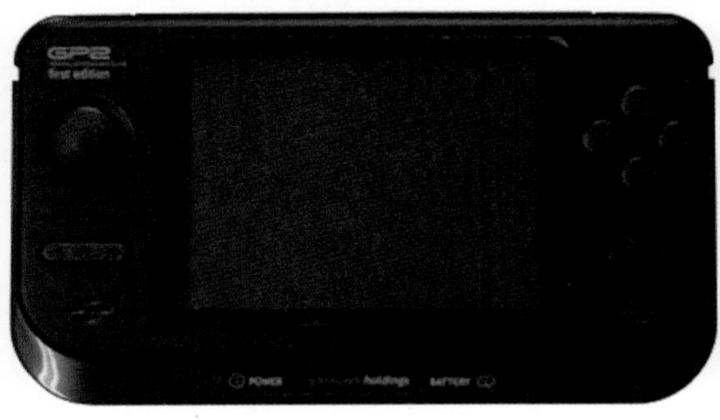

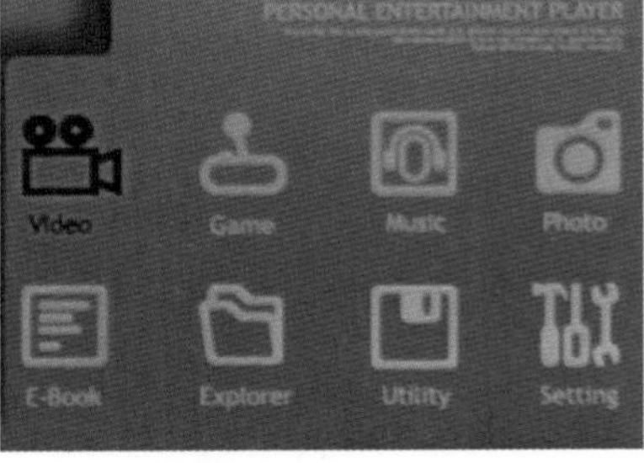

게임 개발 프로그래머 양성을 위한 휴대용 게임기. GP32와의 호환성은 없다. 게임, 음악, 영상, E-book을 즐길 수 있다. TFT 액정으로 백라이트를 채용했지만 전체적으로 어둡다. 또한 TV 출력을 지원하지만 전선이 짧다. 미완성인 채로 발매했기에 버그가 많다는 것도 만점이다.

GP2X-F200

발매일	2007년 12월	가격	169.99달러
퍼블리셔	게임파크 홀딩스	원산지	한국

터치 패널에 대응하여 조작성이 향상됐다

시대의 흐름에 따라 터치 패널을 채용. 하지만 편리성이 별로 느껴지지 않는다. 터치 펜은 스트랩 타입으로 본체에 붙어 있지만 사용 시에 꺼내는 것이 귀찮다. 조이스틱 타입이었던 방향키가 버튼식으로 바뀌고 액정화면은 개선됐다.

GP2X-Wiz

발매일	2009년 4월 30일	가격	179.99달러
퍼블리셔	게임파크 홀딩스	원산지	한국

GP2X보다 작게, 화면에는 아몰레드를 채용

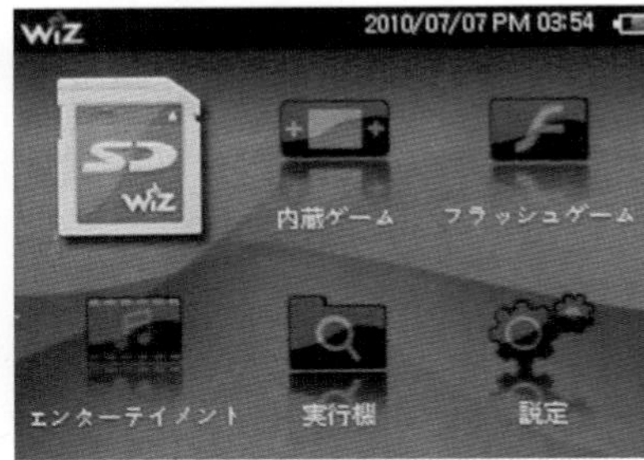

멀티미디어 기능이 강화되었다. 플래시 게임도 즐길 수 있었고 전용 게임이 속속 발매될 예정이었으나 보카마스터의 '깜빡이' 사업에 집중하느라 이루어지지 않았다.

테헤루의 GP2X 시리즈 게임 리뷰

[時空五行 風水大戰]

풍수와 관련된 「불」「물」「나무」「금속」「바람」이란 문자가 쓰인 벽돌을 돌리면서 같은 문자의 벽돌을 상하좌우로 4개 이상 연결해서 지우는 퍼즐게임. CPU가 꽤 강한 것이 단점이지만 몰입감이 좋다.

[Wiz 내장 게임]

「I.Q점프」는 암산, 사다리 타기, 돈 계산, 결번 찾기, 그림 맞추기 등 두뇌 단련을 플래시 게임으로 즐길 수 있다. 또한 「Boomshine2X」는 사운드와 비주얼이 좋으며 몰입감도 상당하다.

game.com

발매일	1997년 9월	가격	69.95달러
퍼블리셔	Tiger Electronics	원산지	미국

스타일러스 펜 조작은 예상 외로 쾌적했다

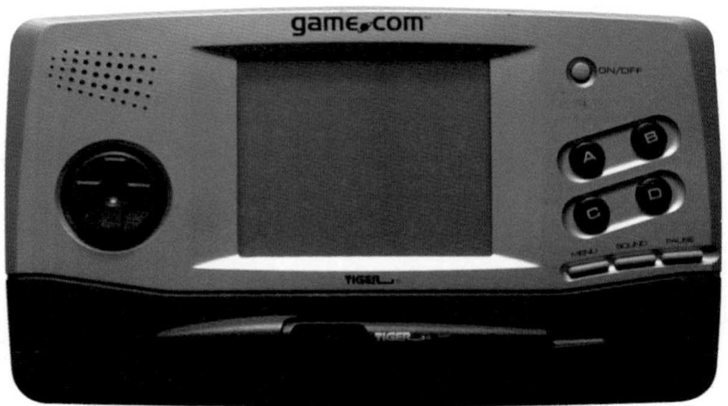

PDA적인 기능도 하는 만능 기기

본체 내장 기능

- ○ 연락처
- ○ 하이스코어 기록
- ○ 달력
- ○ 카드놀이
- ○ 계산기

닌텐도DS보다 4년 전에 터치스크린 & 스타일러스 펜 방식을 채용했다. 아마도 PDA를 의식한 것이라 생각된다. 이 밖에도 제한은 많았지만 인터넷 기능을 채용하고 있다는 점도 매력이다. 소프트 면에서도 『바이오 하자드』 『소닉 잼』 같은 강력한 라이선스를 얻었지만 게임의 품질이 나빠 기세는 오래 가지 못했다.

game.com Pocket Pro

발매일	1998년 10월	가격	49.95달러
퍼블리셔	Tiger Electronics	원산지	미국

기사회생할 것인가!? 개량판도 발매

주된 변경점

○ 본체 소형화 ○ 팩 슬롯이 1개로 ○ 액정 개량

약간 컸던 본체는 GBC와 비슷하게 작아졌다. 그만큼 팩 슬롯이 1개 희생됐고 버튼 배치도 일부 변경되어 조작성이 좋아졌다. 하지만 이 마이너 버전업도 판매 증가로 이어지지는 않았다.

테헤루의 game.com 게임 리뷰

『바이오 하자드2』의 이식작 『RESIDENT EVIL 2』

팩은 GBC의 절반 크기

【RESIDENT EVIL 2】

일본명 『바이오 하자드2』의 이식작. 3D가 아닌 2D이고 흑백 화면이라 공포감이 부족하지만 게임 분위기는 재현되어 있다. 팬이라면 납득할지도 모르겠다.

【FIGHTERS MEGAMIX】

새턴 유저라면 알 만한 『버쳐 파이터』와 『파이팅 바이퍼즈』의 캐릭터가 나오는 격투게임의 이식판. 데미지 계산이 터무니없어서 필살기를 쓰지 않고도 이겨버린다니 역시나 미국이다.

【MORTAL KOMBAT TRILOGY】

유명한 모탈컴뱃. 게임보이판은 유감이었지만 game.com판은 매우 움직임이 좋다. 커맨드 기술도 수월하게 나오고 페이탈리티도 다수 준비되어 있다.

【Willams Arcade Classics】

미국에서 시대를 풍미했던 아케이드 게임 『디펜더』 『디펜더2』 『로보트론 2084』 『쟈우스트』 『시니스터』 5종을 수록했다. 그 시절에도 고전의 품격을 느끼게 하는 작품이다.

N-gage

발매일	2003년 10월	가격	299달러
퍼블리셔	노키아	원산지	핀란드

게임기라기보다는 휴대전화 염가판도 발매

세가와 EA도 게임을 공급했다

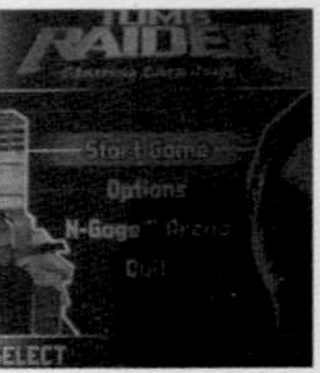

세계 최대의 휴대폰 회사였던 노키아가 만든 휴대폰 일체형의 휴대용 게임기. 본체 뒷면의 배터리까지 꺼내야 소프트를 교환할 수 있었던 점은 치명적이다.

Gizmondo

발매일	1998년	가격	229파운드
퍼블리셔	타이거 텔레매틱스	원산지	영국

GPS를 채용

업계 최초로 디지털 카메라와 GPS를 채용한 휴대용 게임기. OS에 WindowsCE를 채용해 기대를 모았지만 본체와 경영진이 모두 의심스러웠기 때문에 팔리지도 않고 사라졌다. game.com의 타이거와는 전혀 다른 회사.

didj

발매일	2008년	가격	89.99달러
퍼블리셔	LeapFrog	원산지	미국

"디쥬"라는 이름의 학습용 기기

미국의 지능완구 및 학습기 제조사인 리프프로그가 개발. 6~10세 어린이를 대상으로 놀면서 배우는 휴대용 게임기. 소프트마다 대상 연령과 출제 과목이 기재되어 있다.

MYRACER

발매일	2008년	가격	14,800엔
퍼블리셔	MPGIO	원산지	한국

한국 제품답게 멀티미디어 기능이 충실

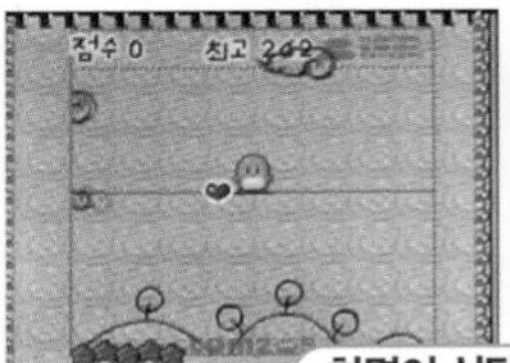

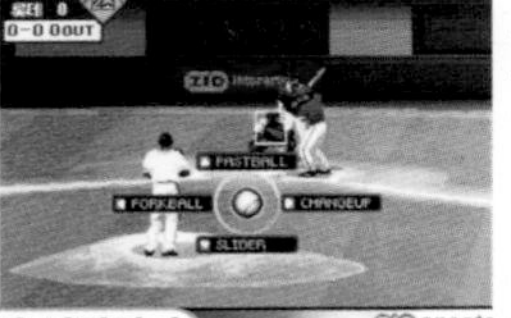

화면이 상당히 선명하다

음악, 사진, 동영상, 전자책을 즐길 수 있는 멀티미디어 기기. 손바닥 사이즈에 2.4인치 액정 화면을 채용했다. 게임은 인터넷에서 다운로드, 혹은 CD-ROM을 구입하면 된다.

수록된 80개의 게임을 플레이할 수 있는 「휴대용 메가 드라이브」!?

SEGA GENESIS ULTIMATE PORTABLE GAME PLAYER (북미판)

AT Games / 2012년 겨울 발매 / 6000엔

설마 하던 휴대용 메가 드라이브 매니아를 위한 최고의 제품

여기서 재미있는 휴대용 게임기를 소개하려고 한다. 이 기기는 메가드라이브의 해외판인 GENESIS 및 오리지널 게임이 80개 내장된 당당한 정규 라이선스 기기이다. 영어만 나오고 음질이 나쁜 점을 제외하면 합격점의 품질. 가격도 6,000엔으로 매우 좋다.

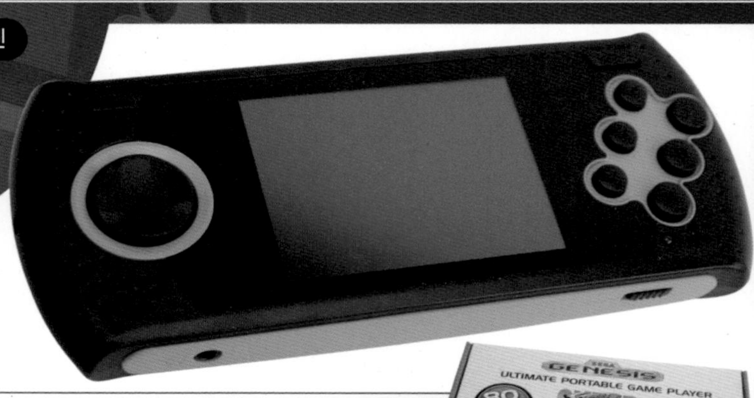

메가 드라이브 소프트를 포함한 80게임을 플레이할 수 있다

메가 드라이브 유저라면 입수하는 것이 최선이다. 일반적인 방법으로는 구할 수 없으므로 해외직구를 시도하는 것도 방법. 배터리는 USB 단자로 충전한다.

수록 게임 목록			
메가 드라이브 소프트		오리지널 소프트	
알렉스 키드 천공마성	골든 액스II	Air Hockey	Jewel Magic
에일리언 스톰	골든 액스III	Black Sheep	Logic Dial
수왕기	쥬얼 마스터	Bomber	Mahjong Solitaire
애로우 플래시	카멜레온 키드	Bottle Taps Race	Match Eleven
보난자 브라더스	닥터 에그맨의 민빈머신 (뿌요뿌요)	Brain Switch	Mega Brain Switch
Chakan:The Forever Man	록맨 메가월드	Bulls And Cows	Memory
컬럼스	섀도우 댄서	Cannon	Memory Match
컬럼스3 ~대결! 컬럼스월드~	더 슈퍼 시노비II	Cheker	Mirror Mirror
코믹스 존	소닉 & 너클즈	Chess	Mr.Balls
크랙 다운	소닉 스핀볼	Color Puzzle	Naval Power
매지컬 햇의 날아라 터보! 대모험 (용의 아들)	소닉 더 헤지혹	Cross the Road	Panic Lift
에코 더 돌핀	소닉 더 헤지혹2	Curling 2010	Reaction Match
에코 Jr.	스트리트 파이터2 대시 플러스	Dominant color	Snake
에코 더 돌핀2	슈퍼 스트리트 파이터2	Fight or Lose	Space Hunter
사이버 폴리스 이스와트	베어너클	Firefly Glow	Spider
이터널 챔피언	베어너클2	Fish Story	Sudoku Quiz
죽음의 미궁	베어너클3	Flash Memory	Table Magic
프릭키	디 우즈	Formula Challenge	Treasure Hunt
게인 그라운드	벡터맨	Hexagonos	Warehouse keeper
골든 액스	벡터맨2	Jack's Pea	Whack A Wolf

제 5 장

휴대용 게임기는 거치형 게임기를 넘을 수 있는가?

약간의 자투리 시간이 생겼을 때 도움이 되는 것이 휴대용 게임기이다. 공공 무선랜도 충실하게 정비됐으므로 밖에서 게임을 플레이하는 것뿐만 아니라 그 자리에서 게임을 구입할 수도 있다. 거치형 게임기에서는 불가능한 영역이다.

NINTENDO DS

닌텐도 DS

지금까지 없었던 많은 기능이
폭넓은 유저들의 마음을 사로잡았다

닌텐도 / 2004년 12월 2일 발매 / 15,000엔

기본 사양

[CPU]	ARM946E-S 67MHz CPU + ARM7TDMI 33MHz CPU
[RAM]	4MB
[VRAM]	656kB
[액정]	투과형 TFT 컬러액정, 상단은 3.25인치/하단은 3인치
[해상도]	256*192(0.24mm 도트피치), 26만색 표시. 하단 화면에 저항막 방식 투명 아날로그 터치패널 채용
[사운드]	스테레오 스피커 내장
[전원]	리튬이온 배터리 (3.7v / 850mA)
[통신]	IEEE 802.11 (와이파이) 대응
[사이즈]	148.7*84.7*28.9mm, 무게 약 275g(터치펜 포함)

게임보이 어드밴스도 플레이 가능

같은 시기에 발매되었던 『플레이스테이션 포터블』에 비해 전체적으로 성능은 떨어지지만, 가정용 게임기인 「슈퍼 패미컴」 등은 가볍게 뛰어넘는다. 또한 더블 스크린과 터치 스크린이라는 NDS 시리즈의 아이덴티티는 처음부터 준비되어 있었다. 개발 초기에는 『게임보이 어드밴스』의 후속 기기로 구상되었던 탓인지 GBA의 소프트를 플레이할 수 있다.

숨겨진 수요를 끌어내어 게임 이탈을 막았다

국민 게임기 『닌텐도DS 시리즈』. 어린이는 물론 전철에서 어른들이 플레이하는 모습을 보는 것도 어렵지 않았다. DS가 나온 시기는 크리스마스 특수 한가운데인 2004년 12월. 당시 게임업계는 심각한 게임 이탈 현상에 고민하고 있었고 게임 인구 확대가 시급했다. 그런 와중에 숨어 있는 수요를 발굴해 새로운 유저를 만들려고 한 것이 DS이다. 게임 속에서 반려동물을 기르는 『nintendogs』 시리즈, 두뇌를 단련하는 『뇌단련』 시리즈, 요리를 배우는 『말하는 DS 요리 네비게이션』 시리즈와 같이 당시까지는 게임으로 인식되지 않았던 카테고리를 적극적으로 게임화했다. 또한 터치펜에 의한 조작과 음성 인식, 무선통신을 이용한 「엇갈림 통신」 등 참신한 기능을 채용해 접근성을 높였고, 그 결과 중장년층과 여성팬을 끌어들이는 데 성공한다.

인기를 모았던 4가지 포인트

더블 스크린

원조는 게임워치

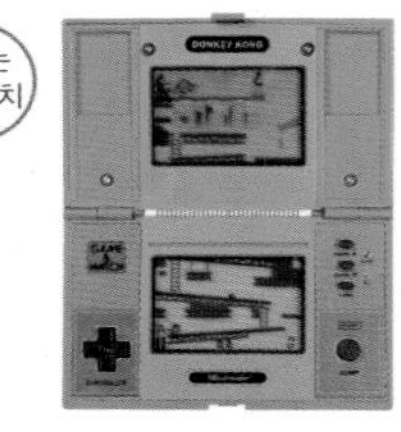

화면을 하나 더 만들어 성가신 화면 전환이 사라졌다. 그리고 위아래 화면을 이용해 그때까지 없었던 게임성을 실현했다.

터치스크린

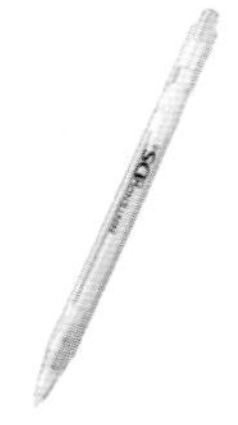

주로 은행 ATM기 등에서 사용되던 시스템을 게임에 채용했다. 휴대용 게임기 최초로 『game.com』이 채용했다.

통신기능

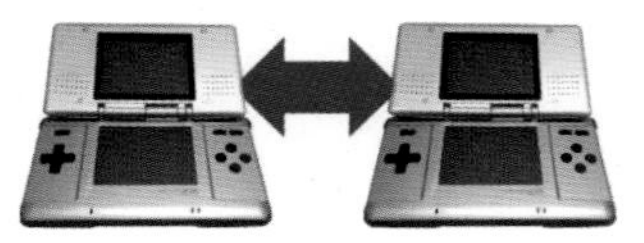

무선통신을 사용해 쉽게 다른 유저와 교류할 수 있다. 게임에서의 선물 교환 등 새로운 「놀이」를 제안했다.

충실한 소프트

폭넓은 장르의 소프트를 발표해서 여성과 중장년층에까지 지지받았다.

GBA SP와 GB 미크로와 같이 리튬 이온 배터리를 내장해 건전지가 필요하지 않다

터치스트랩의 끝에 작은 볼 형태가 붙어 있어 스타일러스 펜을 대신한다. 참고로 런칭 타이틀 중 하나인 『슈퍼 마리오 64DS』는 닌텐도64의 3D 스틱을 대신해 터치스트랩을 사용한 조작을 추천한다. 하지만 이것 외에는 터치스트랩으로 할 수 있는 게임이 거의 나오지 않았고, 후속 기기인 DS Lite에서는 터치스트랩 자체가 폐지됐다. 의욕적인 시도였지만 3DS 이후로는 아날로그 스틱이 달려 나왔으므로 이후에도 나올 일은 없없을 것이다.

DS 진동팩에 대응하는 카드에 전용 마크가 표기되어 있다

닌텐도DS 컬러 배리에이션

오리지널 컬러
플래티넘 실버
그래파이트 블랙
퓨어 화이트
터퀴즈 블루
캔디 핑크
레드 (기간 한정판매)
한정모델
포케파크 버전 (포케파크 오리지널)
뮤 에디션 (포켓몬센터 오리지널)
토이저러스 골드 (토이저러스 오리지널)
펩시 오리지널 디자인 (펩시 캠페인 상품)

GBA 절반 크기를 실현하다

DS카드(칩)는 게임보이 어드밴스 크기의 절반 정도이다. 이 사이즈에 닌텐도64 게임을 이식할 수 있다는 것이 놀라울 뿐이다. 한편 GB & GBA의 특수팩과 같은 확장성은 없지만 게임보이 어드밴스 팩 슬롯에 『DS 진동팩』을 꽂아 본체를 진동시킬 수 있었다. 진동팩은 DS Lite 버전도 있다.

NINTENDO DS LITE

닌텐도 DS Lite

일본을 넘어 전 세계의
휴대용 게임기 시장을 석권하다

닌텐도 / 2006년 3월 2일 발매 / 16,800엔

기본 사양

[CPU]	ARM946E-S 67MHz CPU + ARM7TDMI 33MHz CPU
[RAM]	4MB, VRAM 656kB
[액정]	상하단 3.25인치 투과형 TFT 컬러액정※
[해상도]	256*192(0.24mm 도트피치), 26만색 표시
[사운드]	스테레오 스피커 내장
[전원]	리튬이온 배터리 (3.7v/1000mA)※ 동봉된 AC어댑터(게임보이 어드밴스 SP, 닌텐도DS용 어댑터 사용 불가)
[사이즈]	133*73.9*21.5mm※ 약 218g※
[연속사용시간]	약 5~19시간, 약 3시간 충전

(※표시는 DS에서 주된 변경점)

작아져서 보다 즐기기 쉬워졌다

액정화면이 커지고 4단계 밝기 조절 기능을 넣어, 보다 선명한 화면으로 게임을 플레이할 수 있게 됐다. 기본 성능은 DS를 따라가면서 크기도 작아져 휴대성이 좋아졌다. 이로 인해 게임보이 미크로를 시장에서 완전히 몰아낸다.

콤팩트해진 DS 롱 히트 상품이 되다

DS의 상위모델로서 2006년 3월 2일 『닌텐도DS Lite』가 등장했다. 경쟁 상황을 살펴보자면 2005년 9월 『게임보이 어드밴스』의 후속 기기로 『게임보이 미크로』가 발매되었지만, 닌텐도의 주력이 DS로 옮겨간 이유도 있어 빠르게 단종된다. 닌텐도 DS Lite는 DS의 상위 호환이라는 점에서 여러 가지 측면에서 파워업했다. 해상도와 표시 색상은 DS와 같지만, 액정이 반투과 반사형에서 투과형으로 바뀌었다. 그리고 4단계 밝기 조절 기능이 추가되어 DS보다 밝은 화면에서 게임을 플레이할 수 있게 되었다. 화면을 밝게 할수록 전지 소모 속도는 빨라지지만 DS보다 충전 시간이 줄었고 최장 사용 시간은 늘어났다. 한편 원가 절감의 흔적도 엿보인다. 이를테면 본체 스피커의 구멍이 작아져 DS보다 소리에 박력이 없다는 평가도 있었다.

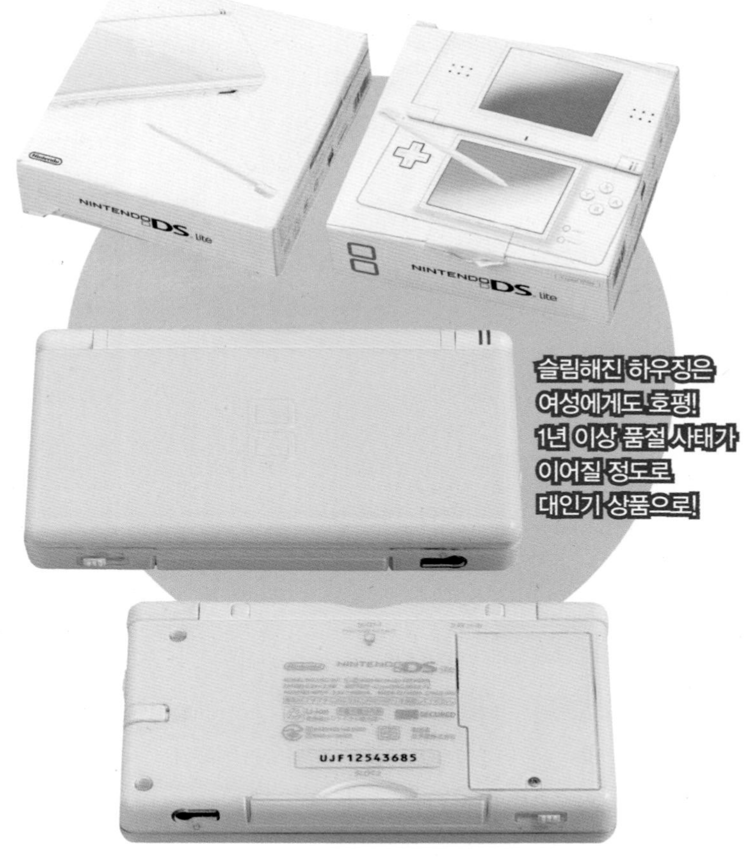

슬림해진 하우징은 여성에게도 호평! 1년 이상 품절 사태가 이어질 정도로 대인기 상품으로!

닌텐도DS Lite 컬러 배리에이션

오리지널 컬러
크리스탈 화이트
에나멜 네이비
아이스 블루
노블 핑크
제트 블랙
그로스 실버
메탈릭 로제
크림존 블랙

노블 핑크

한정모델
크리스탈 에디션 (『파이널 판타지III』 동봉판)
디아루가 펄기아 에디션 (포켓몬센터 포켓몬 다이스키클럽 오리지널)
제트 블랙 특별사양 (『월드 사커 위닝 일레븐DS』 동봉판)
노블 핑크 오샤레 마녀 버전 (『오샤레 마녀 러브 and 베리 ~DS컬렉션~』 동봉판)
스카이 파이레츠 에디션 (『파이널 판타지XII 레버넌트 윙』 동봉판)
크리스탈 화이트 모모타로 버전 (『모모타로 전철DS TOKYO & JAPAN』 동봉판)
피카츄 에디션 (포켓몬센터 포켓몬 다이스키클럽 오리지널)
Wonderful World Edition (『아름다운 이 세상』 동봉판)
뉴 건담 버전 (『SD건담 G제네레이션 크로스 드라이브』 동봉판)
Gemini Edition (『파이널 판타지 크리스탈 크로니클 링 오브 페이트』 동봉판)
기라티나 에디션 (포켓몬 다이스키클럽 오리지널)

비매품
리락쿠마 3주년 기념 캠페인 선물 (산엑스 주최의 캠페인 상품)
오리지널 챠오 버전 (소녀만화 「챠오」의 경품)
오리지널 츄츄 버전 (소녀만화 「ChuChu」의 경품)
연하 오리지널 (새뱃돈 우편엽서의 경품)
프리미엄 DS Lite (클럽 닌텐도의 캠페인 상품)

『New 슈퍼 마리오 브라더스』는 600만개 이상을 판매했다

닌텐도DS에서는 더블 밀리언 이상이 15개, 밀리언이 22개 탄생!

NINTENDO DSI

닌텐도 DSi

이전의 2개 모델에서 크게 버전업 했다

닌텐도 / 2008년 11월 1일 발매 / 18,900엔

GBA 슬롯이 폐지되어 DS 전용 기기로!

기본 사양

[CPU]	ARM946E-S 133MHz CPU + ARM7TDMI 33MHz CPU
[RAM]	16MB, VRAM은 불명
[액정]	상하단 3.25인치 투과형 TFT 컬러액정
[해상도]	256*192, 26만색 표시
[사운드]	스테레오 스피커 내장
[카메라]	30만 화소, 내장 메모리 탑재※
[전원]	리튬 이온 배터리(3.7V/840mA)※
[사이즈]	137*74.9*18.9mm※, 무게 약 214g※
[기타]	GBA 슬롯 폐지

(※표시는 「DS Lite」에서의 주된 변경점)

소프트의 다운로드 구입을 지원

「DSL」에서 크게 3가지가 변경되었다. 첫 번째는 본체의 안쪽과 바깥쪽에 각각 카메라가 내장된 점. 따라서 자신만의 사진앨범 제작과 카메라를 이용한 게임을 플레이할 수 있게 되었다. 다음은 「닌텐도DSi웨어」에서 게임 다운로드 구매가 가능해졌다. 이렇듯 DSi에서는 주로 인터넷과 관련한 보강이 이루어졌다.

한 집에 1대에서 1인 1대로!

DSL에서 2년 반 뒤인 2008년 11월 『닌텐도DSi』가 발매되었다. DSL의 후속 기기이지만 카메라와 보호자 관리 기능 등 성능이 크게 향상되었다. 물론 듀얼 스크린 등 시리즈의 축이 되는 기능과 남녀노소를 가리지 않고 즐길 수 있다는 사양은 그대로이다. 발매 초기에는 「한 집에 1대에서 1인 1대로」라는 콘셉트를 담아 「나만의 My DS로」라는 캐치프레이즈를 사용했다. 주된 변경점은 기본 사양에 제시한 그대로이지만 그 외에 주목할 만한 점이 무선통신 기능의 강화이다. 추가 요소 정도이지만 인터넷 서핑과 메일 송수신이 가능해졌다. 거기에 다운로드한 게임을 SD카드에 보존해 언제나 플레이할 수 있게 한 점도 놓칠 수 없는 부분이다. 그 영향으로 「GBA 슬롯」이 폐지되었으므로 GBA 소프트를 가진 유저에게는 개악일지도 모르겠다.

DS와 3DS 시리즈의 호환성 일람

	DS	DS Lite	DSi	DSi LL	3DS	3DS LL
GBA용 소프트	○	○	×	×	●	●
DS용 소프트	○	○	△	△	△	△
DSi용 소프트	×	×	○	○	○	○
3DS용 소프트	×	×	×	×	○	○
DSi웨어	×	×	○	○	△	△

※ ○…대응, △…일부 비대응, X…비대응, ●…버철콘솔 대응

DS의 얼굴 인식 팩 등 일부 비대응 소프트도 있다

소프트의 호환성은 위의 표와 같다. 「DSi」와 「DSi LL(XL)」에서는 GBA 소프트를 돌릴 수 없지만, 3DS 시리즈에서는 일부 소프트를 다운로드해서 플레이할 수 있다.

NINTENDO DSi LL
닌텐도 DSi LL

화면 크기를 키워서 조작성을 끌어올린 DSi의 상위모델

닌텐도 / 2009년 11월 21일 발매 / 20,000엔

DSi에서의 주된 변경점

[화면] 상하단 4.2인치 투과형 TFT 컬러액정
[전원] 리튬 이온 배터리 (3.7V/1050mA)
[사이즈] 161*91.4*21.2mm
무게 약 314g (내장 배터리, 터치펜 포함)

화면이 커져서 보기 쉬워졌다

DSi를 조금 크게 만든 상위모델로 DS와 비교하면 화면 크기가 1.7배에 이른다. 그에 따라 무게도 늘어났으므로 DS 시리즈에서는 헤비급으로 분류된다. 또한 전지 용량도 늘어나 DSi와 비교해 최저 밝기에서 3시간 정도 플레이 시간이 길어졌다.

「DSi LL」에는 3종의 유료 소프트가 내장되어 있다

닌텐도DSi & DSi LL 컬러 배리에이션

오리지널 컬러	
DSi	DSiLL
화이트	다크 브라운
블랙	와인 레드
핑크	내추럴 화이트
라임 그린	블루
메탈릭 블루	옐로
레드	그린

한정모델
DSi
슈퍼 마리오 25주년 사양 (세븐일레븐 한정상품)
레시라무 제크로무 에디션 블랙 (『포켓몬스터 블랙』 동봉판)
레시라무 제크로무 에디션 화이트 (『포켓몬스터 화이트』 동봉판)
DSiLL
슈퍼 마리오 25주년 사양
러브 플러스 + "마나카 디럭스" (『러브 플러스+』 동봉판)
러브 플러스 + "린코 디럭스" (『러브 플러스+』 동봉판)
러브 플러스 + "네네 디럭스" (『러브 플러스+』 동봉판)

NINTENDO 3DS
닌텐도 3DS

맨눈 3D 디스플레이를 채용한
「3D 안경이 필요 없는 3D의 DS」

닌텐도 / 2011년 2월 26일/ 25,000엔

기본 사양

[CPU]	Nintendo ARM 1048 SoC 내장
[위화면]	3.53인치 맨눈 입체영상 기능 와이드 액정, 해상도 800*240
[아래화면]	3.02인치 감압식 터치패널, 해상도 320*240
[그래픽]	DMP PICA200 3D Graphics IP 268MHz GPU
[사운드]	스테레오 스피커 내장 (유사 서라운드)
[전원]	리튬이온 배터리 (3.7V 1300mA)
[통신]	Wi-Fi 802.11b/g(2.4GHz), 적외선 통신
[사이즈]	134*74*22mm, 무게 235g

맨눈으로 입체 게임을 체감한다

맨눈으로 입체적인 게임을 즐길 수 있는 NDS 시리즈의 차세대 기기. 해상도는 고화질을 앞세운 PSP의 2배 이상을 자랑한다. 닌텐도 제품도 드디어 스펙을 중시하게 되었다.

닌텐도가 발매한 3D 기기 제2탄

버철보이의 고통스러운 경험을 가진 닌텐도가 드디어 발표한 3D 게임기. 하지만 기대감을 배신하고 초기 판매량이 움직이지 않았다. 결국 발매로부터 5개월 만에 25000엔에서 15000엔으로 가격인하를 단행해야 했다.

발매 5개월 만에 이례적인 1만 엔 가격인하

가격인하 이전의 구입자에게 사과의 의미로, 약 20개의 소프트 무료 배포.

앰버서더 프로그램의 배포 소프트	
FC	☆슈퍼 마리오 브라더스 ☆동키콩JR. ☆벌룬 파이트 ☆아이스 클라이머 ☆젤다의 전설1 ☆렉킹 크루 외 4타이틀
GBA	☆슈퍼 마리오 어드밴스3 ☆메이드 인 와리오 ☆메트로이드 퓨전 ☆마리오 카트 어드밴스 ☆마리오 vs 동키콩 ☆F-ZERO 외 4타이틀

닌텐도DS의 후속 기기는 3D 입체영상을 지원

2011년 2월에 발매된 닌텐도DS의 후속 기기. 외관은 이전과 별로 다를 바 없지만 내부는 크게 파워업했다. 그만큼 가격도 올라가 발매 초기에는 25,000엔이라는 고가 상품이었다. 폭발적으로 팔렸던 DS의 후속 기기란 점에서 빠르게 대체될 것이라 예상한 애널리스트도 많았지만, 가격이 걸림돌이 되어 닌텐도의 예상과는 달리 판매가 저조했다. 또한 발매 다음 달에 동일본 대지진이 일어난 점도 영향을 미쳤다. 결국 발매 5개월 만에 1만엔 가격인하를 단행했다. 그 후에는 소프트가 받쳐주기도 해서 순조롭게 판매량을 늘려나갔다. 모바일 게임이 큰 인기를 끌면서 게임보이와 DS가 보인 경이적인 판매량에는 미치지 못했지만, 전 세계에서 7,500만대 판매를 기록했다.

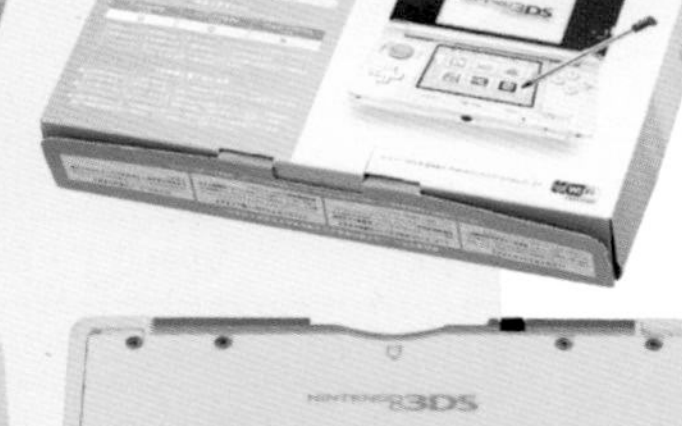

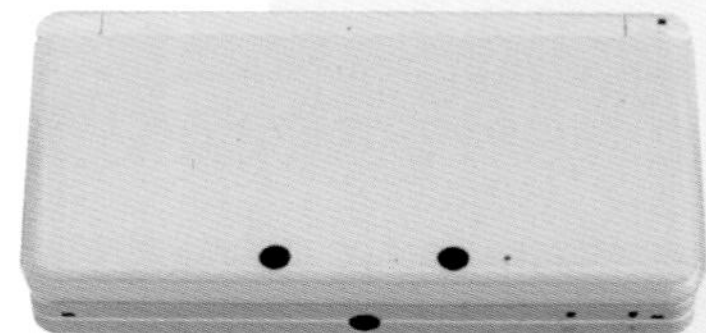

3D 볼륨

닌텐도3DS 시리즈의 맨눈 입체영상은 왼쪽 눈과 오른쪽 눈에 다른 영상을 내보내는 방식(시차 배리어 방식)으로 구현했다. 또한 닌텐도3DS에는 3D 볼륨이 채용되었는데, 이를 올리고 내림으로써 입체영상의 정도를 조정할 수 있다. 완전한 2D 영상으로 바꿀 수도 있어서 3D로 보기 싫은 사람도 문제없이 게임을 플레이할 수 있다. 일부 게임은 3D 기능을 꺼서 화질과 동작 프레임을 향상시킬 수 있다. 3D는 2D 영상보다 눈이 피곤해지는 경향이 있다. 특히 6세 미만 아동의 눈 성장을 저해할 수도 있다고 하니 조심해야 한다.

NINTENDO 3DS LL

닌텐도 3DS LL

액정이 커져서
게임이 보다 쉬워졌다

닌텐도 / 2012년 7월 28일 발매 / 18,000엔

기본 사양

[CPU] Nintendo ARM 1048 SoC 내장
[RAM] 후지쯔 128MB FC RAM, 6MB VRAM
[위화면] 4.88인치 맨눈 입체영상 기능 와이드 액정※, 해상도 800*240
[아래화면] 4.18인치 감압식 터치패널※, 해상도 320*240
[그래픽] DMP PICA200 3D Graphics IP 268MHz GPU
[사운드] 스테레오 스피커 내장 (유사 서라운드)
[전원] 리튬이온 배터리 (3.7V 1750mA)
[통신] Wi-Fi 802.11b/g (2.4GHz), 적외선 통신
[사이즈] 156*93*22mm※, 무게 약 336g※

(※표시는 3DS에서의 주된 변경점)

한 단계 커진 3DS의 상위모델

주된 변경점은 크기와 전지 용량. DSi와 DSi LL의 차이와 같다고 생각하면 된다. 3DS에는 카메라가 있는데 유저 스스로 3D 영상을 찍을 수 있다.

닌텐도3DS & 3DS LL 컬러 배리에이션

오리지널 컬러		
3DS	아쿠아 블루	라이트 블루
	코스모 블랙	그로스 핑크
	플레어 레드	메탈릭 레드
	미스티 핑크	퓨어 화이트
	아이스 화이트	클리어 블랙
	코발트 블루	
DSi	레드×블랙	블루×블랙
	실버×블랙	블랙
	화이트	민트×화이트
	핑크×화이트	
한정모델		
3DS	젤다의 전설 25주년 에디션 (닌텐도 온라인 한정판매)	
	샤아 전용 닌텐도3DS (『SD건담 G제네레이션 3D』 동봉판)	
	몬스터 헌터4 오리지널 디자인 (『몬스터 헌터4 헌터팩』 동봉판)	
3DSLL	튀어나와요 동물의 숲 오리지널 디자인 (『튀어나와요 동물의 숲』 동봉판)	
	THE YEAR OF LUIGI 사양 (『마리오&루이지 RPG4 드림어드벤처』 동봉판)	
	젤다의 전설 신들의 트라이포스2 오리지널 디자인 (『젤다의 전설 신들의 트라이포스2』 동봉판)	

※닌텐도3DS & 3DS LL에는 위 자료 외에도 다수의 한정모델이 존재

NEW NINTENDO 3DS

New 닌텐도 3DS

3DS의 상위호환 기종으로 전용 소프트도 있다

닌텐도 / 2014년 10월 11일 발매 / 16,000엔

닌텐도 3DS로부터의 주요 변경점

[CPU]	Nintendo ARM 1446 17 SoC 내 ARM11MPCore MP4 268/804MHz + VFPv2 Co-Processor 4x CPU, ARM946E-S 134MHz
[위화면]	3.88인치 맨눈 입체영상 기능 와이드액정, 해상도 800*240, TN패널
[아래화면]	[아래 화면] 3.33인치 감압식 터치패널, 해상도 320*240, TN패널
[전원]	리튬이온 배터리 (3.7V 1400mA)
[사이즈]	142*80.6*21.6mm, 무게 약 253g

CPU가 빨라졌다

기존 닌텐도DS보다 액정이 조금 커졌다. 그리고 입체영상도 전면 카메라를 통한 3D 떨림 방지 기능이 채용되어 보기 쉬워졌다. CPU가 업그레이드 되어 게임 기동과 로딩 시간이 줄어들었으며 프레임 하락을 잡았다.

닌텐도3DS의 완전 상위호환 버전			
C스틱 추가	ZL버튼, ZR버튼을 포함하여 확장 슬라이드 패드의 역할을 한다. C스틱은 매우 작지만 작은 힘을 자동으로 인식하여 쓰임새는 좋은 편이다.	3D 떨림 방지 기능	본체의 전면 카메라를 통해 조작하는 중에 본체나 몸을 많이 기울여도 입체영상을 자동으로 조정해준다.
액정 밝기의 자동조절 기능	스마트폰에서 채용한 편리한 기능. 주변 밝기에 대응해 자동으로 액정 밝기를 조정한다. 설정에서 끌 수도 있다.	NFC 대응	NFC는 근거리 무선통신을 말하는데, 특정 전자화폐의 결제 등 『amiibo』를 사용한 새로운 놀이에도 대응하고 있다.

여러 기능을 추가한 상위 버전 3DS

닌텐도3DS의 발매에서 약 3년 반 만인 2014년 10월에 발매되었다. 후속 기기는 아니며, 지금까지의 닌텐도 휴대용 게임기의 전례에 따라 본체는 3DS의 상위 호환기가 된다. CPU는 듀얼코어에서 쿼드코어로 바뀌었다. CPU 업그레이드는 본체 기동시간에서 확실히 드러나는데, 기존 3DS에서는 10초 이상 걸리던 것이 절반 이하로 줄어들었다. 또한 인터넷 브라우저와 게임 기동도 빨라졌으며, 기존 3DS 소프트의 일부에서 그래픽이 좋아지거나 움직임이 부드러워진다는 평가도 있다. New 닌텐도3DS 전용 소프트도 발매되었고, 이것은 당연히 기존 3DS에서는 돌아가지 않는다. 하지만 발매 3년 반 만에 단종되고, 뒤이어 New 닌텐도3DS LL도 단종된다. 그 후 닌텐도 스위치 라이트로 넘어간다.

New 3DS에서 기동하면 움직임이 부드러워지거나 화면이 움직이는 게임이 있다 또한 기존 3DS에서는 즐길 수 없는 소프트도 있다

NEW NINTENDO 3DS LL
New 닌텐도 3DS LL

일본에서는 New 닌텐도 3DS와
동시 발매되었다

닌텐도 / 2014년 10월 11일 발매 / 18,800엔

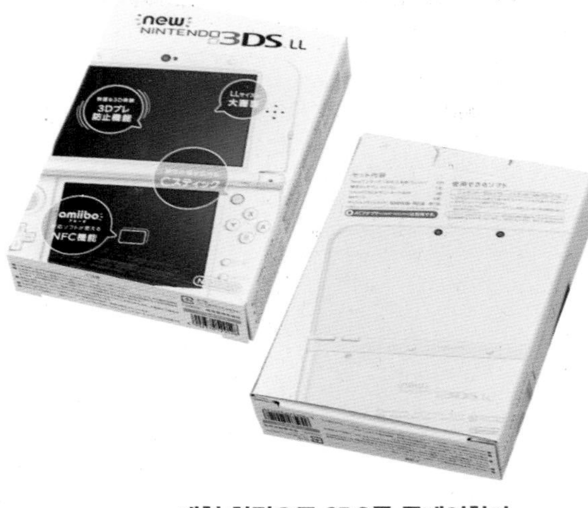

대형 화면으로 3DS를 플레이한다

New 닌텐도3DS의 사이즈를 늘렸다고 생각하면 된다. 액정 사이즈는 닌텐도3DS LL과 동일. 형태에 맞추어 배터리도 커졌으므로 보다 오래 플레이할 수 있다.

New 닌텐도3DS LL 슈퍼 패미컴 에디션

닌텐도 온라인 숍에서 주문생산했던 버전. 본체가 슈퍼패미컴 사양으로 홈 메뉴 디자인도 슈퍼 패미컴풍으로 바뀌었다. 겉모습뿐 아니라 BGM과 효과음도 바뀌었다. 90년대를 떠올리게 하는 케이스 디자인까지 어우러져 레트로 게임 팬이라면 필수품이다.

NINTENDO 2DS

닌텐도 2DS

3D 기능을 삭제한
저가형 기기이다

닌텐도 / 2016년 9월 15일 발매 / 9,800엔

2013년 10월 12일 해외에서 먼저 판매를 시작하여 3년 뒤 일본에도 정식 판매되었다. 3D 기능을 삭제한 염가판이며 접을 수도 없다. 슬립 모드는 본체 아래의 슬립 버튼을 눌러야 한다. 3D 기능이 필요 없는 사람이 대상이다.

3DS 기능을 삭제한 염가판

3D 기능은 임의로 켜고 끌 수 있었지만 그래도 「3D 기능은 필요없다」라며 구입을 미룬 사람도 있었을 것이다. 이 기기는 그런 사람들을 위한 것이다. 성능은 3DS와 동일하므로 대부분 게임은 문제없이 플레이할 수 있다. 하지만 접을 수 없어 휴대성이 떨어진다는 것이 문제.

NEW NINTENDO 2DSLL

New 닌텐도 2DS LL

2DS와 달리
접을 수 있다

닌텐도 / 2017년 7월 13일 발매 / 14,980엔

New 닌텐도3DS LL에서 3D 기능을 삭제한 염가판으로 4천엔 정도 저렴하다. 2DS와 달리 접을 수 있다는 점이 장점. 이미 New 시리즈를 갖고 있다면 일부러 살 필요는 없으므로 미구입자를 위한 제품.

본체 사이즈가 약간 작고 가벼워졌다

New 닌텐도3DS의 무게는 329g인데 이 제품은 260g으로 가벼워졌다. 사이즈도 약간 작아졌다. 액정은 New 3DS LL과 같은 크기. 해외 보도에 따르면 사소한 것에서 원가 절감을 하고 있는 것 같지만, 게임 플레이에는 거의 영향을 미치지 않는다고 생각하면 된다.

PLAYSTATION PORTABLE 1000

플레이스테이션 포터블 1000번대

PS 등장 10주년을 기념해 발매한 「21세기의 워크맨」

소니 컴퓨터 엔터테인먼트 / 2004년 12월 12일 발매 / 오픈가격(실질적으로는 20,000엔)

휴대용 게임기 시장에서도 닌텐도와 싸우다

닌텐도DS가 발매되고 열흘 뒤인 2004년 12월 12일 PSP가 발매되었다. 2004년의 크리스마스 시즌에 닌텐도와 SCE의 뉴 페이스가 결투를 벌인 셈이다. PS2에 필적하는 그래픽 능력을 가지고 성능 면에서는 DS를 완전히 뛰어넘은 PSP. 하지만 초기 PSP는 □ 버튼의 반응이 늦고, 버튼이 들어가서 안 나온다는 문제와 디스크 커버가 멋대로 열려 UMD가 날아가는 트러블을 일으켰다. 이런 사소하다면 사소한 문제점을 2000번, 3000번대에서 수정하여 전 세계 누계 8000만대 이상을 판매했다.

기본 사양

[CPU]	MIPS R4000 222MHz @ 333MHz
[RAM]	32MB
[DRAM]	4MB
[VRAM]	2MB
[화면]	4.3인치 와이드, 480*272 해상도, 트루컬러 지원 TFT-LCD
[명암비]	400:1, 응답속도 30m/s
[사운드]	스테레오 스피커 내장
[전원]	리튬이온전지 (3.6V 1800mAh)
[통신]	IEEE 802.11b Wi-Fi, 적외선 통신
[사이즈]	170*74*23mm, 무게 약 280g

인터넷 라디오도 즐길 수 있다

'휴대용 플레이스테이션2'라고 불렸을 정도로 고성능이며, 같은 시기에 발매된 『닌텐도DS』의 성능을 아득하게 뛰어넘으며 많은 부가 기능도 가지고 있다.

PLAYSTATION PORTABLE 2000

플레이스테이션 포터블 2000번대

다양한 조정을 거쳐 품질이 크게 향상됐다

소니 컴퓨터 엔터테인먼트 / 2007년 9월 20일 발매 / 19,800엔

PSP의 보급에 이바지한 신 모델

2005년 12월에 발매된 『몬스터 헌터 포터블』과 2007년 2월의 『몬헌 2nd』의 대히트로 PSP는 착실하게 점유율을 늘려 나갔다. 그러던 중인 2007년 9월에 PSP 2000번대가 발매된다. 이는 1000번대의 문제를 해결함과 동시에 TV 출력과 DMB, 스카이프 기능을 추가하여 엔터테인먼트 기기로서의 측면을 크게 강화한 것이다. 또한 메인메모리를 32MB에서 64MB로 늘려 게임 로딩 시간도 빨라졌다. 사이즈와 모양, 무게 등도 보다 가지고 다니기 편하도록 개량이 이루어졌다. PSP 시리즈의 보급에 크게 공헌한 기기이다.

PSP 1000번대에서의 주된 변경점

[RAM]	64MB
[화면]	4.3인치 16:9 와이드스크린, TFT 액정
[전원]	리튬이온 배터리 (3.7V 1200mA)
[통신]	IEEE 802.11b Wi-Fi, 적외선 통신은 폐지
[사이즈]	169.4*71.4*18.6mm, 무게 약 189g

중후감은 좋지만 너무 무거워서 힘들다는 불만을 해소해준 모델이다. 한편, 적외선 통신포트와 디스크 커버 잠금 스위치는 폐지됐다. 이러한 고급감이 좋았다는 이야기도.

PLAYSTATION PORTABLE 3000

플레이스테이션 포터블 3000번대

보다 파워업한 PSP는 DS 시리즈를 뛰어넘는 인기 게임기로!

소니 컴퓨터 엔터테인먼트 / 2008년 10월 16일 발매 / 19,800엔

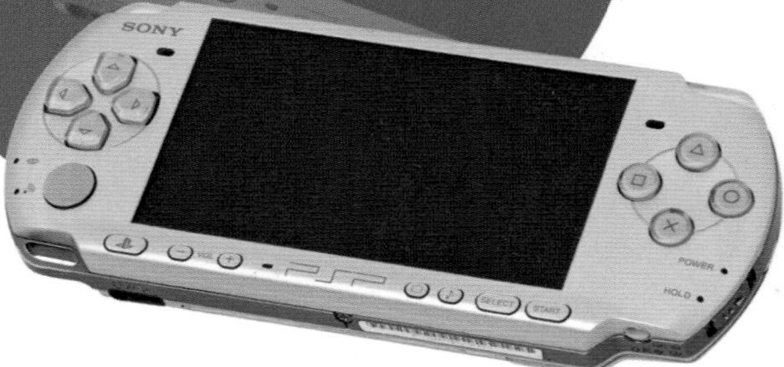

PSP 2000번대에서의 주된 변경점

[명암비] 2000:1, 응답속도 8ms

[기타] 마이크 내장, TV 출력 기능 선택(프로그레시브 방식과 인터레이스 방식 중 선택)

액정의 명암비가 약 5배 향상. 게다가 응답 속도도 빨라졌고 액정의 휘도도 향상되었다. 또 PSP 2000번대부터 채용된 TV 출력 기능은 프로그레시브 방식뿐 아니라 인터레이스 방식도 선택 가능해졌다. 언뜻 보면 본체 형태가 똑같은 것 같지만 보다 잡기 쉽게 개량되었다.

PSP 시리즈의 특징

PS2와 비교해 손색없는 화질

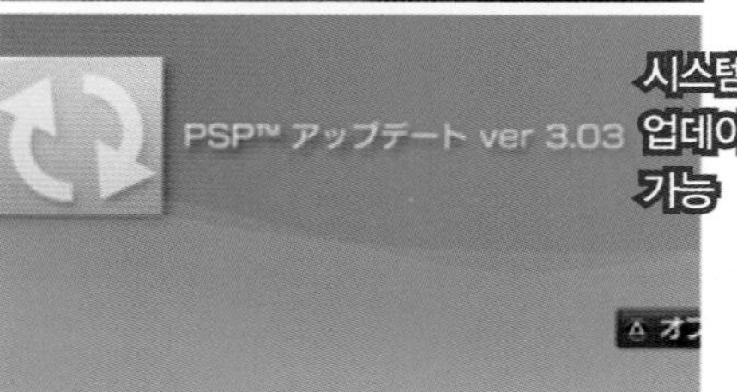

시스템 업데이트 가능

본체 시스템은 인터넷을 통해 반복적으로 업데이트되어 여러 가지 문제가 해소되거나 새로운 기능이 추가됐다. 성능 면에서는 PS2와 어깨를 나란히 하면서 가정용 급의 고성능을 자랑했다. 소니다운 음악과 동영상 재생도 지원했다. 이것 하나로 많은 것이 가능해졌다.

PLAYSTATION PORTABLE GO

플레이스테이션 포터블 GO

UMD 드라이브를 없앤 다운로드 게임 전용기

소니 컴퓨터 엔터테인먼트 / 2009년 11월 1일 발매 / 26,800엔

PSP 3000번대에서의 주된 변경점

[화면] 3.8인치 와이드 TFT 액정

[사이즈] 128*69*16.5mm, 무게 약 158g

[기타] 블루투스 대응, 16GB 플래시메모리 내장, UMD 드라이브 폐지

최대 특징은 PSP의 상징이라 할 만한 UMD 드라이브가 폐지되었다는 점. 게임을 플레이하려면 PSN에서 다운로드 구매를 해야 한다. 따라서 본체에 16G의 플래시메모리를 채용했다. 블루투스도 대응하므로 대응 이어폰을 쓸 수 있다는 점은 좋다.

UMD 폐지로 다운로드 전용 기기로!

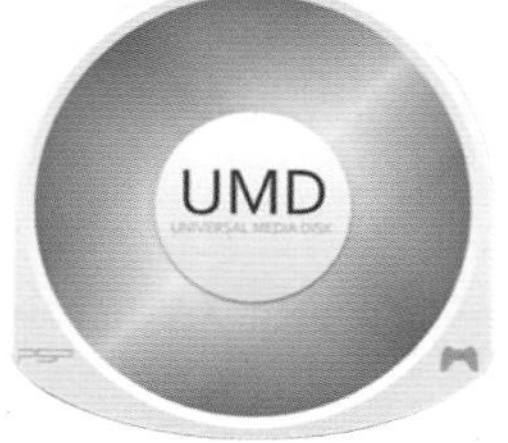

겨우 1년 반 만에 단종됐지만 장식품으로서의 인기는 높다

PSP에서 구입한 UMD를 쓸 수 없다는 점이 통한의 실수가 되었다. 하지만 본체 모양이 멋있다는 이유로 이 기기를 사는 사람도 있었다.

PLAYSTATION VITA
플레이스테이션 비타 1000번대

최신 가정용 게임기에도
지지 않을 하이 스펙 머신

소니 컴퓨터 엔터테인먼트 / 2011년 12월 17일 발매 / WiFi 모델: 24,980엔, 3G+WiFi모델: 29,980엔

휴대용 게임기로서 최강 성능 보유

발표 당시의 이름은 「Next Generation Port able(NGP)」. PSP의 후속 기종으로 PSP에서 배양한 기술을 발전시켜 CPU에는 쿼드코어를 채용했다. 메인 메모리는 512MB, VRAM은 128MB로써 단순 계산으로는 PS3을 뛰어넘는 고성능을 실현했다. 여기에 화면은 업계 최초로 AMOLED를 채용한 공격적인 머신이다. 본체 뒷면에는 멀티 터치패드를 채용하여 닌텐도 3DS와 마찬가지로 증강현실에 대응한다. PS4의 리모트 플레이 기능에도 대응하고 있어 PS4 본체와 고속 무선랜 환경만 있으면 어디서나 PS4를 플레이할 수 있다. 1000번대에는 3G/WiFi 모델이 있으며 일본에서는 NTT도코모의 유심칩을 꼽아 통신할 수도 있었다. 하지만 별로 보급되지 않은 채 2017년 3월 31일 서비스가 종료된다.

기본 사양

[CPU]	ARM Cortex–A9 MP4 333MHz
[RAM]	삼성 512MB 333MHz LPDDR2 SDRAM
[GPU]	이매지네이션 테크놀로지 PowerVR SGX543+ MP4 111MHz
[VRAM]	삼성 128MB Wide I/O DRAM
[화면・해상도]	삼성 5인치 멀티터치 지원 정전식 터치스크린 AMOLED, 960*544 24비트 색상 지원
[뒷면 터치패드]	정전식 멀티 터치패드
[사운드]	스테레오 스피커, 마이크 내장
[전원]	내장형 리튬이온 충전지 (3.7V 2210mA)
[통신]	WiFi 802.11 b/g/n, 블루투스 2.1+EDR, 3G 이동통신
[사이즈]	182*83.5*18.6mm, 270~279g

메모리는 PS3를 뛰어넘는 하이 스펙

휴대용 게임기 최초로 3G 이동통신에 대응. 멀티터치에 대응한 아몰레드와 후면 패드를 채용했다. PS3를 뛰어넘는 메인 메모리 등 기존 휴대용 게임기의 성능을 크게 뛰어넘었다.

뒷면에는 터치패드 채용

UMD의 폐지로 칩 모양의 PS VITA 카드 채용! 데이터 세이브 등은 전용 메모리카드로!

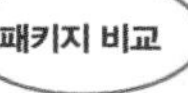

패키지 비교

플레이스테이션 비타 2000번대

1000번대에서의 주요 변경점

아몰레드에서 IPS 액정으로 바뀐 것이 가장 큰 차이점. 따라서 발색만 가지고 얘기하면 확실히 1000번보다 부족함을 느끼지만 게임을 플레이할 때는 특별히 문제가 되지 않는다. 두께는 1000번의 18.6mm에서 15mm로, 무게도 279g에서 219g으로 얇고 가벼워졌다. 휴대성이 올라간 것이 장점 중 하나이다. 또한 각종 버튼의 디자인도 변경되었는데, LR 버튼의 폭이 조금 넓어져 누르기 편해졌다. 전체적으로 유저 친화적이 되었다 볼 수 있다.

우리들은 쭉 이런 미래를 기다렸다

가정용 게임기를 가지고 다니는 시대로

이제까지 각 기기를 통해 휴대용 게임기가 얼마나 진화해 왔는지 설명했다. 흑백 액정이 컬러화되고 8비트가 32비트가 되는 등, 가정용 게임기 이상의 속도로 진화해온 휴대용 게임기. 가정용급의 게임을 밖에서 플레이하고 싶다는 게이머의 꿈은 드디어 현실이 됐다고 해도 과언이 아니다. 최근엔 가정용과 휴대용의 경계를 무너뜨리듯 각 회사가 열띤 경쟁을 벌이고 있다.

그 선봉장은 다름 아닌 닌텐도이다. 2017년 3월 3일에 발매된 『닌텐도 스위치』의 콘셉트 중 하나는 「TV에서 벗어나도 거치기와 같은 체험을」이다. 한마디로 성능이 높은 가정용 게임기를 그대로 가지고 다닌다는 의미다. 또한 사양은 다르지만, 라이벌인 소니도 PS VITA를 통해 PS4의 휴대를 한발 앞서 실현하고 있다. 대단한 시대가 도래했다. 우리가 꿈꾸던 미래가 여기에 있다.

닌텐도 스위치

닌텐도 / 2017년 3월 3일 / 29,980엔

가정용 게임기와 휴대용 게임기의 두 얼굴

「Nintendo Switch 독」이라 불리는 기기에 본체를 연결하면 기존 가정용 게임기와 같이 TV에서 플레이할 수 있다. 본체에도 화면, 배터리, 탈착 가능한 컨트롤러 「Joy con」이 갖춰져 있으므로 휴대용 게임기로도 OK. 닌텐도 게임기의 집대성이다.

닌텐도 클래식 미니 패밀리 컴퓨터

닌텐도 / 2016년 11월 10일 / 5,980엔

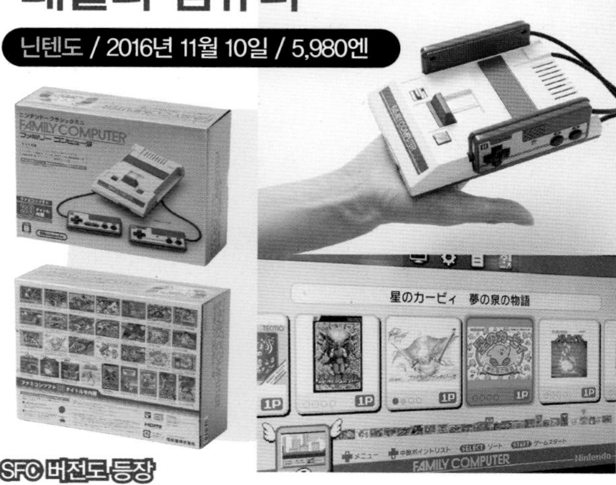

SFC 버전도 등장

엄선된 패미컴 소프트 30개를 수록한 손바닥 크기의 패미컴. HDMI 연결을 지원하는 소형 모니터와 USB에 대응하는 보조 배터리가 있으면 밖에서도 플레이 가능하다.

PlayStation4 (리모트 컨트롤 기능)

소니 컴퓨터 엔터테인먼트 / 2014년 2월 22일 / 39,980엔

PS 4의 컨트롤러도 사용 가능

Xperia에서도 PS4를 플레이한다

PS4의 리모트 플레이는 집 밖에서도 PS4를 플레이할 수 있는 꿈의 기능이다. 필요한 기기는 PS VITA. 그대로도 플레이할 수 있고, PS4의 컨트롤러인 듀얼쇼크4를 쓸 수도 있다. 게임에 따라서는 VITA용으로 조작이 최적화된 경우도 있다. 그 외에도 소니 모바일 커뮤니케이션의 스마트폰 「엑스페리아」에도 대응한다. 하지만 안정된 와이파이 환경이 필수이다.

휴대용 게임기 소프트 목록 ※닌텐도DS, 닌텐도3DS, PSP, PS VITA는 제외

게임보이 시리즈 편

타이틀	퍼블리셔	발매년	발매일
얼레이웨이	닌텐도	1989년	04월 21일
슈퍼 마리오 랜드	닌텐도	1989년	04월 21일
베이스볼	닌텐도	1989년	04월 21일
역만	닌텐도	1989년	04월 21일
테니스	닌텐도	1989년	05월 29일
테트리스	닌텐도	1989년	06월 14일
상하이	HAL연구소	1989년	07월 28일
소코반	포니 캐니언	1989년	09월 01일
미키마우스	켐코	1989년	09월 05일
모토크로스 매니악스	코나미	1989년	09월 20일
하이퍼 로드 러너	반다이	1989년	09월 21일
핀볼 66마리의 악어 대행진	HAL연구소	1989년	10월 18일
드라큘라 전설	코나미	1989년	10월 27일
씨사이드 발리	톤킹 하우스	1989년	10월 31일
퍼즐 보이	아틀라스	1989년	11월 24일
골프	닌텐도	1989년	11월 28일
파친코 타임	코코너츠 재팬	1989년	12월 08일
마계탑사 SaGa	스퀘어	1989년	12월 15일
장기	포니 캐니언	1989년	12월 19일
해전 게임 네이비 블루	유스	1989년	12월 22일
큐빌리온	세타	1989년	12월 22일
북두의 권 처절십번승부	토에이 동화	1989년	12월 22일
터벅터벅! 아스믹군 월드	아스믹	1989년	02월 27일
셀렉션 선택받은 자	켐코	1989년	12월 28일
마스터 카라테카	신세이 공업	1989년	12월 28일
히어로 집합!! 핀볼 파티	자레코	1990년	01월 12일
월드 볼링	아테나	1990년	01월 13일
헤이안쿄 에일리언	멜닥	1990년	01월 14일
솔라 스트라이커	닌텐도	1990년	01월 26일
오델로	카와다	1990년	02월 09일
대국연주	토와치키	1990년	02월 23일
네메시스	코나미	1990년	02월 23일
베이스볼 키즈	자레코	1990년	03월 15일
쿼스	코나미	1990년	03월 16일
플리풀	타이토	1990년	03월 16일
펭귄랜드	포니 캐니언	1990년	03월 21일
플래피 스페셜	빅터 음악산업	1990년	03월 23일
SD건담 SD전국전 국가찬탈 이야기	반다이	1990년	03월 24일
트럼프 보이	팩 인 비디오	1990년	03월 29일
스페이스 인베이더	타이토	1990년	03월 30일
펭귄군 WARS vs.	아스키	1990년	03월 30일
감싸는 뱀	나그자트	1990년	04월 06일
쿼스	닌텐도	1990년	04월 13일
폭렬전사 워리어	에폭사	1990년	04월 13일
배트맨	선소프트	1990년	04월 13일
SD루팡 3세 ~금고 파괴 대작전~	반프레스토	1990년	04월 13일
슈퍼 차이니즈 랜드	컬쳐 브레인	1990년	04월 20일
데드 히트 스크램블	코피아 시스템	1990년	04월 20일
블로디아	톤킹하우스	1990년	04월 20일
모험! 퍼즐 로드	빅 토카이	1990년	04월 20일
뽀빠이	시그마 상사	1990년	04월 20일
사커 보이	에픽 소니	1990년	04월 27일
천신괴전	멜닥	1990년	04월 27일
스누피 매직쇼	켐코	1990년	04월 28일
레드 아리마 마계촌 외전	캡콤	1990년	05월 02일
록큰 체이스	데이터 이스트	1990년	05월 11일
복싱	톤킹하우스	1990년	05월 18일
아야카시의 성	세타	1990년	05월 25일
울트라맨 구락부 적 괴수를 발견하라!	반다이	1990년	05월 26일
피트맨	아스크 코단샤	1990년	06월 01일
코스모 탱크	아틀라스	1990년	06월 08일
카드 게임	코코너츠 재팬	1990년	06월 15일
ZOIDS 조이드 전설	토미	1990년	06월 15일
퍼니 필드	SNK	1990년	06월 15일
소코반2	포니 캐니언	1990년	06월 22일
부라이 파이터 디럭스	타이토	1990년	06월 27일
발리 파이어	토에이 동화	1990년	06월 29일
파이프 드림	BPS	1990년	07월 03일
사천성	아이렘	1990년	07월 13일
더블 드래곤	테크노스 재팬	1990년	07월 20일
타즈마니아 이야기	포니 캐니언	1990년	07월 27일
닥터 마리오	닌텐도	1990년	07월 27일
란마 1/2	반프레스토	1990년	07월 28일
퍼즈닉	타이토	1990년	07월 31일
이시도	아스키	1990년	08월 02일
닌자거북이	코나미	1990년	08월 03일
돌격!! 남자훈련소 명봉도 결전	유타카	1990년	08월 04일

야단법석! 펭귄 BOY	나츠메	1990년	08월 08일
VS 배틀러	유스	1990년	08월 10일
홍콩	토쿠마쇼텐	1990년	08월 11일
드래곤 슬레이어	에폭사	1990년	08월 12일
파워 미션	뱁	1990년	08월 24일
기동경찰 패트레이버 표적이 된 거리 1990	유타카	1990년	08월 25일
배틀 핑퐁	퀘스트	1990년	08월 31일
봄버 보이	허드슨	1990년	08월 31일
패미스타	남코	1990년	09월 14일
프로레슬링	휴먼	1990년	09월 14일
사이드 포켓	데이터 이스트	1990년	09월 21일
덕 테일즈	캡콤	1990년	09월 21일
볼더 대쉬	빅터 음악산업	1990년	09월 21일
루나 랜더	팩 인 비디오	1990년	09월 21일
F1보이	아스크 코단샤	1990년	09월 28일
나는 쟈쟈마루! 세계대모험	자레코	1990년	09월 28일
물고기들	토와치키	1990년	10월 05일
SD건담 외전 라크로안 히어로즈	반다이	1990년	10월 06일
노부나가의 야망 게임보이판	코에이	1990년	10월 10일
아스트로 라비	IGS	1990년	10월 12일
트윈비다!!	코나미	1990년	10월 12일
팔라메데스	HOT B	1990년	10월 12일
고스트 버스터즈2	HAL연구소	1990년	10월 16일
몬스터 트럭	바리에	1990년	10월 19일
로드스터	톤킹 하우스	1990년	10월 19일
해전게임 레이더 미션	닌텐도	1990년	10월 23일
아미다군	코코너츠 재팬	1990년	10월 23일
애프터 버스트	메사이어	1990년	10월 26일
베리우스 롤랜드의 마수	사미	1990년	10월 26일
F1레이스	닌텐도	1990년	11월 09일
트럼프 보이 II	팩 인 비디오	1990년	11월 09일
신비한 블로비 ~프린세스 블로브를 구해라!~	자레코	1990년	11월 09일
아레사	야노망	1990년	11월 16일
팩맨	남코	1990년	11월 16일
파라솔 헨베	에폭사	1990년	11월 16일
캐딜락 II	헥트	1990년	11월 30일
GO! GO! TANK	코피아 시스템	1990년	11월 30일
배틀 불	세타	1990년	11월 30일
해전게임 네이비 블루 90	유스	1990년	12월 07일
코로다이스	킹 레코드	1990년	12월 07일
스코틀랜드 야드	토에이 동화	1990년	12월 07일
치비 마루코짱 용돈 대작전!	타카라	1990년	12월 07일
열혈경파 쿠니오군 번외난투편	테크노스 재팬	1990년	12월 07일

버블보블	타이토	1990년	12월 07일
페인터 모모피	시그마 상사	1990년	12월 07일
헤드 온	테크모	1990년	12월 07일
귀인항마록 ONI	반프레스토	1990년	12월 08일
스파르탄X	아이렘	1990년	12월 11일
PRI PRI PRIMITIVE PRINCESS!	선소프트	1990년	12월 12일
드래곤 테일	아이맥스	1990년	12월 13일
카드 & 퍼즐 컬렉션 은하	HOT B	1990년	12월 14일
클락스	허드슨	1990년	12월 14일
SaGa2 비보전설	스퀘어	1990년	12월 14일
네코쟈라 이야기	켐코	1990년	12월 14일
포켓 스타디움	아트라스	1990년	12월 14일
고질라군 괴수대행진	토호	1990년	12월 18일
폰타와 히나코의 별난 여행길 ~우정편~	나그자트	1990년	05월 04일
이시다 요시오의 바둑묘수풀이 파라다이스	포니 캐니언	1990년	12월 21일
캡콤 퀴즈 물음표?의 대모험	캡콤	1990년	12월 21일
그렘린2 -신 종 탄 생-	선소프트	1990년	12월 21일
배틀 유니트 ZEOTH	자레코	1990년	12월 21일
버블 고스트	포니 캐니언	1990년	12월 21일
비룡의 권 외전	컬쳐 브레인	1990년	12월 22일
몬스터 메이커	소프엘	1990년	12월 22일
아메리카 횡단 울트라 퀴즈	토미	1990년	12월 23일
드루아가의 탑	엔젤	1990년	12월 31일
콘트라(혼두라)	코나미	1991년	01월 08일
돌격! 고물 탱크	HAL연구소	1991년	01월 08일
타이토 체이스 H.Q	타이토	1991년	01월 11일
돌격 바레이션즈	아틀라스	1991년	01월 25일
오니가시마 파친코 가게	코코너츠 재팬	1991년	02월 08일
레이선더	일본물산	1991년	02월 08일
버거 타임 디럭스	데이터 이스트	1991년	02월 15일
삼색 고양이 홈즈의 기사도	아스크 코단샤	1991년	02월 15일
분노의 요새	자레코	1991년	02월 26일
레이싱 혼	아이렘	1991년	02월 28일
F-1 스피리트	코나미	1991년	02월 28일
도라에몽 대결 비밀도구!!	에폭사	1991년	03월 01일
로보캅	에픽 소니	1991년	03월 01일
슈퍼 모모타로 전철	허드슨	1991년	03월 08일
전국 닌자군	UPL	1991년	03월 08일
루프스	마인드 스케이프	1991년	03월 05일
R-TYPE	아이렘	1991년	03월 19일
패스티스트 랩	뱁	1991년	03월 20일
젬젬	빅 토카이	1991년	03월 29일
패밀리 자키	남코	1991년	03월 29일

솔로몬즈 구락부	테크모	1991년	04월 05일
파로디우스다!	코나미	1991년	04월 05일
파이널 리버스	토에이동화	1991년	04월 12일
월드 아이스하키	아테나	1991년	04월 12일
케이브 노어	코나미	1991년	04월 19일
챠챠마루 패닉	휴먼	1991년	04월 19일
리틀마스터 라이크반의 전설	토쿠마쇼텐 인터미디어	1991년	04월 19일
슈퍼로봇대전	반프레스토	1991년	04월 20일
스모 파이터 토카이도 장소	아이맥스	1991년	04월 26일
열혈 고교 축구부 월드컵편	테크노스 재팬	1991년	04월 26일
미키마우스II	켐코	1991년	04월 26일
미니 퍼트	A-WAVE	1991년	04월 26일
럭키 몽키	나츠메	1991년	04월 26일
계략 검호전 무사시 로드	유타카	1991년	04월 27일
토피드 레인지	세타	1991년	04월 27일
키친 패닉	코코너츠 재팬	1991년	05월 10일
산리오 카니발	캐릭터 소프트	1991년	05월 11일
일발역전!! DX 마권왕	아스믹	1991년	05월 17일
라블 세이버	킹 레코드	1991년	05월 17일
SD코만도 건담 G-ARMS 오퍼레이션 건담	반다이	1991년	05월 18일
게임보이 워즈	닌텐도	1991년	05월 21일
아스믹군 월드2	아스믹	1991년	05월 24일
스노우 브라더스 주니어	나그자츠	1991년	05월 24일
레전드 내일을 향한 날개	퀘스트	1991년	05월 31일
사커	톤킹 하우스	1991년	06월 07일
대전략	히로	1991년	06월 12일
매지컬☆타루루토군	반다이	1991년	06월 15일
정글 워즈	포니 캐니언	1991년	06월 21일
촙 리프터 II	빅터 음악산업	1991년	06월 21일
에어로 스타	빅 토카이	1991년	06월 28일
신일본 프로레슬링 투혼삼총사	바리에	1991년	06월 28일
인생게임 전설	타카라	1991년	06월 28일
성검전설 파이널 판타지 외전	스퀘어	1991년	06월 28일
원조!! 얀챠마루	아이렘	1991년	07월 11일
바틀 기우스	IGS	1991년	07월 12일
드라큘라 전설II	코나미	1991년	07월 12일
자금성	토에이 동화	1991년	07월 16일
해트리스	BPS	1991년	07월 19일
사랑은 밀당	포니 캐니언	1991년	07월 21일
배니싱 레이서	자레코	1991년	07월 26일
록맨 월드	캡콤	1991년	07월 26일
챠챠마루 모험기3 어비스의 탑	휴먼	1991년	08월 02일
퍼즐보이II	아틀라스	1991년	08월 02일
플리트 커맨더 VS.	아스키	1991년	08월 02일
페케와 포코의 다루맨 버스터즈	반프레스토	1991년	08월 03일
엘리베이터 액션	타이토	1991년	08월 09일
네메시스II	코나미	1991년	08월 09일
배틀 시티	노바	1991년	08월 09일
히가시오 오사무 감수 프로야구 스타디움 91	토쿠마쇼텐 인터미디어	1991년	08월 09일
메가리트	아스믹	1991년	08월 09일
봄버킹 시나리오2	선소프트	1991년	08월 23일
시공전기 무	허드슨	1991년	09월 13일
치비 마루코짱2 디럭스 마루코 월드	타카라	1991년	09월 13일
나이트 퀘스트	타이토	1991년	09월 13일
위너즈 호스	메사이어	1991년	09월 20일
아레사II	야노망	1991년	09월 27일
소년 아시베 유원지 패닉	타카라	1991년	09월 27일
테크모 볼GB	테크모	1991년	09월 27일
위저드리 외전 여왕의 수난	아스키	1991년	10월 01일
자드의 전설	빅 토카이	1991년	10월 18일
드래곤즈 레어	에픽 소니	1991년	10월 25일
코나믹 골프	코나미	1991년	11월 01일
열혈 고교 피구부 강적! 투구전사의 권	테크노스 재팬	1991년	11월 08일
닌자거북이2	코나미	1991년	11월 15일
화타	파티룸21	1991년	11월 22일
뽀빠이2	시그마 상사	1991년	11월 22일
알터드 스페이스	에픽 소니	1991년	11월 29일
슈퍼 차이니즈 랜드2 우주대모험	컬쳐 브레인	1991년	11월 29일
남코 클래식	남코	1991년	12월 03일
돗지 보이	톤킹 하우스	1991년	12월 06일
사가이아	타이토	1991년	12월 13일
SaGa3 시공의 패자 [완결편]	스퀘어	1991년	12월 13일
닌자용검전GB 마천루결전	테크모	1991년	12월 13일
파친코 서유기	코코너츠 재팬	1991년	12월 13일
배틀 오브 킹덤	멜닥	1991년	12월 13일
마인 스위퍼 소해정	팩 인 비디오	1991년	12월 13일
월드 비치발리	IGS	1991년	12월 13일
울티마 잃어버린 룬	포니 캐니언	1991년	12월 14일
금붕어주의보! 와피코의 두근두근 스탬프 랠리!	유타카	1991년	12월 14일
요시의 알	닌텐도	1991년	12월 14일
아메리카 횡단 울트라 퀴즈 PART2	토미	1991년	12월 20일
태양의 용자 파이버드 GB	아이렘	1991년	12월 20일
모노폴리	토미	1991년	12월 20일
록맨 월드2	캡콤	1991년	12월 20일
힘내라 고에몽 납치당한 에비스마루	코나미	1991년	12월 25일
모모타로 전설 외전	허드슨	1991년	12월 26일

가위바위보맨	메사이어	1991년	12월 27일
나카지마 사토루 감수 F-1 HERO GB	바리에	1991년	12월 27일
피탄	카네코	1991년	12월 27일
절대무적 라이징오	토미	1991년	12월 28일
울트라맨	벡	1991년	12월 29일
기갑경찰 매탈 잭	타카라	1992년	01월 08일
토키오 전귀 영웅열전	휴먼	1992년	01월 10일
Q-bert	자레코	1992년	01월 14일
SD건담 SD전국전2 천하통일편	반다이	1992년	01월 18일
메트로이드II RETURN OF SAMUS	닌텐도	1992년	01월 21일
꼬리로 붕!	뱁	1992년	01월 24일
마작 보이	남코	1992년	01월 24일
TWIN	아테나	1992년	01월 31일
타이니툰 어드벤처즈	코나미	1992년	02월 01일
WWF 슈퍼 스타즈	HOT B	1992년	02월 14일
트랙 미트 가자! 바르셀로나로	히로	1992년	02월 14일
분노의 요새2	자레코	1992년	02월 21일
베리우스II	사미	1992년	02월 21일
ONI II 닌자전설	반프레스토	1992년	02월 28일
신세기 GPX 사이버 포뮬러	바리에	1992년	02월 28일
헤이세이 천재 바카본	남코	1992년	02월 28일
다카하시 명인의 모험도II	허드슨	1992년	03월 06일
드래곤 슬레이어 외전 잠든 왕관	에폭사	1992년	03월 06일
러블 세이버II	킹 레코드	1992년	03월 06일
허드슨 호크	에픽 소니	1992년	03월 13일
요미혼 유메고요미 천신괴전2	멜닥	1992년	03월 13일
슈퍼 스트리트 바스켓볼	뱁	1992년	03월 19일
로보캅2	에픽 소니	1992년	03월 19일
캡틴 츠바사 VS	테크모	1992년	03월 27일
치키치키 머신 맹 레이스	아틀라스	1992년	03월 27일
잔시로	사미	1992년	03월 27일
치비 마루코짱3 목표는 게임 대상의 권	타카라	1992년	03월 27일
프로 사커	이매지니어	1992년	03월 27일
리틀 마스터2 뇌광의 기사	토쿠마쇼텐 인터미디어	1992년	03월 27일
배트맨 리턴 오브 더 조커	선소프트	1992년	03월 28일
HOOK	에픽 소니	1992년	04월 03일
DX 마권왕Z	아스믹	1992년	04월 07일
피구왕 통키	허드슨	1992년	04월 24일
미그레인	어클레임 재팬	1992년	04월 24일
별의 커비	닌텐도	1992년	04월 27일
포켓 배틀	시그마	1992년	04월 28일
레드 옥토버를 쫓아라!	알트론	1992년	04월 28일
트래퍼즈 천국 SPY VS SPY	켐코	1992년	05월 02일
패널 닌자 케사마루	에폭사	1992년	05월 02일
X	닌텐도	1992년	05월 29일
슈퍼 헌치백	이매지니어	1992년	06월 26일
솔리테어	헥트	1992년	06월 26일
나 홀로 집에	알트론	1992년	06월 26일
우루세이 야츠라 미스 토모비키를 찾아라!	야노망	1992년	07월 03일
매지컬☆타루루토군2 라이버존 패닉	반다이	1992년	07월 10일
우주전함 야마토	벡	1992년	07월 17일
코나믹 스포츠 인 바르셀로나	코나미	1992년	07월 17일
히가시오 오사무 감수 프로야구 스타디움 92	토쿠마쇼텐 인터미디어	1992년	07월 17일
란마1/2 열렬격투편	반프레스토	1992년	07월 17일
다운타운 열혈 행진곡 어디서나 대운동회	테크노스 재팬	1992년	07월 24일
바이오닉 코만도	캡콤	1992년	07월 24일
페르시아의 왕자	메사이어	1992년	07월 24일
패미스타2	남코	1992년	07월 30일
펜타 드래곤	야노망	1992년	07월 31일
대공의 겐상 고스트빌딩 컴퍼니	아이렘	1992년	07월 31일
퀴즈 세계는 SHOW by 쇼바이!!	타카라	1992년	08월 07일
시저스 팰래스	코코너츠 재팬	1992년	08월 07일
치비 마루코짱4 이것이 일본이야! 왕자님	타카라	1992년	08월 07일
나노 노트	코나미	1992년	08월 07일
버서스 히어로	반프레스토	1992년	08월 07일
마사카리 전설 킨타로 액션편	톤킹 하우스	1992년	08월 07일
나카지마 사토루 감수 F-1 HERO GB 92	바리에	1992년	08월 11일
하이퍼 블랙 배스	HOT B	1992년	08월 28일
SD건담 SD전국전3 지상최강편	반다이	1992년	09월 04일
셀렉션II 암흑의 봉인	켐코	1992년	09월 04일
근육맨 더☆드림매치	유타카	1992년	09월 12일
개구리를 위해 종은 울린다	닌텐도	1992년	09월 14일
비타미너 왕국 이야기	남코	1992년	09월 17일
코나믹 바스켓	코나미	1992년	09월 25일
메르헨 구락부	나그자트	1992년	09월 25일
삼국지 게임보이 판	코에이	1992년	09월 30일
파친코 카구야 공주	코코너츠 재팬	1992년	10월 09일
마번 구락부	헥트	1992년	10월 16일
SPOT	BPS	1992년	10월 16일
아레사III	야노망	1992년	10월 16일
배틀 돗지볼	반프레스토	1992년	10월 16일
슈퍼 마리오 랜드2 6개의 금화	닌텐도	1992년	10월 21일
아담스 패밀리	마사와 엔터테인먼트	1992년	10월 23일
쿄로짱 랜드	히로	1992년	10월 30일
램파트	자레코	1992년	10월 30일
판타즘	자레코	1992년	11월 06일

세인트 파라다이스 최강의 전사들	반다이	1992년	11월 13일
페라리	코코너츠 재팬	1992년	11월 13일
텀블팝	데이터 이스트	1992년	11월 20일
요시의 쿠키	닌텐도	1992년	11월 21일
아메리카 횡단 울트라퀴즈 PART3 챔피언 대회	토미	1992년	11월 27일
금붕어주의보!2 교피짱을 찾아라!	비아이	1992년	11월 27일
원기폭발 간바루가	토미	1992년	11월 27일
코나믹스 아이스하키	코나미	1992년	11월 27일
GB원인	허드슨	1992년	11월 27일
트립월드	선소프트	1992년	11월 27일
R-TYPE II	아이렘	1992년	12월 11일
슈퍼 빅쿠리맨 전설의 석판	유타카	1992년	12월 11일
누~보~	아이렘	1992년	12월 11일
미라클 어드벤처 에스파크스	토미	1992년	12월 11일
록맨 월드3	캡콤	1992년	12월 11일
던전 랜드	에닉스	1992년	12월 15일
우주의 기사 테카맨 블레이드	유타카	1992년	12월 18일
나무망치다 퀴즈다 겐상이다!	아이렘	1992년	12월 18일
퀴즈 일본 옛날이야기 아테나의 물음표?	아테나	1992년	12월 18일
지구해방군 ZAS	T&E소프트	1992년	12월 18일
닥터 프랑켄	켐코	1992년	12월 18일
톰과 제리	알트론	1992년	12월 18일
미소녀전사 세일러문	엔젤	1992년	12월 18일
혼자서 잘해요! 쿠킹전설	뱁	1992년	12월 18일
미키즈 체이스	켐코	1992년	12월 18일
도라에몽2 애니멀 혹성전설	에폭사	1992년	12월 19일
4 IN 1 FUN PAK	이매지니어	1992년	12월 22일
루니 툰즈 벅스바니와 유쾌한 친구들	선소프트	1992년	12월 22일
제논2	PCM콤플리트	1992년	12월 25일
배틀 스페이스	남코	1992년	12월 25일
여신전생 외전 라스트 바이블	아틀라스	1992년	12월 25일
위저드리 외전II 고대 황제의 저주	아스키	1992년	12월 26일
J리그 파이팅 사커	IGS	1992년	12월 27일
헤라클레스의 영광 움직인 신들	데이터 이스트	1992년	12월 27일
악마성 스페셜 나는 드라큘라 군	코나미	1993년	01월 03일
더티 레이싱	자레코	1993년	01월 08일
링 레이지	타이토	1993년	01월 29일
썬더버드	비아이	1993년	02월 12일
자드의 전설2	빅 토카이	1993년	02월 19일
ONI III 검은 파괴신	반프레스토	1993년	02월 26일
다카하시 명인의 모험도III	허드슨	1993년	02월 26일
바트의 서바이벌 캠프	어클레임 재팬	1993년	02월 26일
버닝 페이퍼	디 어뮤즈먼트	1993년	02월 26일

CULT MASTER 울트라맨에 이끌려서	반다이	1993년	03월 12일
킬러 토마토	알트론	1993년	03월 19일
더 킥복싱	마이크로월드	1993년	03월 19일
산리오 카니발2	캐릭터 소프트	1993년	03월 19일
GB 바스켓볼	이매지니어	1993년	03월 19일
더블 역만	뱁	1993년	03월 19일
몬스터 메이커2 우르의 비검	소프엘	1993년	03월 19일
아웃 버스트	코나미	1993년	03월 26일
GI킹! 3필의 예상옥	빅 토카이	1993년	03월 26일
미론의 미궁조곡	허드슨	1993년	03월 26일
크레용 신짱 나랑 시로는 친구야	반다이	1993년	04월 09일
NBA 올스타 챌린지2	어클레임 재팬	1993년	04월 16일
마계촌 외전 THE DEMON DARKNESS	캡콤	1993년	04월 16일
미키마우스IV 마법의 라비린스	켐코	1993년	04월 23일
WWF 슈퍼 스타즈2	HOT B	1993년	05월 21일
요정 이야기 로드 랜드	자레코	1993년	05월 21일
스즈키 아구리의 F-1슈퍼 드라이빙	로지크	1993년	05월 28일
버블보블 Jr	타이토	1993년	05월 28일
파퓰러스 외전	이매지니어	1993년	05월 28일
젤다의 전설 꿈꾸는 섬	닌텐도	1993년	06월 06일
파치스로 키즈	코코너츠 재팬	1993년	06월 18일
스플릿츠 초상화 15게임	이매지니어	1993년	06월 25일
부비 보이즈	일본물산	1993년	06월 25일
에일리언3	어클레임 재팬	1993년	07월 09일
깜짝 열혈 신기록! 어디서나 금메달	테크노스 재팬	1993년	07월 16일
마이클 조던 ONE ON ONE	일렉트로닉 아츠 빅터	1993년	07월 16일
갓 메디슨 판타지 세계의 탄생	코나미	1993년	07월 20일
아아 하리마나다	아스크 코단샤	1993년	07월 23일
J컵 사커	자레코	1993년	07월 23일
지미 코너스의 프로 테니스 투어	미사와 엔터테인먼트	1993년	07월 23일
MISTERIUM	뱁	1993년	07월 23일
유유백서	토미	1993년	07월 23일
주역전대 아이렘 파이터	아이렘	1993년	07월 30일
적중 러시	일본 클라리 비즈니스	1993년	07월 30일
철구 파이트! 더 그레이트 배틀 외전	반프레스토	1993년	07월 30일
솔담	자레코	1993년	08월 06일
란마1/2 격극문답!!	반프레스토	1993년	08월 06일
모모타로 전극	허드슨	1993년	08월 08일
몬스터 메이커 바코드 사가	남코	1993년	08월 10일
더블 역만Jr.	뱁	1993년	08월 19일
가면 라이더 SD 달려라! 마이티 라이더즈	유타카	1993년	08월 20일
MVP 베이스볼	어클레임 재팬	1993년	08월 27일
승리마 예상 경마귀족	킹 레코드	1993년	08월 27일

패밀리 자키2 명마의 혈통	남코	1993년	08월 27일
컬트 점프	반다이	1993년	09월 10일
더블 역만II	뱁	1993년	09월 17일
레밍스	이매지니어	1993년	09월 23일
에일리언 vs 프레데터	아스크 코단샤	1993년	09월 24일
위저드리 외전III 어둠의 성전	아스키	1993년	09월 25일
캇토비 로드	남코	1993년	10월 08일
크레용 신짱2 나와 개구쟁이 놀이하자	카나렉스	1993년	10월 18일
아메리카 횡단 울트라 퀴즈 PART4	토미	1993년	10월 29일
패미스타3	남코	1993년	10월 29일
록맨 월드4	캡콤	1993년	10월 29일
울티마 잃어버린 룬2	포니 캐니언	1993년	11월 19일
GB파치오군	코코너츠 재팬	1993년	11월 19일
여신전생 외전 라스트 바이블II	아틀라스	1993년	11월 19일
닌자 거북이3	코나미	1993년	11월 26일
UNO 스몰 월드	토미	1993년	11월 26일
커비의 핀볼	닌텐도	1993년	11월 27일
덕 테일즈2	캡콤	1993년	12월 03일
언더 커버 캅스 파괴신 가루마	아이렘	1993년	12월 10일
핑구 세계에서 제일 건강한 펭귄	비아이	1993년	12월 10일
유유백서 제2탄 암흑무술회편	토미	1993년	12월 10일
괴수왕 고질라	반다이	1993년	12월 17일
마권왕 V3	아스믹	1993년	12월 17일
최후의 인도	아이렘	1993년	12월 18일
타이니툰 어드벤처즈2 버스터 버니의 폭주 대모험	코나미	1993년	12월 22일
다운타운 스페셜 쿠니오군의 사극이다 전원집합!	테크노스 재팬	1993년	12월 22일
미키마우스V 마법의 스틱	켐코	1993년	12월 22일
모탈 컴뱃	어클레임 재팬	1993년	12월 24일
배틀 토드	메사이어	1994년	01월 07일
톰과 제리 PART2	알트론	1994년	01월 14일
슈퍼 마리오 랜드3 와리오 랜드	닌텐도	1994년	01월 21일
스팟 쿨 어드벤처	버진 게임	1994년	02월 11일
버추얼 워즈	코코너츠 재팬	1994년	02월 11일
슈퍼 모모타로 전철II	허드슨	1994년	02월 18일
타케다 노부히로의 에이스 스트라이커	자레코	1994년	02월 18일
호이호이 게임보이 판	코에이	1994년	02월 18일
T2 더 아케이드 게임	어클레임 재팬	1994년	02월 25일
웰컴 나카요시 파크	반다이	1994년	03월 03일
ONI IV 귀신의 혈족	반프레스토	1994년	03월 11일
질풍! 아이언 리거	반다이	1994년	03월 11일
잔시로2	사미	1994년	03월 18일
검용전설 야이바	반프레스토	1994년	03월 25일
대공의 겐상 로봇 제국의 야망	아이렘	1994년	03월 25일
WWF 킹 오브 더 링	어클레임 재팬	1994년	03월 25일
남국 소년 파프와군 감마단의 야망	에닉스	1994년	03월 25일
루클	빅토카이	1994년	03월 25일
로로의 대모험	이매지니어	1994년	03월 25일
크레용 신짱3 나의 기분 좋은 에슬레틱	반다이	1994년	03월 26일
Mr. GO의 마권적중술	타이토	1994년	04월 01일
J리그 위닝 골	일레트로닉 아츠 빅터	1994년	04월 02일
박보장기 백번승부	이매지니어	1994년	04월 08일
박보장기 문제 제공 「장기세계」	아이맥스	1994년	04월 15일
두더지로 퐁	아테나	1994년	04월 15일
GB원인 랜드 비바! 칙쿤 왕국	허드슨	1994년	04월 22일
천지를 먹다	캡콤	1994년	04월 22일
파치오군 캐슬	코코너츠 재팬	1994년	04월 22일
미소녀 전사 세일러문 R	엔젤	1994년	04월 22일
피제츠	코코너츠 재팬	1994년	04월 22일
논땅과 함께 빙글빙글 퍼즐	빅터 엔터테인먼트	1994년	04월 28일
루니 툰즈 시리즈 가라! 스피디 곤잘레스	선소프트	1994년	04월 29일
태양의 천사 마로 꽃밭은 대혼란!	테크노스 재팬	1994년	05월 27일
유유백서 제3탄 마계의 문 편	토미	1994년	06월 03일
더 심리게임	비지트	1994년	06월 10일
파치스로 키즈2	코코너츠 재팬	1994년	06월 10일
테트리스 플래시	닌텐도	1994년	06월 14일
동키콩	닌텐도	1994년	06월 17일
월드컵 스트라이커	코코너츠 재팬	1994년	06월 30일
열투 사무라이 스피릿츠	타카라	1994년	07월 01일
로큰! 몬스터!!	호리전기	1994년	07월 15일
키테레츠 대백과 모험 오오에도 쥬라기	비디오 시스템	1994년	07월 15일
전 일본 프로레슬링 젯트	메사이어	1994년	07월 22일
록맨 월드5	캡콤	1994년	07월 29일
승리마 예상 경마귀족EX 94	킹 레코드	1994년	07월 29일
크리스티 월드	어클레임 재팬	1994년	07월 29일
GB 파치스로 필승법! Jr.	사미	1994년	07월 29일
정글의 왕자 타짱	반다이	1994년	07월 29일
열혈! 비치발리볼이다 쿠니오군	테크노스 재팬	1994년	07월 29일
열투 아랑전설2 새로운 싸움	타카라	1994년	07월 29일
파치스로 월드컵 94	아이맥스	1994년	07월 29일
월드컵 USA 94	선소프트	1994년	07월 29일
뿌요뿌요	반프레스토	1994년	07월 31일
3번가의 타마 TAMA and FRIENDS 3번가 유령패닉	비아이	1994년	08월 05일
포코냥! 꿈의 대모험	쇼가쿠칸 프로덕션	1994년	08월 05일
봄버맨 GB	허드슨	1994년	08월 10일
From TV animation 슬램덩크 벼랑끝의 결승 리그	반다이	1994년	08월 11일
울트라맨 초투사격전	엔젤	1994년	08월 26일

크레용 신짱4 나의 장난 대변신	반다이	1994년	08월 26일
신 SD건담열전 나이트 건담 이야기	반다이	1994년	09월 09일
슈퍼 스트리트 바스켓볼2	뱁	1994년	09월 16일
연대왕	비지트	1994년	09월 16일
떴다! 럭키맨 럭키쿠키 모두 좋아!!	반다이	1994년	09월 22일
콘트라(혼두라) 스피릿츠	코나미	1994년	09월 23일
오델로 월드	츠쿠다 오리지널	1994년	09월 30일
루니툰즈 더피 덕	선소프트	1994년	09월 30일
더 심슨즈 바트의 잭과 콩나무	어클레임 재팬	1994년	09월 30일
본명 보이	일본물산	1994년	10월 07일
더 심리게임2 오사카편	비지트	1994년	10월 14일
바둑 묘수풀이 시리즈1 후지사와 히데유키 명예 기성	마호	1994년	10월 19일
박보장기 칸키 5단	마호	1994년	10월 19일
GB원인2	허드슨	1994년	10월 21일
체스 마스터	알트론	1994년	10월 28일
TV 챔피언	유타카	1994년	10월 28일
마권왕 TV 94	아스믹	1994년	10월 28일
마사카리전설 킨타로 RPG편	톤킹 하우스	1994년	10월 28일
모탈 컴뱃II	어클레임 재팬	1994년	11월 11일
휴대 경마 에이트 스페셜	이매지니어	1994년	11월 18일
니치부츠 마작 요시모토 극장	일본물산	1994년	11월 18일
타이니툰 어드벤처즈3 두근두근 스포츠 페스티벌	코나미	1994년	11월 25일
드래곤볼Z 오공비상전	반다이	1994년	11월 25일
GB파치오군2	코코너츠 재팬	1994년	11월 25일
본장기	이매지니어	1994년	11월 25일
팩 패닉	남코	1994년	12월 09일
유유백서 제4탄 마계통일전	토미	1994년	12월 09일
모모타로 전극2	허드슨	1994년	12월 16일
슈퍼 스네이키	요지겐	1994년	12월 20일
울트라맨 볼	벡	1994년	12월 22일
토코로의 마작Jr.	빅 토카이	1994년	12월 22일
인디아나 존스 최후의 성전	코코너츠 재팬	1994년	12월 23일
장기최강	마호	1994년	12월 23일
나다 마사타로의 파워풀 마작 다음의 한 수 100제	요지겐	1994년	12월 23일
프로 마작 극 GB	아테나	1994년	12월 23일
팩 인 타임	남코	1995년	01월 03일
슈퍼 차이니즈 랜드3	컬쳐 브레인	1995년	01월 13일
파치스로 필승가이드 GB	마지팩트	1995년	01월 27일
배틀 크래셔	반프레스토	1995년	01월 27일
마멀레이드 보이	반다이	1995년	01월 27일
열투 월드 히어로즈2 JET	타카라	1995년	02월 24일
어나더 바이블	아틀라스	1995년	03월 03일
UNO2 스몰 월드	토미	1995년	03월 03일

가메라 대괴수공중결전	엔젤	1995년	08월 02일
마리오의 피크로스	닌텐도	1995년	08월 03일
NFL 쿼터백 클럽95	어클레임 재팬	1995년	08월 09일
슈퍼 봄브리스	BPS	1995년	08월 09일
TV애니메이션 슬램덩크2 전국으로의 TIP OFF	반다이	1995년	08월 09일
별의 커비2	닌텐도	1995년	08월 09일
ONI V 닌자를 계승하는 자	반프레스토	1995년	08월 09일
원인 곳츠	비아이	1995년	08월 23일
파치스로 키즈3	코코너츠 재팬	1995년	09월 13일
푸른 전설 슛!	반프레스토	1995년	09월 13일
SD 비룡의 권 외전	컬쳐 브레인	1995년	09월 13일
승리마 예상 경마귀족EX 95	킹 레코드	1995년	09월 20일
J리그 LIVE 95	일렉트로닉 아츠 빅터	1995년	09월 27일
빨간 두건 차차	토미	1995년	09월 27일
공상과학 세계 걸리버 보이 공상과학 퍼즐 탱글하고 퐁	반다이	1995년	09월 27일
치키치키 천국	J 윙	1995년	10월 01일
GB 파치오군3	코코너츠 재팬	1995년	10월 18일
마법진 구루구루 용자와 쿠쿠리의 대모험	타카라	1995년	10월 25일
치비 마루코짱 마루코 디럭스 극장	타카라	1995년	11월 01일
마법기사 레이어스	토미	1995년	11월 08일
모그모그 GOMBO 머나먼 초 요리 전설	반다이	1995년	11월 15일
인생게임	타카라	1995년	11월 22일
파친코 이야기 외전	KSS	1995년	11월 22일
슈퍼 파친코 대전	반프레스토	1995년	11월 29일
제2차 슈퍼로봇대전G	반프레스토	1995년	11월 29일
갤러그 & 갤럭시안	남코	1995년	12월 03일
NINKU 닌쿠	토미	1995년	12월 06일
프리스키 톰	일본물산	1995년	12월 13일
슈퍼 동키콩 GB	닌텐도	1995년	12월 13일
알프레드 치킨	선소프트	1995년	12월 13일
옛날이야기 대전	요지겐	1995년	12월 13일
봄버맨 GB2	허드슨	1995년	12월 13일
스트리트 파이터II	캡콤	1995년	12월 13일
GO GO 아크맨	반프레스토	1995년	12월 13일
드래곤볼Z 오공격투전	반다이	1995년	12월 14일
캡틴 츠바사J 전국 제패를 향한 도전	반다이	1995년	12월 14일
하이퍼 블랙배스 95	스타 피시	1995년	12월 14일
NBA JAM 토너먼트 에디션	어클레임 재팬	1995년	12월 20일
저지 드레드	어클레임 재팬	1995년	12월 20일
배트맨 포에버	어클레임 재팬	1995년	12월 20일
포어맨 포 리얼	어클레임 재팬	1995년	12월 20일
마법기사 레이어스 2nd 미싱 컬러즈	토미	1995년	12월 25일
J리그 빅 웨이브 사커	토미	1995년	12월 26일

닌쿠 제2탄 닌쿠전쟁편	토미	1995년	11월 24일
웨딩피치 자마피 패닉	KSS	1995년	12월 08일
커비의 블록 볼	닌텐도	1995년	12월 14일
도쿄 디즈니랜드 미키의 신데렐라성 미스테리 투어	토미	1995년	12월 22일
P맨	켐코	1995년	12월 22일
닌타마 란타로 GB	컬쳐 브레인	1995년	12월 27일
블록 깨기 GB	POW	1995년	12월 29일
포켓몬스터 적	닌텐도	1996년	02월 27일
포켓몬스터 녹	닌텐도	1996년	02월 27일
쿠마의 푸타로 보물찾기다 흥행 게임 배틀	타카라	1996년	02월 29일
열투 투신전	타카라	1996년	03월 22일
열투 더 킹 오브 파이터즈 95	타카라	1996년	04월 26일
연주 구락부 오목	헥트	1996년	05월 17일
도라에몽의 스터디보이1 초1 국어/한자	쇼가쿠칸	1996년	05월
도라에몽의 스터디보이2 초1 산수/계산	쇼가쿠칸	1996년	05월
배스 피싱 달인 수첩	스타피쉬	1996년	06월 21일
남코 갤러리 Vol.1	남코	1996년	07월 21일
봄버맨 컬렉션	허드슨	1996년	07월 21일
두더지냐	닌텐도	1996년	07월 21일
모모타로 컬렉션	허드슨	1996년	08월 09일
열투 사무라이 스피릿츠 참홍랑무쌍검	타카라	1996년	08월 23일
슈퍼 차이니즈 랜드 1,2,3	컬쳐 브레인	1996년	09월 13일
SD 비룡의 권 외전2	컬쳐 브레인	1996년	09월 27일
스트리트 레이서	UBI 소프트	1996년	09월 27일
스포츠 컬렉션	톤킹 하우스	1996년	09월 27일
포켓몬스터 청	닌텐도	1996년	10월 15일
피크로스2	닌텐도	1996년	10월 19일
요시의 패널퐁	닌텐도	1996년	10월 26일
퍼즐 닌타마 란타로	컬쳐 브레인	1996년	01월 01일
원인 컬렉션	허드슨	1996년	11월 22일
이상한 던전 풍래의 시렌 GB 츠키카게 마을의 괴물	춘소프트	1996년	11월 22일
동키콩 랜드	닌텐도	1996년	11월 23일
남코 갤러리 Vol.2	남코	1996년	11월 29일
파치오군 게임 갤러리	코코너츠 재팬	1996년	11월 29일
크레용 신짱 나의 기분 좋은 컬렉션	반다이	1996년	12월 02일
모모타로 컬렉션2	허드슨	1996년	12월 06일
게게게의 귀태랑 요괴창조주 나타나다!	반다이	1996년	12월 13일
합격보이 시리즈 영단어 타겟 1900	이매지니어	1996년	12월 13일
포켓 뿌요뿌요 통	컴파일	1996년	12월 13일
봄버맨 GB3	허드슨	1996년	12월 20일
도라에몽의 스터디보이3 구구단 마스터	쇼가쿠칸	1996년	12월 20일
스누피의 첫 심부름	켐코	1996년	12월 21일
녹색의 마키바오	토미	1996년	12월 21일
테트리스 플러스	자레코	1996년	12월 27일
미니4보이	J 윙	1996년	12월 27일
명탐정 코난 지하 유원지 살인사건	반다이	1996년	12월 27일
슈퍼 차이니즈 파이터 GB	컬쳐 브레인	1996년	12월 28일
슈퍼 블랙 배스 포켓	스타 피시	1996년	12월 28일
합격보이 시리즈 일본사 타겟 201	이매지니어	1997년	01월 24일
커비의 반짝반짝 키즈	닌텐도	1997년	01월 25일
ZOOP	야노망	1997년	01월 31일
게임보이 갤러리	닌텐도	1997년	02월 01일
차르보55 SUPER PUZZLE ACTION	일본시스템 서플라이	1997년	02월 21일
타이토 버라이어티 팩	타이토	1997년	02월 28일
합격 보이 시리즈 영어숙어 타겟 1000	이매지니어	1997년	03월 28일
SAME GAME	허드슨	1997년	04월 25일
미니사구 GB 렛츠&고!!	아스키	1997년	05월 23일
슈퍼 블랙 배스 포켓2	스타 피시	1997년	06월 20일
게임에서 발견!! 다마고치	반다이	1997년	06월 27일
게임보이 워즈 터보	허드슨	1997년	06월 27일
합격 보이 시리즈 고교입시에 나오는 순서 중학 영단어 1700	이매지니어	1997년	06월 27일
도라에몽의 스터디 보이4 초2 국어 한자	쇼가쿠칸	1997년	06월
도라에몽의 스터디 보이5 초2 산수 계산	쇼가쿠칸	1997년	06월
합격 보이 시리즈 Z회 궁극의 영단어 1500	이매지니어	1997년	07월 11일
슈퍼 비다맨 파이팅 피닉스	허드슨	1997년	07월 11일
가자! 키드	켐코	1997년	07월 18일
포켓 러브	키드	1997년	07월 18일
합격 보이 시리즈 고교입시에 나오는 순서 중학영어숙어 350	이매지니어	1997년	07월 25일
남코 갤러리 Vol.3	남코	1997년	07월 25일
포켓 마작	보톰업	1997년	07월 25일
열투 더 킹 오브 파이터즈96	타카라	1997년	08월 08일
마하 GoGoGo	토미	1997년	08월 08일
디노 브리더	J윙	1997년	08월 22일
합격 보이 시리즈 고교입시에 나오는 순서 한자 문제 정복	이매지니어	1997년	08월 29일
머니 아이돌 익스체인저	아테나	1997년	08월 29일
애니멀 브리더	J윙	1997년	09월 11일
강의 주인낚시3	팩 인 소프트	1997년	09월 19일
코나미 GB컬렉션 Vol.1	코나미	1997년	09월 25일
간식 퀴즈 우물우물Q	스타 피시	1997년	09월 26일
합격 보이 시리즈 고교입시 역사연대 암기 포인트 240	이매지니어	1997년	09월 26일
미니4보이II	J윙	1997년	09월 26일
게임보이 갤러리2	닌텐도	1997년	09월 27일
합격 보이 시리즈 고교입시 이과 암기 포인트 250	이매지니어	1997년	10월 01일
합격 보이 시리즈 Z회 궁극의 영어숙어 1017	이매지니어	1997년	10월 01일
게임에서 발견!! 다마고치2	반다이	1997년	10월 17일
프리크라 포켓 불완전 여고생 매뉴얼	아틀라스	1997년	10월 17일

합격 보이 시리즈 영어검정 2급 레벨의 회화 표현 333	이매지니어	1997년	10월 31일
컬렉션 포켓	나그자트	1997년	11월 21일
악마성 드라큘라 칠흑의 전주곡	코나미	1997년	11월 27일
합격 보이 시리즈 Z회 궁극의 영어 구문 285	이매지니어	1997년	11월 28일
트럼프 컬렉션 GB	보톰업	1997년	11월 28일
메다로트 카부토 버전	이매지니어	1997년	11월 28일
메다로트 쿠와가타 버전	이매지니어	1997년	11월 28일
프리크라 포켓2 남친 개조 대작전	아틀라스	1997년	11월 29일
힘내라 고에몽 흑선당의 비밀	코나미	1997년	12월 04일
산리오 운세 파티	이매지니어	1997년	12월 05일
코나미 GB 컬렉션 Vol.2	코나미	1997년	12월 11일
초마신영웅전 와타루 뒤죽박죽 몬스터	반프레스토	1997년	12월 12일
포켓 봄버맨	허드슨	1997년	12월 12일
카라무쵸의 대사건	스타 피시	1997년	12월 19일
스타 스위프	액셀러	1997년	12월 19일
벅스 바니 컬렉션	켐코	1997년	12월 19일
목장 이야기 GB	팩 인 비디오	1997년	12월 19일
포켓 칸지로	신학사	1998년	01월 10일
게임에서 발견!! 다마고치 오스치와 메스치	반다이	1998년	01월 15일
합격 보이 시리즈 학연 관용구 속담 210	이매지니어	1998년	01월 30일
합격 보이 시리즈 학연 사자성어 288	이매지니어	1998년	01월 30일
뉴 체스 마스터	알트론	1998년	01월 30일
코나미 GB 컬렉션 Vol.3	코나미	1998년	02월 19일
네이비 블루 98	쇼에이 시스템	1998년	02월 20일
포켓 카메라	닌텐도	1998년	02월 21일
넥타리스 GB	허드슨	1998년	02월 27일
포켓 코로짱	토미	1998년	02월 27일
대패수 이야기 더 미라클 오브 더 존	허드슨	1998년	03월 05일
이니셜D 외전	코단샤	1998년	03월 06일
몬스터 레이스	코에이	1998년	03월 06일
파친코 CR 대공의 겐상 GB	일본 텔레네트	1998년	03월 13일
포켓 러브2	키드	1998년	03월 13일
코나미 GB 컬렉션 Vol.4	코나미	1998년	03월 19일
합격 보이 시리즈 Z회 예문으로 외우는 중학 영단어 1132	이매지니어	1998년	03월 20일
합격 보이 시리즈 야마카와 일문일답 세계사B 용어문제집	이매지니어	1998년	03월 20일
도라에몽 카트	에폭사	1998년	03월 20일
메다로트 파츠 컬렉션	이매지니어	1998년	03월 20일
갓메디슨 복각판	코나미	1998년	03월 26일
파워 프로 GB	코나미	1998년	03월 26일
통조림 몬스터	아이맥스	1998년	03월 27일
열투 리얼바우트 아랑전설 스페셜	타카라	1998년	03월 27일
퍼즐보블 GB	타이토	1998년	04월 10일
합격 보이 시리즈 키리하라 서점 빈출 영문법 어법 문제 1000	이매지니어	1998년	04월 22일

합격 보이 시리즈 야마카와 일문일답 일본사B 용어 문제집	이매지니어	1998년	04월 22일
포켓 배스 피싱	보톰업	1998년	04월 24일
셀렉션 I&II 선택받은 자&암흑의 봉인	켐코	1998년	05월 01일
애니멀 브리더2	J윙	1998년	05월 15일
일본 대표팀 영광의 일레븐	토미	1998년	05월 22일
합격 보이 시리즈 학연 역사512	이매지니어	1998년	05월 29일
메다로트 파츠 컬렉션2	이매지니어	1998년	05월 29일
월드 사커 GB	코나미	1998년	06월 04일
디노 브리더2	J윙	1998년	06월 05일
닌타마 란타로 GB 그림 맞추기 챌린지 퍼즐	컬쳐 브레인	1998년	06월 19일
미니사구 GB 렛츠&고!! 올스타 배틀 MAX	아스키	1998년	06월 19일
언제든지! 냥과 원더풀	반프레스토	1998년	06월 26일
합격보이 시리즈 네모난 머리를 동그랗게 하는 숫자로 놀자 산수편	이매지니어	1998년	06월 26일
J리그 서포터 사커	J윙	1998년	06월 26일
일간 베루토모 구락부	아이맥스	1998년	06월 26일
고기압 보이	코나미	1998년	07월 02일
바다의 주인낚시2	팩 인 소프트	1998년	07월 10일
GO! GO! 히치하이크	J윙	1998년	07월 10일
합격 보이 시리즈 99년도판 영단어 센터 1500	이매지니어	1998년	07월 10일
화석창세 리본	스타 피시	1998년	07월 17일
어군탐지기 포켓 소나	반다이	1998년	07월 24일
그랜더 무사시 RV	반다이	1998년	07월 24일
도쿄 디즈니랜드 판타지 투어	토미	1998년	07월 24일
폭조열전 쇼우 하이퍼 피싱	스타 피시	1998년	07월 24일
빨리 누르기 퀴즈 왕좌결정전	자레코	1998년	07월 31일
브레인 드레인	어클레임 재팬	1998년	07월 31일
모모타로 전철 jr. 전국 라면 순회 여행	허드슨	1998년	07월 31일
상하이 Pocket	선소프트	1998년	08월 06일
초마신영웅전 와타루 뒤죽박죽 몬스터2	반프레스토	1998년	08월 07일
튜록 바이오노 사우루스의 싸움	스타 피시	1998년	08월 07일
명탐정 코난 의혹의 호화열차	반다이	1998년	08월 07일
포켓 패밀리 GB	허드슨	1998년	08월 09일
곤충박사	J윙	1998년	08월 28일
모탈 컴뱃 & 모탈 컴뱃II	어클레임 재팬	1998년	09월 10일
낚시 선생	J윙	1998년	09월 11일
포켓 장기	보톰업	1998년	09월 11일
포켓몬스터 피카츄	닌텐도	1998년	09월 12일
초속 스피너	허드슨	1998년	09월 18일
드래곤 퀘스트 몬스터즈 테리의 원더랜드	에닉스	1998년	09월 25일
포켓 골프	보톰업	1998년	09월 25일
몬스터 레이스 한 그릇 더	코에이	1998년	10월 02일
폭조 리트리브 마스터	코나미	1998년	10월 15일
신 경마귀족 포켓 자키	킹 레코드	1998년	10월 16일

글로컬 헥사이트	NEC 인터채널	1998년	10월 21일
테트리스 디럭스	닌텐도	1998년	10월 21일
와리오 랜드2 도둑맞은 보물	닌텐도	1998년	10월 21일
포켓 볼링	아테나	1998년	10월 23일
포켓 전차	코코너츠 재팬	1998년	10월 30일
본격 장기 장기왕	와라시	1998년	11월 13일
게임보이 워즈2	허드슨	1998년	11월 20일
격투 파워 모델러	캡콤	1998년	11월 27일
산리오 타임넷 과거편	이매지니어	1998년	11월 27일
산리오 타임넷 미래편	이매지니어	1998년	11월 27일
슈퍼 블랙 배스 포켓3	스타 피시	1998년	11월 27일
도라에몽의 게임보이에서 놀자 디럭스10	에폭사	1998년	11월 27일
포켓 뿌요뿌요 SUN	컴파일	1998년	11월 27일
로봇 퐁코츠 태양 버전	허드슨	1998년	12월 04일
로봇 퐁코츠 별 버전	허드슨	1998년	12월 04일
카라무쵸는 대소동 폴린키즈와 이상한 친구들	스타 피시	1998년	12월 11일
게임보이 모노폴리	하즈브로 재팬	1998년	12월 11일
바디건	탐 소프트	1998년	12월 11일
페어리 키티의 개운 사전 요정 나라의 점술 수행	이매지니어	1998년	12월 11일
로도스도 전기 영웅기사전 GB	토미	1998년	12월 11일
젤다의 전설 꿈꾸는 섬DX	닌텐도	1998년	12월 12일
유희왕 듀얼 몬스터즈	코나미	1998년	12월 17일
포켓 칼라 블록	보톰업	1998년	12월 18일
더 수도고 레이싱	포니 캐니언	1998년	12월 18일
프리크라 포켓3 탤런트 데뷰 대작전	아틀라스	1998년	12월 18일
포켓몬 카드 GB	닌텐도	1998년	12월 18일
마작 퀘스트	J윙	1998년	12월 23일
봄버맨 퀘스트	허드슨	1998년	12월 24일
코지마 타케오, 나다 마사타로의 실전 마작 교실	갭스	1998년	12월 25일
합격 보이 시리즈 Z회 예문으로 기억하는 궁극의 고문단어	이매지니어	1998년	12월 25일
도라에몽의 스터디 보이6 학습 한자 마스터 1006	쇼가쿠칸	1998년	불명
힘내라 고에몽 텐구당의 역습	코나미	1999년	01월 14일
파친코 데이터 카드 초 아타루군	BOSS 커뮤니케이션즈	1999년	01월 28일
벅스 바니 크레이지 캐슬3	켐코	1999년	01월 29일
B 비다맨 폭외전 빅토리로 가는 길	미디어 팩토리	1999년	01월 29일
두근두근 메모리얼 포켓 컬처편 나뭇잎 사이로 비치는 햇빛의 멜로디	코나미	1999년	02월 11일
두근두근 메모리얼 포켓 스포츠편 교정의 포토그래프	코나미	1999년	02월 11일
화석창세 리본2 몬스터 디거	스타 피시	1999년	02월 12일
본격 4인 마작 마작왕	와라시	1999년	02월 19일
햄스터 파라다이스	아틀라스	1999년	02월 26일
포용의 던전 룸	허드슨	1999년	02월 26일
ROX	알트론	1999년	03월 05일
비트매니아 GB	코나미	1999년	03월 11일
왕 도둑JING 엔젤 버전	메사이어	1999년	03월 12일
왕 도둑JING 데빌 버전	메사이어	1999년	03월 12일
오하스타 야마짱 & 레이몬드	에폭사	1999년	03월 12일
합격 보이 시리즈 네모난 머리를 동그랗게 하는 산수 배틀편	이매지니어	1999년	03월 12일
코시엔 포켓	마호	1999년	03월 12일
도라에몽 카트2	에폭사	1999년	03월 12일
몬스터 레이스2	코에이	1999년	03월 12일
결투 비스트 워즈 비스트 전사 최강 결정전	타카라	1999년	03월 19일
장기2	포니 캐니언	1999년	03월 19일
대패수 이야기 더 미라클 오브 더 존II	허드슨	1999년	03월 19일
프로마작 극 GB II	아테나	1999년	03월 19일
여신전생 외전 라스트 바이블 칼라대응판	아틀라스	1999년	03월 19일
QUI QUI	마호	1999년	03월 26일
버거버거 포켓	갭스	1999년	03월 26일
파워 프로군 포켓	코나미	1999년	04월 01일
포켓 전차2	코코너츠 재팬	1999년	04월 02일
게임보이 갤러리3	닌텐도	1999년	04월 08일
카토 히후미 9단의 장기 교실	컬쳐 브레인	1999년	04월 09일
노부나가의 야망 게임보이 판2	코에이	1999년	04월 09일
포켓몬 핀볼	닌텐도	1999년	04월 14일
체크 메이트	알트론	1999년	04월 16일
여신전생 외전 라스트 바이블II 칼라 대응판	아틀라스	1999년	04월 16일
골프 DE 오하스타	에폭사	1999년	04월 23일
인생게임 친구를 많이 만들자!	타카라	1999년	04월 23일
탑기어 포켓	켐코	1999년	04월 23일
푸치 캐럿	타이토	1999년	04월 23일
리얼 프로야구 센트럴 리그 편	나츠메	1999년	04월 23일
리얼 프로야구 퍼시픽 리그 편	나츠메	1999년	04월 23일
헬로 키티의 매지컬 뮤지엄	이매지니어	1999년	04월 02일
디노 브리더3 가이아 부활	J윙	1999년	04월 02일
파치파치파치스로 뉴 펄서 편	스타 피시	1999년	04월 02일
꽃 피는 천사 텐텐군의 비트 브레이커	코나미	1999년	04월 02일
포켓 GI 스테이블	코나미	1999년	04월 02일
SD 비룡의 권 EX	컬쳐 브레인	1999년	04월 30일
It's a 월드 랠리	코나미	1999년	05월 13일
카드캡터 사쿠라 늘 사쿠라와 함께	엠티오	1999년	05월 15일
핏폴 GB	포니 캐니언	1999년	05월 28일
학급왕 야마자키 게임보이 판	코에이	1999년	05월 29일
한자 BOY	J윙	1999년	06월 03일
통조림 몬스터 파르페	스타 피시	1999년	06월 04일
파친코 CR 맹렬 원시인T	헥트	1999년	06월 04일
포켓 화투	보톰업	1999년	06월 11일
루카의 퍼즐로 대모험!	휴먼	1999년	06월 11일

서바이벌 키즈 고도의 모험자	코나미	1999년	06월 17일
애니멀 브리더3	J윙	1999년	06월 24일
월드 사커 GB2	코나미	1999년	06월 24일
사카다 고로 9단의 연주교실	컬쳐 브레인	1999년	06월 25일
하이퍼 올림픽 시리즈 트랙&필드 GB	코나미	1999년	07월 01일
유희왕 듀얼 몬스터즈II 암계결투기	코나미	1999년	07월 08일
프로 마작 강자 GB	컬쳐 브레인	1999년	07월 09일
강의 주인낚시4	팩 인 소프트	1999년	07월 16일
합격 보이 시리즈 네모난 머리를 동그랗게 하는 사회배틀 편	이매지니어	1999년	07월 16일
골프 왕	디지털 키즈	1999년	07월 16일
헬로 키티의 비즈 공방	이매지니어	1999년	07월 17일
곤충 박사2	J윙	1999년	07월 23일
낚시 선생2	J윙	1999년	07월 23일
차세대 베이고마 배틀 베이 블레이드	허드슨	1999년	07월 23일
스파이 앤드 스파이	켐코	1999년	07월 23일
도라에몽 걸어라 걸어라 라비린스	에폭사	1999년	07월 23일
포켓 루어 보이	킹 레코드	1999년	07월 23일
부라이 전사 칼라	키드	1999년	07월 23일
메다로트2 카부토 버전	이매지니어	1999년	07월 23일
메다로트2 쿠와가타 버전	이매지니어	1999년	07월 23일
젬젬 몬스터	키드	1999년	07월 30일
삼국지 게임보이 판2	코에이	1999년	07월 30일
쵸로Q 하이퍼 커스터머블 GB	타카라	1999년	07월 30일
아더 라이프 아더 드림스 GB	코나미	1999년	08월 05일
목장 이야기 GB2	팩 인 소프트	1999년	08월 06일
포켓 패밀리 GB2	허드슨	1999년	08월 06일
마리오 골프 GB	닌텐도	1999년	03월 20일
Get충 구락부 모두의 곤충대도감	자레코	1999년	08월 13일
J리그 익사이트 스테이지 GB	에폭사	1999년	08월 13일
섀도우 게이트 리턴	켐코	1999년	08월 13일
백개먼	알트론	1999년	08월 27일
뿌요뿌요 외전 뿌요 워즈	컴파일	1999년	08월 27일
옷 갈아입히기 이야기	팩 인 소프트	1999년	09월 03일
구루구루 가라쿠타즈	아틀라스	1999년	09월 10일
튜록2 시공전사	스타 피시	1999년	09월 10일
귀여운 펫샵 이야기	타이토	1999년	09월 23일
드래곤 퀘스트 1,2	에닉스	1999년	09월 23일
합격 보이 시리즈 네모난 머리를 둥글게 하는 국어 배틀 편	이매지니어	1999년	09월 24일
슈퍼로봇대전 링크 배틀러	반프레스토	1999년	10월 01일
프론트 로우	키드	1999년	10월 01일
오델로 밀레니엄	츠쿠다 오리지널	1999년	10월 08일
격투요리전설 비스트로 레시피 격투 푸드 배틀편	반프레스토	1999년	10월 08일
슈퍼 리얼 피싱	보톰업	1999년	10월 08일

V랠리 챔피언십 에디션	스파이크	1999년	10월 14일
실바니아 패밀리 동화 나라의 펜던트	에폭사	1999년	10월 15일
데자뷰 I, II	켐코	1999년	10월 15일
포켓 GT	엠티오	1999년	10월 15일
총강전기 바렛 배틀러	코나미	1999년	10월 21일
아쿠아 라이프	탐 소프트	1999년	10월 22일
퀵스 어드벤처	타이토	1999년	10월 22일
야광충 GB	아테나	1999년	10월 22일
위저드리 엠파이어	스타 피시	1999년	10월 29일
웨트리스 GB	이매지니어	1999년	10월 29일
골프 너무 좋아!	키드	1999년	10월 29일
햄스터 구락부	죠르단	1999년	10월 29일
메다로트2 파츠 컬렉션	이매지니어	1999년	10월 29일
합격 보이 시리즈 네모난 머리를 동그랗게 하는 이과 배틀 편	이매지니어	1999년	11월 05일
컬럼스 GB 테즈카 오사무 캐릭터즈	미디어 팩토리	1999년	11월 05일
테트리스 어드벤처 가자, 미키와 친구들	캡콤	1999년	11월 12일
포켓몬스터 금	닌텐도	1999년	11월 21일
포켓몬스터 은	닌텐도	1999년	11월 21일
R-TYPE DX	아이렘	1999년	11월 22일
근육 순위 GB 도전자는 너다!	코나미	1999년	11월 25일
비트매니아 GB2 가챠믹스	코나미	1999년	11월 25일
리틀 매직	알트론	1999년	11월 26일
더 그레이트 배틀 POCKET	반프레스토	1999년	12월 03일
날아라! 호빵맨 신비한 싱글벙글 앨범	탐 소프트	1999년	12월 03일
격투요리전설 비스트로 레시피 결투 비스트 가룸 편	반프레스토	1999년	12월 10일
그란 듀얼 깊은 던전의 비보	보톰업	1999년	12월 10일
슈퍼 블랙 배스 리얼 파이트	스타 피시	1999년	12월 10일
슈파 봄브리스 디럭스	BPS	1999년	12월 10일
전차로 GO!	사이버 프론트	1999년	12월 10일
모두의 장기 초급편	엠티오	1999년	12월 10일
힘내라 고에몽 원령 여행길 뛰쳐나가라 나베부교!	코나미	1999년	12월 16일
여류 마작사에게 도전 GB 우리들에게 도전하세요!	컬쳐 브레인	1999년	12월 17일
스위트 안제	코에이	1999년	12월 17일
탑 기어 포켓2	켐코	1999년	12월 17일
봄버맨 MAX 빛의 용자	허드슨	1999년	12월 17일
봄버맨 MAX 어둠의 전사	허드슨	1999년	12월 17일
파친코 필승 가이드 데이터의 왕	BOSS 커뮤니케이션	1999년	12월 22일
포켓 칼라 트럼프	보톰업	1999년	12월 22일
포켓 칼라 마작	보톰업	1999년	12월 22일
헐리우드 핀볼	스타 피시	1999년	12월 23일
춤추는 천재 펫! 댄싱 퍼비	토미	1999년	12월 24일
기동전함 나데시코 루리루리 마작	킹 레코드	1999년	12월 24일
슈퍼 차이니즈 파이터 EX	컬쳐 브레인	1999년	12월 24일

폭주전기 메탈 워커 GB 강철의 우정	캡콤	1999년	12월 24일
포켓 칼라 당구(빌리어드)	보톰업	1999년	12월 24일
몬스터 팜 배틀 카드 GB	테크모	1999년	12월 24일
로봇 퐁코츠 달 버전	허드슨	1999년	12월 24일
만담 요이코의 게임도 아저씨 찾아 3번지	코나미	1999년	12월 25일
소코반 전설 빛과 어둠의 나라	J윙	1999년	12월 25일
대피 덕 미끄러져서 뒹굴며 백만장자	선소프트	2000년	01월 01일
에리의 아틀리에GB	이매지니어	2000년	01월 08일
마리의 아틀리에GB	이매지니어	2000년	01월 08일
책의 대모험 대마왕의 역습	이매지니어	2000년	01월 15일
하이퍼 올림픽 윈터 2000	코나미	2000년	01월 07일
동키콩 GB 딩키콩&딕시콩	닌텐도	2000년	01월 28일
사이좋은 펫 시리즈1 귀여운 햄스터	엠티오	2000년	01월 28일
B 비다맨 폭외전V 파이널 메가튠	미디어 팩토리	2000년	02월 04일
어락왕 TANGO!	J윙	2000년	02월 11일
본격 대전 장기 보	컬쳐 브레인	2000년	02월 18일
포켓 빌리어드 펑크 더 9볼	탐 소프트	2000년	02월 19일
트레이드&배틀 카드 히어로	닌텐도	2000년	02월 21일
F1 월드 그랑프리II For 게임보이 칼라	비디오 시스템	2000년	02월 24일
프로 마작 강자 GB2	컬쳐 브레인	2000년	02월 24일
본격 화투 GB	알트론	2000년	02월 24일
명탐정 코난 카라쿠리 사원 살인사건	반프레스토	2000년	02월 24일
메타파이트EX	선소프트	2000년	02월 24일
메타 모드	코에이	2000년	02월 24일
돌격! 빳빠라대	J윙	2000년	03월 10일
도라에몽 메모리즈 노비타의 추억 대모험	에폭사	2000년	03월 10일
메다로트 카드 로보틀 카부토 버전	이매지니어	2000년	03월 10일
메다로트 카드 로보틀 쿠와가타 버전	이매지니어	2000년	03월 10일
야구 시뮬레이션 포켓 프로야구	에폭사	2000년	03월 10일
RPG 쯔쿠르 GB	아스키	2000년	03월 17일
합격 보이 시리즈 네모난 머리를 동그랗게 하는 상식의 서	이매지니어	2000년	03월 17일
합격 보이 시리즈 네모난 머리를 동그랗게 하는 난문의 서	이매지니어	2000년	03월 17일
실바니아 멜로디 숲속 친구들과 춤추자!	에폭사	2000년	03월 17일
퍼즈 루프	캡콤	2000년	03월 17일
햄스터 파라다이스2	아틀라스	2000년	03월 17일
포켓 프로레슬링 퍼펙트 레슬러	J윙	2000년	03월 17일
마크로스7 은하의 하트를 뒤흔들어라!!	에폭사	2000년	03월 17일
와리오 랜드3 신비한 오르골	닌텐도	2000년	03월 21일
사이보그 쿠로짱 데빌 부활!!	코나미	2000년	03월 23일
사루 펀처	타이토	2000년	03월 24일
감자군	빅터 인터랙티브 소프트웨어	2000년	03월 24일
Disney's Tarzan	시스컴 엔터테인먼트	2000년	03월 24일
사이좋은 펫 시리즈2 귀여운 토끼	엠티오	2000년	03월 24일

폭구연발!! 슈퍼 비다맨 격탄! 라이징 발키리!!	타카라	2000년	03월 24일
레이맨 미스터 다크의 함정	UBI소프트	2000년	03월 24일
배틀 피셔즈	코나미	2000년	03월 30일
파워 프로군 포켓2	코나미	2000년	03월 30일
팝픈 뮤직 GB	코나미	2000년	03월 30일
아루루의 모험 마법의 쥬얼	컴파일	2000년	03월 31일
스노우보드 챔피언	보톰업	2000년	03월 31일
트릭 보더 그랑프리	아테나	2000년	03월 31일
필살 파친코 BOY CR 몬스터 하우스	선소프트	2000년	03월 31일
명탐정 코난 기암도 비보전설	반프레스토	2000년	03월 31일
VS 레밍스	J윙	2000년	04월 07일
유희왕 몬스터 캡슐 GB	코나미	2000년	04월 13일
성패 전설	갭스	2000년	04월 14일
DX 모노폴리 GB	타카라	2000년	04월 21일
버거 파라다이스 인터내셔널	갭스	2000년	04월 21일
벅스 바니 크레이지 캐슬4	켐코	2000년	04월 21일
메탈기어 고스트 바벨	코나미	2000년	04월 27일
한자로 퍼즐	엠티오	2000년	04월 28일
경마장으로 가자! 와이드	헥트	2000년	04월 28일
디노 브리더 4	J윙	2000년	04월 28일
도라에몽의 퀴즈 보이	에폭사	2000년	04월 28일
퍼즐보블4	알트론	2000년	04월 28일
페럿 이야기 디어 마이 페럿	컬쳐 브레인	2000년	04월 28일
대공의 겐상 땅땅 망치가 땅땅	바이옥스	2000년	04월 28일
마작 여왕	와라시	2000년	04월 28일
로드 러너 덤덤단의 야망	엑싱 엔터테인먼트	2000년	04월 28일
게임 편의점 21	스타 피시	2000년	05월 19일
타이토 메모리얼 체이스 H.Q	죠르단	2000년	05월 26일
타이토 메모리얼 버블보블	죠르단	2000년	05월 26일
대패수 이야기 포용의 던전 룸2	허드슨	2000년	06월 02일
빅쿠리맨 2000 차징 카드 GB	이매지니어	2000년	06월 10일
헌터X헌터 헌터의 계보	코나미	2000년	06월 15일
미스터 드릴러	남코	2000년	06월 29일
이데 요스케의 마작 교실 GB	아테나	2000년	06월 30일
오자루마루 만원신사는 제삿날이다!	엠티오	2000년	06월 30일
한자 BOY 2	J윙	2000년	06월 30일
무민의 대모험	선소프트	2000년	06월 30일
언제든지 파친코 GB CR 몬스터 하우스	탐 소프트	2000년	07월 04일
월드 사커 GB 2000	코나미	2000년	07월 06일
모아서 놀자! 곰돌이 푸 숲의 보물	토미	2000년	07월 07일
힘내라 일본! 올림픽 2000	코나미	2000년	07월 13일
유희왕 듀얼 몬스터즈III 삼성전신강림	코나미	2000년	07월 13일
오자루마루 달밤이 연못의 보물	석세스	2000년	07월 14일

도카본?! 밀레니엄 퀘스트	아스믹 에이스 엔터테인먼트	2000년	07월 14일
서바이벌 키즈2 탈출!! 쌍둥이섬!	코나미	2000년	07월 19일
헬로 키티의 스위트 어드벤처 다니엘군과 만나고 싶어	이매지니어	2000년	07월 19일
디어 다니엘의 스위트 어드벤처 키티짱을 찾아서	이매지니어	2000년	07월 19일
데이터 네비 프로야구	나우 프로덕션	2000년	07월 21일
폭주 데코트럭 전설 GB 스페셜 남자 배짱의 천하통일	키드	2000년	07월 21일
메다로트3 카부토 버전	이매지니어	2000년	07월 23일
메다로트3 쿠와가타 버전	이매지니어	2000년	07월 23일
화란호룡학원 화투, 마작	J윙	2000년	07월 28일
사쿠라 대전 GB 격 하나구미 입대!	미디어 팩토리	2000년	07월 28일
벌룬 파이트GB (프리라이트 판)	닌텐도	2000년	07월 31일
댄스 댄스 레볼루션 GB	코나미	2000년	08월 03일
조이드 사신부활! 제노브레이커 편	토미	2000년	08월 04일
소울 겟타 방과 후 모험 RPG	마이크로 캐빈	2000년	08월 04일
매지컬 체이스 GB 견습 마법사 현자의 계곡으로	마이크로 캐빈	2000년	08월 04일
오싹오싹 히어로즈	미디어 팩토리	2000년	08월 04일
던전 세이버	J윙	2000년	08월 04일
낚시꾼 어드벤처 카이트의 모험	빅터 인터랙티브 소프트웨어	2000년	08월 04일
러브히나 포켓	마벨러스 엔터테인먼트	2000년	08월 04일
근육 순위 GB2 목표는 머슬 챔피언!	코나미	2000년	08월 10일
해저 전설!! 트레져 월드	다즈	2000년	08월 11일
K.O 더 프로 복싱	알트론	2000년	08월 11일
실전에 도움되는 바둑묘수풀이	포니 캐니언	2000년	08월 11일
트위티 세계일주 80마리의 고양이를 찾아라!	켐코	2000년	08월 11일
토코로씨의 세타가야 컨트리 클럽	나츠메	2000년	08월 11일
타니무라 히토시 류 파친코 공략 대작전 돈키호테가 간다	아틀라스	2000년	08월 11일
사이좋은 펫 시리즈3 귀여운 강아지	엠티오	2000년	08월 11일
퍼펙트 쵸로Q	타카라	2000년	08월 11일
베이 블레이드 FIGHTING TOURNAMENT	허드슨	2000년	08월 11일
데굴데굴 커비	닌텐도	2000년	08월 23일
팝픈 뮤직 GB 애니메이션 멜로디	코나미	2000년	09월 07일
방가방가 햄토리 친구 대작전이다	닌텐도	2000년	09월 08일
포켓몬으로 패널퐁	닌텐도	2000년	09월 21일
햄스터 구락부 맞춰서 츄	죠르단	2000년	09월 22일
나의 캠프장	나그자츠	2000년	09월 22일
포켓 뿌요뿌용	컴파일	2000년	09월 22일
퍼즐로 승부다! 우타마짱	나그자트	2000년	09월 28일
비트매니아 GB 가챠믹스2	코나미	2000년	09월 28일
엘리베이터 액션 EX	알트론	2000년	09월 29일
곤타의 평화로운 대모험	레이업	2000년	09월 29일
신세기 에반게리온 마작보완계획	킹 레코드	2000년	09월 29일
스페이스 인베이더X	타이토	2000년	09월 29일
솔로몬	테크모	2000년	09월 29일

목장 이야기 GB3 보이 미츠 걸	빅터 인터랙티브 소프트웨어	2000년	09월 29일
카드캡터 사쿠라 토모에다 소학교 대운동회	엠티오	2000년	10월 06일
슈퍼 돌 리카짱 옷 갈아입히기 대작전	비알 원	2000년	10월 06일
사이보그 쿠로짱2 화이트 우즈의 역습	코나미	2000년	10월 19일
록맨X 사이버 미션	캡콤	2000년	10월 20일
괴인 조나	닌텐도	2000년	10월 21일
합격 보이 시리즈 네모난 머리를 동그랗게 하는 도형의 달인	이매지니어	2000년	10월 27일
JET로 GO!	알트론	2000년	10월 27일
마리오 테니스 GB	닌텐도	2000년	11월 01일
휴대 전수 텔레팡 스피드 버전	스마일 소프트	2000년	11월 03일
휴대 전수 텔레팡 파워 버전	스마일 소프트	2000년	11월 03일
피와 땀과 눈물의 고교 야구	J윙	2000년	11월 03일
테일즈 오브 판타지아 나리키리 던전	남코	2000년	11월 10일
댄스 댄스 레볼루션 GB2	코나미	2000년	11월 16일
진 여신전생 데빌 칠드런 흑의 서	아틀라스	2000년	11월 17일
진 여신전생 데빌 칠드런 적의 서	아틀라스	2000년	11월 17일
두근두근 전설 마법진 구루구루	에닉스	2000년	11월 17일
몬스터 택틱스	닌텐도	2000년	11월 21일
에어포스 델타	코나미	2000년	11월 22일
그린치	코나미	2000년	11월 22일
커맨드 마스터	에닉스	2000년	11월 22일
팝픈 뮤직GB 디즈니 튠즈	코나미	2000년	11월 22일
날아라! 호빵맨 다섯 탑의 임금님	탐 소프트	2000년	11월 23일
선계이문록 준제대전 TV애니메이션 「선계전 봉신연의」에서	반프레스토	2000년	11월 24일
메다로트3 파츠 컬렉션 Z에서의 초전장	이매지니어	2000년	11월 24일
미이라 잃어버린 사막의 도시	코나미	2000년	11월 30일
GB하로봇츠	선라이즈 인터랙티브	2000년	12월 01일
슈퍼 미멜 GB 미멜 베어의 해피 메일 타운	토미	2000년	12월 01일
도널드 덕 데이지를 구해라	UBI소프트	2000년	12월 01일
육문천외 몬콜레나이트 GB	카도카와 쇼텐	2000년	12월 01일
피아캐롯에 어서오세요!! 2.2	NEC인터채널	2000년	12월 02일
유희왕 듀얼 몬스터즈4 최강 결투자 전기 카이바 덱	코나미	2000년	12월 07일
유희왕 듀얼 몬스터즈4 최강 결투자 전기 조노우치 덱	코나미	2000년	12월 07일
유희왕 듀얼 몬스터즈4 최강 결투자 전기 유우기 덱	코나미	2000년	12월 07일
다!다!다! 갑자기 카드에 배틀에 운세에!?	비디오 시스템	2000년	12월 08일
데지코의 마작 파티	킹 레코드	2000년	12월 08일
전차로 GO!2	사이버 프론트	2000년	12월 08일
드래곤퀘스트III 그리고 전설로	에닉스	2000년	12월 08일
포켓몬스터 크리스탈 버전	닌텐도	2000년	12월 14일
공격 COM 던전 드루루루아가	남코	2000년	12월 15일
사이좋은 쿠킹 시리즈1 맛있는 베이커리	엠티오	2000년	12월 15일
햄스터 구락부2	죠르단	2000년	12월 15일
햄스터 파라다이스3	아틀라스	2000년	12월 15일

김전일 소년의 사건부 10년째의 초대장	반프레스토	2000년	12월 16일
도라에몽의 스터디 보이 구구단 게임	에폭사	2000년	12월 20일
힘내라 고에몽 성공사 다이너마이츠 나타나다!	코나미	2000년	12월 21일
비룡의 권 열전 GB	컬쳐 브레인	2000년	12월 22일
위저드리 엠파이어 부활의 지팡이	스타 피시	2000년	12월 22일
귀여운 펫샵 이야기2	타이토	2000년	12월 22일
그란디아 패러렐 트리퍼즈	허드슨	2000년	12월 22일
실바니아 패밀리2 물들어가는 숲의 판타지	에폭사	2000년	12월 22일
퍼즐보블 밀레니엄	알트론	2000년	12월 22일
애니멀 브리더4	J윙	2001년	01월 01일
모모타로 전설 1→2	허드슨	2001년	01월 01일
도라에몽의 스터디 보이 학습 한자 게임	에폭사	2001년	01월 12일
동키콩 2001	닌텐도	2001년	01월 21일
브레이브 사가 신장 아스타리아	타카라	2001년	01월 26일
러브히나 파티	마벨러스 엔터테인먼트	2001년	01월 26일
사무라이 키드	코에이	2001년	02월 02일
오하스타 댄스 댄스 레볼루션 GB	코나미	2001년	02월 08일
헤로헤로군	이매지니어	2001년	02월 09일
승부사 전설 테츠야 신주쿠 천운편	아테나	2001년	02월 09일
사이좋은 펫 시리즈4 귀여운 아기 고양이	엠티오	2001년	02월 16일
팝픈 팝	죠르단	2001년	02월 16일
근육 순위 GB3 신세기 서바이벌 열전!	코나미	2001년	02월 22일
위저드리 미친 왕의 시련장	아스키	2001년	02월 23일
위저드리II 릴가민의 유산	아스키	2001년	02월 23일
위저드리III 다이아몬드의 기사	아스키	2001년	02월 23일
프론트 라인 The Next Mission	알트론	2001년	02월 23일
웃는 개의 모험 GB SILLY GO LUCKY!	캡콤	2001년	02월 23일
작은 에일리언	크리쳐스	2001년	02월 23일
포켓 킹	남코	2001년	02월 23일
슈퍼로봇 핀볼	미디어 팩토리	2001년	02월 23일
젤다의 전설 이상한 나무열매 시공의 장	닌텐도	2001년	02월 27일
젤다의 전설 이상한 나무열매 대지의 장	닌텐도	2001년	02월 27일
더 블랙 오닉스	타이토	2001년	03월 02일
코토배틀 천외의 수호자	알파드림	2001년	03월 09일
드래곤 퀘스트 몬스터즈2 마르타의 이상한 열쇠 루카의 여행	에닉스	2001년	03월 09일
무적왕 트라이제논	마벨러스 엔터테인먼트	2001년	03월 09일
우디 우드페커의 고!고!레이싱	코나미	2001년	03월 15일
댄스 댄스 레볼루션 GB3	코나미	2001년	03월 15일
스페이스 넷 코스모 블루	이매지니어	2001년	03월 16일
스페이스 넷 코스모 레드	이매지니어	2001년	03월 16일
도라에몽 너와 펫의 이야기	에폭사	2001년	03월 16일
닌타마 란타로 인술학원에 입학하자의 단	아스크	2001년	03월 23일
메다로트4 카부토 버전	이매지니어	2001년	03월 23일

메다로트4 쿠와가타 버전	이매지니어	2001년	03월 23일
환상마전 최유기 사막의 사신	J윙	2001년	03월 23일
패션 일기	빅터 인터랙티브 소프트웨어	2001년	03월 23일
포켓몬 카드 GB2 GR단 등장!	포켓몬	2001년	03월 28일
댄스 댄스 레볼루션 GB 디즈니 믹스	코나미	2001년	03월 29일
합격 보이 시리즈 네모난 머리를 동그랗게 하는 한자의 달인	이매지니어	2001년	03월 30일
합격 보이 시리즈 네모난 머리를 동그랗게 하는 계산의 달인	이매지니어	2001년	03월 30일
스트리트 파이터 ALPHA	캡콤	2001년	03월 30일
애니마스터 GB	미디어 팩토리	2001년	03월 30일
드래곤 퀘스트 몬스터즈2 마르타의 이상한 열쇠 이루의 모험	에닉스	2001년	04월 12일
크로스 헌터 엑스 헌터 버전	게임 빌리지	2001년	04월 12일
크로스 헌터 트레저 헌터 버전	게임 빌리지	2001년	04월 12일
크로스 헌터 몬스터 헌터 버전	게임 빌리지	2001년	04월 12일
헌터X헌터 금단의 비보	코나미	2001년	04월 12일
헬로 키티와 디어 다니엘의 드림 어드벤처	이매지니어	2001년	04월 14일
사이좋은 쿠킹 시리즈2 맛있는 베이커리	엠티오	2001년	04월 20일
방가방가 햄토리2 햄짱들 대집합이다	닌텐도	2001년	04월 21일
이리와 라스칼	탐 소프트	2001년	04월 25일
사이좋은 펫 시리즈5 귀여운 햄스터2	엠티오	2001년	04월 27일
작급생 코스프레 파라다이스	엘프	2001년	04월 27일
X-MEN MUTANT ACADEMY	석세스	2001년	04월 27일
스파이더 맨	석세스	2001년	04월 27일
구루구루 타운 하나마루군	J윙	2001년	04월 27일
DX 인생게임	타카라	2001년	04월 27일
From TV Anination ONE PIECE 꿈의 루피 해적단 탄생!	반프레스토	2001년	04월 27일
모바일 골프	닌텐도	2001년	05월 11일
DT Loads of Gemomes	미디어 팩토리	2001년	05월 25일
원조! 동물운세GB+연애운세 퍼즐	컬쳐 브레인	2001년	05월 25일
명탐정 코난 저주받은 항로	반프레스토	2001년	06월 01일
ZOIDS 백은의 수기신 라이거 제로	토미	2001년	06월 15일
스누피 테니스	인포그램 허드슨	2001년	06월 20일
스타 오션 블루 스피어	에닉스	2001년	06월 28일
사이좋은 쿠킹 시리즈3 즐거운 도시락	엠티오	2001년	06월 29일
가이아 마스터 DUEL 카드 어태커즈	캡콤	2001년	06월 29일
인터넷에서 GET 미니게임@100	코나미	2001년	07월 12일
데이터 네비 프로야구2	나우 프로덕션	2001년	07월 13일
낚시 가자!!	아스키	2001년	07월 19일
록맨X2 소울 이레이저	캡콤	2001년	07월 19일
J리그 익사이트 스테이지 택틱스	에폭사	2001년	07월 20일
우주인 타나카 타로로 RPG 쯔꾸르 GB2	엔터 브레인	2001년	07월 20일
맥도날드 이야기	TDK코어	2001년	07월 20일
초GALS 고토부키 란	코나미	2001년	07월 26일
진 여신전생 데빌칠드런 백의 서	아틀라스	2001년	07월 27일

진 여신전생 트레이딩 카드 카드 서머너	아틀라스	2001년	07월 27일
곤충 박사3	J윙	2001년	07월 27일
꽃보다 남자 ANOTHER LOVE STORY	TDK코어	2001년	07월 27일
이상한 던전 풍래의 시렌 GB2 사막의 마성	춘소프트	2001년	07월 27일
미즈키 시게루의 신 요괴전	프라임 시스템	2001년	07월 27일
폭전 슛 베이 블레이드	브로콜리	2001년	07월 27일
배드 바츠마루 로보 배틀	이매지니어	2001년	08월 10일
치비 마루코짱 마을 사람 다 같이 게임이야!	에폭사	2001년	08월 10일
가짜 퍼즐da몬	프라임 시스템	2001년	08월 10일
포켓 쿠킹	J윙	2001년	08월 24일
게임보이 워즈3	허드슨	2001년	08월 30일
전일본 소년 축구 대회 목표는 일본제일!	석세스	2001년	09월 07일
에스트폴리스 전기 부활하는 전설	타이토	2001년	09월 07일
재규어 미싱용 소프트 MARIO FAMILY	재규어 인터내셔널 코퍼레이션	2001년	09월 10일
햄스터 구락부 가르쳐드림	죠르단	2001년	09월 21일
햄스터 파라다이스4	아틀라스	2001년	09월 28일
격주! 탄환 레이서 음속 버스터 DANGUN탄	이매지니어	2001년	10월 12일
기관차 토마스 소도어 섬의 친구들	탐 소프트	2001년	10월 12일
두근X두근시켜줘!	빅터 인터랙티브 소프트웨어	2001년	10월 26일
앙천인간 배트실러 닥터 가이의 야망	코나미	2001년	11월 01일
버그사이트 알파	스마일 소프트	2001년	11월 02일
버그사이트 베타	스마일 소프트	2001년	11월 02일
사이좋은 쿠킹 시리즈4 즐거운 디저트	엠티오	2001년	11월 16일
치키치키 머신 맹 레이스	시스콘 엔터테인먼트	2001년	11월 22일
해리 포터와 마법사의 돌	일렉트로닉 아츠 스퀘어	2001년	12월 01일
사쿠라 대전 GB2 선더볼트 작전	세가	2001년	12월 06일
미니 & 프렌즈 꿈나라를 찾아서	허드슨	2001년	12월 13일
메다로트5 스스타케 마을의 전교생 카부토	이매지니어	2001년	12월 14일
메다로트5 스스타케 마을의 전교생 쿠와가타	이매지니어	2001년	12월 14일
루니 툰즈 콜렉터 마션 퀘스트	시스콘 엔터테인먼트	2001년	12월 14일
나의 키친	키랏트	2001년	12월 21일
샤먼킹 초 점사약결 훈바리 편	킹 레코드	2001년	12월 21일
샤먼킹 초 점사약결 메라메라 편	킹 레코드	2001년	12월 21일
옷 갈아입히기 햄스터	빅터 인터랙티브 소프트웨어	2001년	12월 21일
실바니아 패밀리3 별이 쏟아지는 밤의 모래시계	에폭사	2001년	12월 21일
장기3	포니 캐니언	2001년	12월 24일
초GALS! 고토부키 란2 미라클→겟팅	코나미	2002년	02월 07일
Dr.린에게 물어봐! 사랑의 린 풍수!	허드슨	2002년	02월 21일
헬로 키티의 해피 하우스	엠티오	2002년	03월 02일
몬스터 트래블러	타이토	2002년	03월 08일
바다표범 전대 이나즈마 두근두근 대작전!?	오메가 프로젝트	2002년	03월 29일
BIO HAZARD GAIDEN	캡콤	2002년	03월 29일
사이좋은 쿠킹 시리즈5 코무기짱의 케익을 만들자!	엠티오	2002년	04월 05일
모험! 돈도코 섬	글로벌 A 엔터테인먼트	2002년	04월 18일
나의 레스토랑	키랏트	2002년	04월 26일
From TV Animation ONE PIECE 전설의 그랜드라인 모험기!	반프레스토	2002년	06월 28일
곤충 파이터즈	디지털 키즈	2002년	07월 26일
드래곤볼Z 전설의 초전사들	반프레스토	2002년	08월 09일
햄스터 이야기 GB+완전 햄 마법 소녀	컬쳐 브레인	2002년	08월 09일
도라에몽의 퀴즈 보이2	에폭사	2002년	10월 04일
한자 BOY 3	J윙	2003년	06월 05일
도라에몽의 스터디 보이 한자 읽고쓰기 마스터	에폭사	2003년	07월 18일

게임보이 어드밴스 편

타이틀	퍼블리셔	발매년	발매일
F-ZERO FOR GAMEBOY ADVANCE	닌텐도	2001년	03월 21일
쿠루쿠루쿠루링	닌텐도	2001년	03월 21일
슈퍼 마리오 어드밴스	닌텐도	2001년	03월 21일
나폴레옹	닌텐도	2001년	03월 21일
폭렬 돗지볼 파이터즈	아틀라스	2001년	03월 21일
어드밴스GTA	엠티오	2001년	03월 21일
배틀 네트워크 록맨 에그제	캡콤	2001년	03월 21일
EZ-TALK 초급편1	키넷트	2001년	03월 21일
EZ-TALK 초급편2	키넷트	2001년	03월 21일
EZ-TALK 초급편3	키넷트	2001년	03월 21일
EZ-TALK 초급편4	키넷트	2001년	03월 21일
EZ-TALK 초급편5	키넷트	2001년	03월 21일
EZ-TALK 초급편6	키넷트	2001년	03월 21일
전일본 FT 선수권	고토부키 시스템	2001년	03월 21일
트위티의 파티파티	고토부키 시스템	2001년	03월 21일
위닝 포스트 for 게임보이 어드밴스	코에이	2001년	03월 21일
악마성 드라큘라 서클 오브 더 문	코나미	2001년	03월 21일
코나미 와이와이 레이싱 어드밴스	코나미	2001년	03월 21일
JGTO공인 GOLD MASTER JAPAN GOLD TOUR GAME	코나미	2001년	03월 21일
J리그 포켓	코나미	2001년	03월 21일
파워 프로군 포켓3	코나미	2001년	03월 21일
플레이 노벨 사일런트 힐	코나미	2001년	03월 21일
몬스터 가디언즈	코나미	2001년	03월 21일
유희왕 던전 다이스몬스터즈	코나미	2001년	03월 21일
파이어 프로레슬링A	스파이크	2001년	03월 21일

츄츄로켓!	세가	2001년	03월 21일
나는 항공 관제관	탐 소프트	2001년	03월 21일
미스터 드릴러2	남코	2001년	03월 21일
비노비의 대모험	허드슨	2001년	03월 21일
모모타로 축제	허드슨	2001년	03월 21일
겟백커즈 지옥의 스카라무슈	코나미	2001년	04월 26일
탐미환상 마이네리베	코나미	2001년	04월 26일
도라에몽 녹색의 혹성 두근두근 대구출!	에폭사	2001년	04월 27일
스페이스 헥사이트 메텔 레전드 EX	죠르단	2001년	04월 27일
봄버맨 스토리	허드슨	2001년	04월 27일
파이널 파이트 ONE	캡콤	2001년	05월 25일
택틱스 오우거 외전 The Knight of Lodis	닌텐도	2001년	06월 21일
토이 로보 포스	글로벌 A 엔터테인먼트	2001년	06월 28일
나리키리 죠키 게임 우준 랩소디	캡콤	2001년	06월 29일
쵸로Q 어드밴스	타카라	2001년	06월 29일
유희왕 듀얼 몬스터즈5 엑기스 파트1	코나미	2001년	07월 05일
브레스 오브 파이어 용의 전사	캡콤	2001년	07월 06일
마작형사	허드슨	2001년	07월 12일
모리타 장기 어드밴스	허드슨	2001년	07월 12일
모두의 사육시리즈1 나의 장수풍뎅이	엠티오	2001년	07월 13일
슈퍼 스트리트 파이터IIX 리바이벌	캡콤	2001년	07월 13일
EX 모노폴리	타카라	2001년	07월 13일
바람의 크로노아 꿈꾸는 제국	남코	2001년	07월 19일
마리오카트 어드밴스	닌텐도	2001년	07월 21일
근육 순위 금강군의 대모험!	코나미	2001년	07월 26일
JGTO공인 GOLD MASTER 모바일 JAPAN GOLF TOUR GAME	코나미	2001년	07월 26일
스타코미 스타 커뮤니케이터	코나미	2001년	07월 26일
모바일 프로 야구 감독의 지휘봉	코나미	2001년	07월 26일
제로 투어즈	미디어링	2001년	07월 27일
황금의 태양 열려진 봉인	닌텐도	2001년	08월 01일
도카폰Q 몬스터 헌터!	아스믹 에이스 엔터테인먼트	2001년	08월 03일
모두의 사육 시리즈2 나의 사슴벌레	엠티오	2001년	08월 03일
쥬라기 공원 III 공룡을 만나러 가자!	코나미	2001년	08월 09일
극 마작 디럭스 미래전사21	아테나	2001년	08월 10일
슈퍼 블랙 배스 어드밴스	스타 피시	2001년	08월 10일
와리오 랜드 어드밴스 요키의 보물	닌텐도	2001년	08월 21일
쥬라기 공원III 어드밴스드 액션	코나미	2001년	08월 30일
고교입시 어드밴스 시리즈 영어 단어 편	키넷트	2001년	08월 31일
고교입시 어드밴스 시리즈 영어 숙어 편	키넷트	2001년	08월 31일
고교입시 어드밴스 시리즈 영어 구문 편	키넷트	2001년	08월 31일
메다로트 네비 카부토 버전	이매지니어	2001년	09월 07일
메다로트 네비 쿠와가타 버전	이매지니어	2001년	09월 07일
러브히나 어드밴스 축복의 종은 울릴까	마벨러스 엔터테인먼트	2001년	09월 07일
환상수호전 카드 스토리즈	코나미	2001년	09월 13일
로봇 퐁코츠2 크로스 버전	허드슨	2001년	09월 13일
로봇 퐁코츠2 링 버전	허드슨	2001년	09월 13일
FIELD OF NINE DIGITAL EDITION 2001	코나미	2001년	09월 20일
슈퍼로봇대전A	반프레스토	2001년	09월 21일
Z.O.E 2173 TESTAMENT	코나미	2001년	09월 27일
노부나가의 야망	코에이	2001년	09월 28일
니시하라 리에코의 전당마작	미디어링	2001년	09월 28일
하테나사테나	허드슨	2001년	10월 04일
기기괴계 어드밴스	알트룬	2001년	10월 05일
역전재판	캡콤	2001년	10월 12일
모두다 뿌요뿌요	세가	2001년	10월 18일
헬로 키티 콜렉션 미라클 패션 메이커	이매지니어	2001년	10월 19일
햄스터 이야기2 GBA	컬쳐 브레인	2001년	10월 19일
ESPN X Games Skateboarding	코나미	2001년	10월 25일
고스트 바둑왕	코나미	2001년	10월 25일
나카요시 마작 카부리치	코나미	2001년	10월 25일
사이좋은 펫 어드밴스 시리즈1 귀여운 햄스터	엠티오	2001년	10월 26일
파랑크스	고토부키 시스템	2001년	10월 26일
어디서나 대국 역만 어드밴스	닌텐도	2001년	10월 26일
쥬라기 공원III 잃어버린 유전자	코나미	2001년	11월 01일
우정의 빅토리 골 4V4 폭풍 GET THE GOAL!!	코나미	2001년	11월 15일
Adventure of TOKYO Disney SEA	코나미	2001년	11월 22일
구루로지 챔프	컴파일	2001년	11월 29일
삼국지	코에이	2001년	11월 30일
기계화군대	고토부키 시스템	2001년	11월 30일
억만장자 게임 강탈 대작전!	타카라	2001년	11월 30일
ZOIDS SAGA	토미	2001년	11월 30일
격투! 카 배틀러 GO!	빅터 인터랙티브 소프트웨어	2001년	11월 30일
근육 순위 결정하라! 기적의 완전제패	코나미	2001년	12월 06일
폭전슛 베이 블레이드 격투! 최강 블레이더	브로콜리	2001년	12월 06일
다이아드로이드 월드 이블 제국의 야망	에폭사	2001년	12월 07일
어드밴스 랠리	엠티오	2001년	12월 07일
몬스터 팜 어드밴스	테크모	2001년	12월 07일
남코 뮤지엄	남코	2001년	12월 07일
매지컬 배케이션	닌텐도	2001년	12월 07일
월드 어드밴스 사커 승리로의 길	핸즈온 엔터테인먼트	2001년	12월 07일
학교를 만들자!! 어드밴스	빅터 인터랙티브 소프트웨어	2001년	12월 07일
대전략 For 게임보이 어드밴스	미디어 카이토	2001년	12월 07일
실황 월드사커 포켓	코나미	2001년	12월 13일
컬럼스 크라운	세가	2001년	12월 13일
대마작	호리	2001년	12월 13일
배틀 네트워크 록맨 에그제2	캡콤	2001년	12월 14일

SK8 토니 호크 프로 스케이터2	석세스	2001년	12월 14일
상하이 어드밴스	선소프트	2001년	12월 14일
슈퍼 마리오 어드밴스2	닌텐도	2001년	12월 14일
산사라 나가1X2	빅터 인터랙티브 소프트웨어	2001년	12월 14일
드래곤 퀘스트 캐릭터즈 톨네코의 대모험2 어드밴스 이상한 던전	에닉스	2001년	12월 20일
ESPN winter X Games Snowboarding 2002	코나미	2001년	12월 20일
익사이팅 배스 모바일	코나미	2001년	12월 20일
유희왕 듀얼 몬스터즈6 엑기스 파트2	코나미	2001년	12월 20일
열화의 염 THE GAME	코나미	2001년	12월 20일
소닉 어드밴스	세가	2001년	12월 20일
기동천사 엔젤릭 레이어 미사키와 꿈의 천사들	에폭사	2001년	12월 21일
브레스 오브 파이어II 사명의 아이	캡콤	2001년	12월 21일
스위트 쿠키 파이	컬쳐 브레인	2001년	12월 21일
핑키 몽키 타운	스타 피시	2001년	12월 21일
슈퍼 퍼즐보블 어드밴스	타이토	2001년	12월 21일
워터 루퍼 MUTSU	토미	2001년	12월 21일
철권 어드밴스	남코	2001년	12월 21일
위저드리 서머너	미디어링	2001년	12월 21일
도날드 덕 어드밴스	UBI소프트	2001년	12월 21일
그란보	캡콤	2001년	12월 28일
SLOT! PRO 어드밴스 보물선&오에도 벚꽃눈보라2	일본 텔레네트	2001년	12월 28일
더 킹 오브 파이터즈EX NEW BLOOD	마벨러스 엔터테인먼트	2002년	01월 01일
팩맨 콜렉션	남코	2002년	01월 11일
스냅 키즈	에닉스	2002년	01월 17일
그라디우스 제네레이션	코나미	2002년	01월 17일
유령의 집의 24시간	글로벌 A 엔터테인먼트	2002년	01월 24일
길티기어 X 어드밴스 에디션	사미	2002년	01월 24일
토마토 어드벤처	닌텐도	2002년	01월 25일
해리 포터와 마법사의 돌	일렉트로닉 아츠 스퀘어	2002년	01월 31일
애니멀 매니아 두근두근 상성 체크	코나미	2002년	01월 31일
하이퍼 스포츠 2002 WINTER	코나미	2002년	01월 31일
봄버맨MAX2 봄버맨 버전	허드슨	2002년	02월 07일
봄버맨MAX2 맥스 버전	허드슨	2002년	02월 07일
BLACK BLACK 브라브라	캡콤	2002년	02월 08일
WTA 투어 테니스 포켓	코나미	2002년	02월 14일
메일로 큐트	코나미	2002년	02월 14일
캡틴 츠바사 영광의 궤적	코나미	2002년	02월 21일
도모군의 이상한 TV	닌텐도	2002년	02월 21일
고에몽 뉴에이지 출동!	코나미	2002년	02월 28일
J리그 포켓2	코나미	2002년	02월 28일
몬스터즈 잉크	토미	2002년	03월 01일
이상한 나라의 안젤리크	코에이	2002년	03월 08일
침묵의 유적 에스트폴리스 외전	타이토	2002년	03월 08일
코로코로 퍼즐 해피 파네츄!	닌텐도	2002년	03월 08일
K-1 포켓 그랑프리	코나미	2002년	03월 14일
강의 주인 낚시5 신비한 숲에서	빅터 인터랙티브 소프트웨어	2002년	03월 15일
GROOVE ADVENTURE RAVE 빛과 어둠의 대결전	코나미	2002년	03월 20일
파워 프로군 포켓4	코나미	2002년	03월 20일
안젤리크	코에이	2002년	03월 21일
사이좋은 펫 어드밴스 시리즈2 귀여운 강아지	엠티오	2002년	03월 22일
실전 파치스로 필승법 수왕 어드밴스	사미	2002년	03월 22일
일석팔조 이거 하나로 8종류!	코나미	2002년	03월 28일
신의 기술 ILLUSION OF THE EVIL EYES	코나미	2002년	03월 28일
샤이닝 소울	세가	2002년	03월 28일
요괴도	후우키	2002년	03월 28일
도라에몽 어디서나 워커	에폭사	2002년	03월 29일
카에루 B팩	카도카와 쇼텐	2002년	03월 29일
매지컬 봉신	코에이	2002년	03월 29일
햄스터 구락부3	죠르단	2002년	03월 29일
신일본 프로레슬링 투혼열전 어드밴스	토미	2002년	03월 29일
파이어 엠블렘 봉인의 검	닌텐도	2002년	03월 29일
미카의 해피 모닝 chatty	쇼가쿠칸 뮤직 앤드 디지털 엔터테인먼트	2002년	04월 01일
덴키 브록스!	글로벌 A 엔터테인먼트	2002년	04월 11일
LUNAR 레전드	미디어링	2002년	04월 12일
인생게임 어드밴스	타카라	2002년	04월 18일
양의 기분	캡콤	2002년	04월 19일
다이스키 테디	엠티오	2002년	04월 19일
검은 수염의 핑 진토리	토미	2002년	04월 19일
검은 수염의 솔프하자	토미	2002년	04월 19일
위닝 일레븐	코나미	2002년	04월 25일
테니스의 왕자님 지니어스 보이즈 아카데미	코나미	2002년	04월 25일
수다쟁이 잉꼬 구락부	알파 유니트	2002년	04월 26일
어드밴스 GT2	엠티오	2002년	04월 26일
일본 프로 마작연맹 공인 철만 어드밴스 면허개전 시리즈	카가 테크	2002년	04월 26일
록멘 제로	캡콤	2002년	04월 26일
스파이더 맨 미스테리오의 위협	석세스	2002년	04월 26일
테트리스 월드	석세스	2002년	04월 26일
이니셜D Another Stage	사미	2002년	04월 26일
SLOT! PRO2 어드밴스 GOGO 저글러 & New 풍어	일본 텔레네트	2002년	04월 26일
휴대전수 텔레팡 2 파워	스마일 소프트	2002년	04월 26일
휴대전수 텔레팡 2 스피드	스마일 소프트	2002년	04월 26일
팅팅 천연 회람판	빅터 인터렉티브 소프트웨어	2002년	04월 26일
코나미 아케이드 게임 콜렉션	코나미	2002년	05월 02일
모토 크로스 매니악스 ADVANCE	코나미	2002년	05월 02일
포메이션 사커 2002	스파이크	2002년	05월 02일
멋쟁이 프린세스	컬쳐 브레인	2002년	05월 24일

토탈 사커 어드밴스	UBI소프트	2002년	05월 31일
방가방가 햄토리3 러브러브 대모험이다	닌텐도	2002년	05월 31일
캐슬 배니아 백야의 협주곡	코나미	2002년	06월 06일
패밀리 테니스 어드밴스	남코	2002년	06월 14일
카친코 프로야구	나우 프로덕션	2002년	06월 21일
V-RALLY 3	아타리	2002년	06월 27일
화투 트럼프 마작 백화점 지하 일본서양중국	글로벌 A 엔터테인먼트	2002년	06월 27일
폭전슛 베이 블레이드 2002 가자! 폭투! 초자력 배틀!	브로콜리	2002년	06월 27일
Natural2 DUO	오메가 프로젝트	2002년	06월 28일
카마이타치의 밤 어드밴스	춘소프트	2002년	06월 28일
패미스타 어드밴스	남코	2002년	06월 28일
황금의 태양 잃어버린 시대	닌텐도	2002년	06월 28일
귀여운 펫샵 이야기3	퍼시픽 센츄리 사이버웍스 재팬	2002년	06월 28일
노부나가 이문	글로벌 A 엔터테인먼트	2002년	07월 04일
몬스터 게이트	코나미	2002년	07월 04일
유희왕 듀얼 몬스터즈7 결투도시전설	코나미	2002년	07월 04일
더 핀볼 오브 더 데드	세가	2002년	07월 04일
하로봇츠 로보 히어로 배틀링	선라이즈 인터랙티브	2002년	07월 05일
사쿠라 모모코의 두근두근 카니발	닌텐도	2002년	07월 05일
하메파네 도쿄 뮤뮤	타카라	2002년	07월 11일
크래쉬 밴디쿳 어드밴스	코나미	2002년	07월 18일
디즈니 스포츠 : 사커	코나미	2002년	07월 18일
고스트 바둑왕2	코나미	2002년	07월 18일
HIGH HEAT MAJOR LEAGUE BASEBALL 2003	타카라	2002년	07월 18일
피노비 & 피비	허드슨	2002년	07월 18일
파이널 파이어 프로레슬링 꿈의 단체 운영!	스파이크	2002년	07월 19일
승부사 전설 테츠야 부활하는 전설	아테나	2002년	07월 19일
햄스터 파라다이스 어드밴스	아틀라스	2002년	07월 19일
Hot Wheels 어드밴스	알트론	2002년	07월 19일
두근두근 꿈 시리즈1 꽃집이 되자!	엠티오	2002년	07월 19일
초마계촌R	캡콤	2002년	07월 19일
꽃집 이야기 GBA	TDK코어	2002년	07월 19일
메다로트G 카부토 버전	나츠메	2002년	07월 19일
메다로트G 쿠와가타 버전	나츠메	2002년	07월 19일
아이스 에이지	UBI소프트	2002년	07월 20일
고스트 트랩	에이도스 인터랙티브	2002년	07월 25일
디즈니 스포츠 : 미식축구	코나미	2002년	07월 25일
디즈니 스포츠 : 스케이트 보딩	코나미	2002년	07월 25일
버블보블 OLD & NEW	미디어 카이토	2002년	07월 25일
샤먼킹 초 점사략결2	킹 레코드	2002년	07월 26일
V마스터 크로스	석세스	2002년	07월 26일
가챠 스테! 다이나 디바이스 블루	스마일 소프트	2002년	07월 26일
가챠 스테! 다이나 디바이스 레드	스마일 소프트	2002년	07월 26일

커스텀 로보 GX	닌텐도	2002년	07월 26일
스페이스 인베이더 EX	타이토	2002년	08월 02일
슈퍼로봇대전R	반프레스토	2002년	08월 02일
바람의 크로노아 G2 드림 챔프 토너먼트	남코	2002년	08월 06일
그레이티스트 나인	세가	2002년	08월 08일
프로야구 팀을 만들자! 어드밴스	세가	2002년	08월 08일
컴뱃 쵸로Q 어드밴스 대작전	타카라	2002년	08월 08일
사이좋은 펫 어드밴스 시리즈3 귀여운 아기 고양이	엠티오	2002년	08월 09일
미키와 미니의 매지컬 퀘스트	닌텐도	2002년	08월 09일
록맨 & 포르테	캡콤	2002년	08월 10일
머나먼 시공 속에서	코에이	2002년	08월 23일
미스터 드릴러 에이스 신비한 박테리아	남코	2002년	08월 23일
공주기사 이야기 프린세스 블루	톤킹 하우스	2002년	08월 29일
블랙 매트릭스 제로	NEC인터채널	2002년	08월 30일
J리그 프로축구 클럽을 만들자! 어드밴스	세가	2002년	09월 05일
전설의 스타피	닌텐도	2002년	09월 06일
주 큐브	어클레임 재팬	2002년	09월 12일
갤럭시 엔젤 게임보이 어드밴스 한가득 천사의 풀코스 무한리필	마벨러스 엔터테인먼트	2002년	09월 13일
사무라이 에볼루션 벚꽃나라 가이스트	에닉스	2002년	09월 20일
슈퍼 마리오 어드밴스3	닌텐도	2002년	09월 20일
에어 포스 델타II	코나미	2002년	09월 26일
GROOVE ADVENTURE RAVE 빛과 어둠의 대결전2	코나미	2002년	09월 26일
메탈건 슬링거	AT마크	2002년	09월 27일
스트리트 파이터 ZERO3 어퍼	캡콤	2002년	09월 27일
에그 매니아 잡아서! 돌려서! 꽂는 퍼즐!!	고토부키 시스템	2002년	09월 27일
팬시 포켓	죠르단	2002년	09월 27일
쵸빗츠 for Gameboy Advance 나만의 사람	마벨러스 엔터테인먼트	2002년	09월 27일
남쪽 바다의 오디세이	글로벌 A 엔터테인먼트	2002년	10월 03일
사이좋은 유치원	TDK코어	2002년	10월 04일
J리그 위닝 일레븐 어드밴스 2002	코나미	2002년	10월 10일
고로케! 꿈의 벙커 서바이벌	코나미	2002년	10월 17일
사일런트 스코프	코나미	2002년	10월 17일
역전재판2	캡콤	2002년	10월 18일
봄버맨 젯터즈 전설의 봄버맨	허드슨	2002년	10월 24일
Moto GP	엠티오	2002년	10월 25일
베스트 플레이 프로야구	엔터 브레인	2002년	10월 25일
몬스터 팜 어드밴스2	테크모	2002년	10월 25일
테일즈 오브 더 월드 나리키리 던전2	남코	2002년	10월 25일
별의 커비 꿈의 샘 디럭스	닌텐도	2002년	10월 25일
디지캐럭 데지코뮤니케이션	브로콜리	2002년	10월 25일
카드 파티	미디어 카이토	2002년	10월 25일
실크와 코튼	키키	2002년	10월 31일
비스트 슈터 모교는 투수왕!	코나미	2002년	10월 31일

판타직 메르헨 베이커리 이야기 + 동물 캐릭터 네비 점술 개성심리학	컬쳐 브레인	2002년	11월 01일
DAN DOH!! Xi	게임 빌리지	2002년	11월 14일
콘트라(혼두라) 하드 스피리츠	코나미	2002년	11월 14일
진 여신전생 데빌칠드런 빛의 서	아틀라스	2002년	11월 15일
진 여신전생 데빌칠드런 어둠의 서	아틀라스	2002년	11월 15일
스캔 헌터 천년괴어를 쫓아라!	퍼시픽 센추리 사이버 웍스 재팬	2002년	11월 15일
From TV animation ONE PIECE 일곱섬의 대비밀	반프레스토	2002년	11월 15일
포켓몬스터 사파이어	닌텐도	2002년	11월 21일
포켓몬스터 루비	닌텐도	2002년	11월 21일
두근두근 쿠킹 시리즈1 밀가루짱의 해피쿠키	엠티오	2002년	11월 22일
슈퍼로봇대전 ORIGINAL GENERATION	반프레스토	2002년	11월 22일
해리 포터와 비밀의 방	일렉트로닉 아츠 스퀘어	2002년	11월 23일
K-1 포켓 그랑프리2	코나미	2002년	11월 28일
실황 월드 사커 포켓2	코나미	2002년	11월 28일
쵸로Q 어드밴스2	타카라	2002년	11월 28일
피안화	아테나	2002년	11월 29일
리틀마스터Q	토미	2002년	11월 29일
배스 낚시 하자! 토너먼트는 전략이다!	코나미	2002년	12월 05일
실바니아 패밀리4 돌아온 계절의 태피스트리	에폭사	2002년	12월 06일
더비 스탈리온 어드밴스	엔터 브레인	2002년	12월 06일
배틀 네트워크 록맨 에그제3	캡콤	2002년	12월 06일
우디우드페커 크레이지 캐슬5	고토부키 시스템	2002년	12월 06일
발더 대쉬 EX	고토부키 시스템	2002년	12월 06일
시무라 켄의 바보 나으리 폭소 천하통일 게임	TDK 코어	2002년	12월 06일
쿠루링 파라다이스	닌텐도	2002년	12월 06일
근육맨 II세 정의초인으로의 길	반프레스토	2002년	12월 06일
폭전슛 베이 블레이드 2002 격전! 팀 배틀!! 황룡의 장 다이치 편	브로콜리	2002년	12월 06일
폭전슛 베이 블레이드 2002 격전! 팀 배틀!! 청룡의 장 타카오 편	브로콜리	2002년	12월 06일
툼레이더 프로페시	라딕	2002년	12월 06일
유메미짱의 되고 싶은 시리즈3 나의 메이크 살롱	키랏트	2002년	12월 06일
시작의 일보 THE FIGHTING!	ESP	2002년	12월 12일
테니스의 왕자님 Aim at The Victory	코나미	2002년	12월 12일
미니모니 부탁해 별님!	코나미	2002년	12월 12일
마쟈이네이션	에폭사	2002년	12월 13일
아오 조라와 친구들 꿈의 모험	엠티오	2002년	12월 13일
샤먼킹 초 점사략결3	킹 레코드	2002년	12월 13일
몬스터 메이커4 킬러 다이스	석세스	2002년	12월 13일
몬스터 메이커4 플래시 카드	석세스	2002년	12월 13일
이누코 구락부 후쿠마루의 대모험	죠르단	2002년	12월 13일
초코보 랜드 A Game Of Dice	스퀘어	2002년	12월 13일
크로노아 히어로즈 전설의 스타 메달	남코	2002년	12월 13일
다라이어스 R	퍼시픽 센추리 사이버 웍스 재팬	2002년	12월 13일
디즈니 스포츠 : 농구	코나미	2002년	12월 13일

내맘대로 페어리 미루모로 퐁! 황금의 마라카스 전설	코나미	2002년	12월 19일
세가 랠리	세가	2002년	12월 19일
소닉 어드밴스 2	세가	2002년	12월 19일
보보보보 보보보 오의 87.5/폭렬비모진권	하나게/허드슨	2002년	12월 19일
멋쟁이 프린세스2 + 동물캐릭터 네비점괘 개성심리학	컬쳐 브레인	2002년	12월 20일
만화가 데뷰 이야기 그림그리기 소프트 & 만화가 육성게임!	TDK 코어	2002년	12월 20일
우주대작전 초코베이더 우주에서 온 침략자	남코	2002년	12월 20일
투혼 히트	퍼시픽 센추리 사이버 웍스 재팬	2002년	12월 20일
엘리베이터 액션 OLD & NEW	미디어 카이토	2002년	12월 20일
아크로바트 키즈	메트로 스리디 재팬	2002년	12월 20일
햄스터 이야기3 GBA	컬쳐 브레인	2002년	12월 24일
듀얼 블레이드	메트로 스리디 재팬	2002년	12월 25일
스파이로 어드밴스	코나미	2002년	12월 26일
전일본 소년축구 대회2 목표는 일본제일!	석세스	2002년	12월 27일
SAMURAI DEEPER KYO	마벨러스 엔터테인먼트	2002년	12월 27일
카셋코 구루미 체스티와 인형들의 마법의 모험	엠티오	2003년	01월 01일
THE KING OF FIGHTERS EX2 Howling Blood	마벨러스 엔터테인먼트	2003년	01월 01일
엘레믹스!	심스	2003년	01월 03일
이상한 나라의 앨리스	글로벌 A 엔터테인먼트	2003년	01월 09일
단어퍼즐 모지피탄 어드밴스	남코	2003년	01월 09일
디즈니 스포츠 : 스노우 보딩	코나미	2003년	01월 16일
무겐 보그	코나미	2003년	01월 16일
이누야샤 나라쿠의 함정! 헤매는 숲의 초대장	에이벡스	2003년	01월 23일
파워 프로군 포켓5	코나미	2003년	01월 23일
마리,에리&아니스의 아틀리에 산들바람으로부터의 전언	반프레스토	2003년	01월 24일
디즈니 스포츠 : 모토크로스	코나미	2003년	02월 13일
반지의 제왕 / 2개의 탑	일렉트로닉 아츠 스퀘어	2003년	02월 14일
파이널 판타지 택틱스 어드밴스	스퀘어	2003년	02월 14일
메트로이드 퓨전	닌텐도	2003년	02월 14일
테니스의 왕자님 2003 COOLBLUE	코나미	2003년	02월 20일
테니스의 왕자님 2003 PASSIONRED	코나미	2003년	02월 20일
로드 러너	석세스	2003년	02월 21일
전국혁명 외전	코나미	2003년	02월 27일
휘슬! 제37회 도쿄도 중학교 종합 체육 축구대회	코나미	2003년	02월 27일
테일즈 오브 더 월드 서머너즈 리니지	남코	2003년	03월 07일
두근두근 쿠킹 시리즈2 미식키친 멋진 도시락	엠티오	2003년	03월 14일
젤다의 전설 신들의 트라이포스&4개의 검	닌텐도	2003년	03월 14일
격투전설 노아 드림 매니지먼트	게임 빌리지	2003년	03월 20일
겟백커즈 메트로폴리스 탈환작전!	코나미	2003년	03월 20일

유희왕 듀얼 몬스터즈8 파멸의 대사신	코나미	2003년	03월 20일
SIMPLE2960 친구 시리즈 Vol.1 THE 테이블 게임 콜렉션	D3퍼블리셔	2003년	03월 20일
SIMPLE2960 친구 시리즈 Vol.2 THE 벽돌깨기	D3퍼블리셔	2003년	03월 20일
시스터 프린세스 리퓨어	마벨러스 엔터테인먼트	2003년	03월 20일
메이드 인 와리오	닌텐도	2003년	03월 21일
진 여신전생	아틀라스	2003년	03월 28일
댄싱 소드 섬광	엠티오	2003년	03월 28일
배틀 네트워크 록맨 에그제3 블랙	캡콤	2003년	03월 28일
퍼즐 & 탐정 콜렉션	컬쳐 브레인	2003년	03월 28일
From TV animation ONE PIECE 목표는 킹 오브 베리	반프레스토	2003년	03월 28일
드래곤 퀘스트 몬스터즈 캐러밴 하트	에닉스	2003년	03월 29일
유희왕 듀얼 몬스터즈 인터내셔널 월드 와이드 에디션	코나미	2003년	04월 07일
엔젤 콜렉션 목표는 학교의 패션리더	엠티오	2003년	04월 18일
ZOIDS SAGA II	토미	2003년	04월 18일
메다로트2 코어 카부토	나츠메	2003년	04월 18일
메다로트2 코어 쿠와가타	나츠메	2003년	04월 18일
목장 이야기 미네랄 타운의 친구들	빅터 인터랙티브 소프트웨어	2003년	04월 18일
마법의 펌프킨 앤과 그레그의 대모험	엠티오	2003년	04월 24일
헌터X헌터 모두 친구들 대작전!!	코나미	2003년	04월 24일
모험유기 블래스터 월드 전설의 블래스트 게이트	타카라	2003년	04월 24일
모험유기 블래스터 월드 전설의 블래스트 온 GP	타카라	2003년	04월 24일
ZERO ONE	후우키	2003년	04월 24일
RPG 쯔꾸르 어드밴스	엔터 브레인	2003년	04월 25일
아즈망가 대왕 어드밴스	킹 레코드	2003년	04월 25일
파이어 엠블렘 열화의 검	닌텐도	2003년	04월 25일
서몬 나이트 크래프트 소드 이야기	반프레스토	2003년	04월 25일
NARUTO 인술 전개! 최강 닌자 대결집	토미	2003년	05월 01일
록맨 제로2	캡콤	2003년	05월 02일
캐슬 배니아 효월의 원무곡	코나미	2003년	05월 08일
햄스터 이야기 콜렉션	컬쳐 브레인	2003년	05월 23일
방가방가 햄토리4 무지개 대행진이다	닌텐도	2003년	05월 23일
프로거 마법 나라의 대모험	코나미	2003년	06월 05일
몬스터 게이트 커다란 던전 ~ 봉인의 오브	코나미	2003년	06월 12일
메탈 맥스2 개	나우 프로덕션	2003년	06월 20일
MOTHER 1+2	닌텐도	2003년	06월 20일
모두의 사육 시리즈3 나의 장수풍뎅이, 사슴벌레	엠티오	2003년	06월 27일
하치에몬	남코	2003년	07월 04일
햄스터 파라다이스 퓨어 하트	아틀라스	2003년	07월 11일
사이좋은 펫 어드밴스 시리즈4 귀여운 강아지 미니 강아지와 놀자!! 소형견	엠티오	2003년	07월 11일
GET! 나의 벌레 잡아봐	고토부키 시스템	2003년	07월 11일
슈퍼 마리오 어드밴스4	닌텐도	2003년	07월 11일
고로케!2 어둠의 뱅크와 밴 여왕	코나미	2003년	07월 17일

우리들의 태양	코나미	2003년	07월 17일
소닉 핀볼 파티	세가	2003년	07월 17일
미키와 미니의 매지컬 퀘스트2	캡콤	2003년	07월 18일
햄스터 구락부4 시게치 대탈주	죠르단	2003년	07월 18일
사이버 드라이브 조이드 기계수의 전사 휴	토미	2003년	07월 18일
드래곤 드라이브 월드 D 브레이크	반프레스토	2003년	07월 18일
쥬라기 공원 인스티튜드 투어 공룡구출	로켓 컴퍼니	2003년	07월 18일
샤이닝 소울II	세가	2003년	07월 24일
진 여신전생 데빌 칠드런 퍼즐de콜	아틀라스	2003년	07월 25일
귀무자 택틱스	캡콤	2003년	07월 25일
탑 기어 랠리 SP	고토부키 시스템	2003년	07월 25일
멍멍이 야옹이 동물병원 – 수의사 육성 게임	TDK코어	2003년	07월 25일
명탐정 코난 – 표적이 된 탐정	반프레스토	2003년	07월 25일
알라딘	캡콤	2003년	08월 01일
강아지와 함께 애정 이야기	컬쳐 브레인	2003년	08월 01일
환상마전최유기 반역의 투신태자	디지털 키즈	2003년	08월 01일
테일즈 오브 판타지아	남코	2003년	08월 01일
포켓몬 핀볼 루비&사파이어	포켓몬	2003년	08월 01일
듀얼 마스터즈	타카라	2003년	08월 07일
보보보보 보보보 정말로!!? 진권승부	허드슨	2003년	08월 07일
록맨 에그제 배틀칩GP	캡콤	2003년	08월 08일
슈퍼로봇대전D	반프레스토	2003년	08월 08일
동물섬의 쵸비구루미	로켓 컴퍼니	2003년	08월 08일
패션 프린세스3	컬쳐 브레인	2003년	08월 29일
신약 성검전설	스퀘어 에닉스	2003년	08월 29일
겟백커즈 사안봉인!!	코나미	2003년	09월 04일
오자루마루 월광촌 산책이다	엠티오	2003년	09월 05일
전설의 스타피2	닌텐도	2003년	09월 05일
신 옷갈아입히기 이야기	마벨러스 인터랙티브	2003년	09월 05일
내맘대로 페어리 미루모로 퐁! – 대전 마법구슬	코나미	2003년	09월 11일
진 여신전생 데빌 칠드런 얼음의 서	아틀라스	2003년	09월 12일
진 여신전생 데빌 칠드런 화염의 서	아틀라스	2003년	09월 12일
NARUTO 나뭇잎 전기	토미	2003년	09월 12일
탐정학원Q 명탐정은 너다!	코나미	2003년	09월 18일
진 여신전생II	아틀라스	2003년	09월 26일
귀여운 펫 게임 갤러리	컬쳐 브레인	2003년	09월 26일
절체절명 데인저러스 할아버지 사상최강의 도게자	키즈 스테이션	2003년	09월 26일
배틀X배틀 거대어 전설	스타 피쉬	2003년	09월 26일
머메이드 멜로디 펄떡펄떡 핏치	코나미	2003년	10월 09일
마탐정 로키 라그나로크 – 환상의 라비린스	J윙	2003년	10월 16일
봄버맨 젯터즈 게임 콜렉션	허드슨	2003년	10월 16일
오리엔탈 블루 – 푸른 천외	닌텐도	2003년	10월 24일
레전드 오브 다이나믹 호상전 파괴의 윤무곡	반프레스토	2003년	10월 24일

모두의 소프트 시리즈 모두의 마작	엠티오	2003년	10월 31일
모두의 소프트 시리즈 상하이	석세스	2003년	10월 31일
모두의 소프트 시리즈 ZOOO	석세스	2003년	10월 31일
산리오 퓨로 랜드 올 캐릭터즈	토미	2003년	11월 01일
해리 포터 쿠이딧치 월드컵	일렉트로닉 아츠	2003년	11월 13일
슬라임 우글우글 드래곤 퀘스트 충격의 꼬리단	스퀘어 에닉스	2003년	11월 14일
강아지의 첫 산책 강아지의 마음 육성게임	TDK코어	2003년	11월 14일
모두의 소프트 시리즈 난데없이 호리병섬 돈 가바초 대활약의 권	엠티오	2003년	11월 21일
미키와 도날드의 매지컬 퀘스트3	캡콤	2003년	11월 21일
마리오&루이지RPG	닌텐도	2003년	11월 21일
퍼즈닝 – 우미닌의 퍼즐이다	메트로 3D 재팬	2003년	11월 21일
SD건담 G제네레이션 ADVANCE	반다이	2003년	11월 27일
햄스터 이야기 3EX. 4. 스페셜	컬쳐 브레인	2003년	11월 18일
모두의 소프트 시리즈 테트리스	석세스	2003년	11월 18일
F-ZERO 팔콘전설	닌텐도	2003년	11월 18일
내일의 죠 새빨갛게 불타올라라!	코나미	2003년	12월 04일
크래쉬 밴디쿳 어드밴스2 빙글빙글 최면 대혼란!?	코나미	2003년	12월 04일
파워 프로군 포켓6	코나미	2003년	12월 04일
모두의 왕자님	코나미	2003년	12월 04일
소닉 배틀	세가	2003년	12월 04일
모험유기 블래스터 월드 전설의 블래스트 게이트EX	타카라	2003년	12월 04일
시나모롤 여기에 있다	이매지니어	2003년	12월 05일
실바니아 패밀리 요정의 스테키와 이상한 나무 마론이누의 여자아이	에폭사	2003년	12월 05일
학원전기 무료	엠티오	2003년	12월 05일
가챠스테! 다이나믹 디바이스2 드래곤	로켓 컴퍼니	2003년	12월 05일
가챠스테! 다이나믹 디바이스2 피닉스	로켓 컴퍼니	2003년	12월 05일
니모를 찾아서	유케스	2003년	12월 06일
고질라 괴수대결전 어드밴스	아타리	2003년	12월 11일
코로케!3 그래뉴 왕국의 비밀	코나미	2003년	12월 11일
게게게의 키타로 위기일발! 요괴열도	코나미	2003년	12월 11일
내맘대로 페어리 미루모로 퐁! 여덟이 모였을 때의 요정	코나미	2003년	12월 11일
록멘 에그제4 토너먼트 블루 문	캡콤	2003년	12월 12일
록멘 에그제4 토너먼트 레드 선	캡콤	2003년	12월 12일
카드캡터 사쿠라 사쿠라카드de미니게임	TDK코어	2003년	12월 12일
반짝반짝 간호사 이야기 발랄 간호사 육성게임	TDK코어	2003년	12월 12일
슈퍼 동키콩	닌텐도	2003년	12월 12일
금색의 갓슈벨!! 소리질러! 우정의 전격	반프레스토	2003년	12월 12일
목장 이야기 미네랄 타운의 친구들 For girl	마벨러스 인터랙티브	2003년	12월 12일
메달 오브 아너 어드밴스	일렉트로닉 아츠	2003년	12월 18일
머메이드 멜로디 펄떡펄떡 핏치 펄떡펄떡 파티	코나미	2003년	12월 18일
철완 아톰 아톰하트의 비밀	세가	2003년	12월 18일
SIMPLE2960 친구 시리즈 Vol.3 THE 언제나 퍼즐	D3 퍼블리셔	2003년	12월 18일
SIMPLE2960 친구 시리즈 Vol.4 THE 트럼프	D3 퍼블리셔	2003년	12월 18일
갈색견의 방	엠티오	2003년	12월 19일

멍멍 명탐정	컬쳐 브레인	2003년	12월 19일
마녀아이 크림짱의 숨바꼭질 시리즈1 멍멍야옹 아이돌 학원	컬쳐 브레인	2003년	12월 30일
반지의 제왕 / 왕의 귀환	일렉트로닉 아츠	2004년	01월 06일
더 심즈	일렉트로닉 아츠	2004년	01월 22일
역전재판3	캡콤	2004년	01월 23일
포켓몬스터 파이어 레드	닌텐도	2004년	01월 29일
포켓몬스터 리프 그린	닌텐도	2004년	01월 29일
유희왕 듀얼 몬스터즈 익스퍼트3	코나미	2004년	02월 05일
007 에브리씽 오브 낫씽	일렉트로닉스 아츠	2004년	02월 11일
리리파트 왕국 리리모니와 함께 푸이!	세가	2004년	02월 12일
패미콤 미니 01 슈퍼 마리오 브라더즈	닌텐도	2004년	02월 14일
패미콤 미니 02 동키콩	닌텐도	2004년	02월 14일
패미콤 미니 03 아이스 클라이머	닌텐도	2004년	02월 14일
패미콤 미니 04 익사이트 바이크	닌텐도	2004년	02월 14일
패미콤 미니 05 젤다의 전설1	닌텐도	2004년	02월 14일
패미콤 미니 06 팩맨	남코	2004년	02월 14일
패미콤 미니 07 제비우스	남코	2004년	02월 14일
패미콤 미니 08 마피	남코	2004년	02월 14일
패미콤 미니 09 봄버맨	허드슨	2004년	02월 14일
패미콤 미니 10 스타 솔져	허드슨	2004년	02월 14일
탐정학원Q 궁극 트릭에 도전하라	코나미	2004년	03월 04일
다운타운 열혈물어EX	아틀라스	2004년	03월 05일
더블드래곤 어드밴스	아틀라스	2004년	03월 05일
패션 멍멍이	엠티오	2004년	03월 05일
대결! 울트라 히어로	죠르단	2004년	03월 05일
ONE PIECE 고잉 베이스볼	반다이	2004년	03월 11일
절체절명 데인저러스 할어버지 ~ 눈물의 1회 절 대복종 바이올런스 교장 ~ 내가 가장 잘났다!!	키즈 스테이션	2004년	03월 18일
테니스의 왕자님 2004 GLORIOUS GOLD	코나미	2004년	03월 18일
테니스의 왕자님 2004 STYLISH SILVER	코나미	2004년	03월 18일
머메이드 멜로디 펄떡펄떡 핏치 펄떡하고 라이브 스타트1	코나미	2004년	03월 18일
유희왕 쌍육의 스고로쿠	코나미	2004년	03월 18일
듀얼 마스터즈2 인빈시블 어드밴스	타카라	2004년	03월 18일
마녀아이 크림짱의 숨바꼭질 시리즈2 옷 갈아입히기 엔젤 카리스마 점원 육성게임	컬쳐 브레인	2004년	03월 25일
보보보보 보보보 9극전사 개그 융합	허드슨	2004년	03월 25일
아기 동물원 아기동물 사육계 육성 게임	TDK코어	2004년	03월 26일
강철의 연금술사 미주의 윤무곡	반다이	2004년	03월 26일
드래곤볼Z 무공투극	반프레스토	2004년	03월 26일
보글보글 천연회람판 사랑의 큐피트 대작전	마벨러스 인터랙티브	2004년	03월 26일
리카짱의 패션일기	마벨러스 인터랙티브	2004년	03월 26일
디지몬 레이싱	반다이	2004년	04월 01일
동경마인학원 부주봉록	마벨러스 인터랙티브	2004년	04월 01일
강아지와 함께2 애정 이야기	컬쳐 브레인	2004년	04월 02일
별의 커비 거울의 대미궁	닌텐도	2004년	04월 15일

크레용 신짱 폭풍을 부르는 시네마 랜드의 대모험!	반프레스토	2004년	04월 16일
시렌 몬스터즈 넷트 살	춘소프트	2004년	04월 22일
마리오 골프 GBA투어	닌텐도	2004년	04월 22일
크레용 신짱 폭풍을 부르는 시네마 랜드의 대모험!	반프레스토	2004년	04월 16일
시렌 몬스터즈 넷트 살	춘소프트	2004년	04월 22일
마리오 골프 GBA투어	닌텐도	2004년	04월 22일
피아 캐롯에 어서오세요!! 3.3	NEC인터채널	2004년	04월 23일
카드캡터 사쿠라 사쿠라 카드편 ~ 사쿠라와 카드와 친구들 ~	엠티오	2004년	04월 23일
록맨 제로3	캡콤	2004년	04월 23일
우주의 스텔비아	킹 레코드	2004년	04월 23일
퓨하고 뿜는다! 재규어 뵤~하고 나간다! 안경군	코나미	2004년	04월 29일
NARUTO 최강닌자 대결집2	토미	2004년	04월 29일
미키의 포켓 리조트	토미	2004년	04월 29일
SF어드벤처 ZERO ONE SP	후우키	2004년	04월 29일
강철제국 from HOT B	스타 피시	2004년	05월 13일
기동전사 건담 SEED 친구와 너와 전쟁터에서	반다이	2004년	05월 13일
패미콤 미니 11 마리오 브라더스	닌텐도	2004년	05월 21일
패미콤 미니 12 빙글빙글 랜드	닌텐도	2004년	05월 21일
패미콤 미니 13 벌룬 파이트	닌텐도	2004년	05월 21일
패미콤 미니 14 레킹 크루	닌텐도	2004년	05월 21일
패미콤 미니 15 Dr. 마리오	닌텐도	2004년	05월 21일
패미콤 미니 16 디그 더그	남코	2004년	05월 21일
패미콤 미니 17 다카하시 명인의 모험도	허드슨	2004년	05월 21일
패미콤 미니 18 마계촌	캡콤	2004년	05월 21일
패미콤 미니 19 트윈비	코나미	2004년	05월 21일
패미콤 미니 20 힘내라 고에몽! 꼭두각시 여행길	코나미	2004년	05월 21일
쟈쟈마루 Jr. 전승기 쟈레코레도 있소	자레코	2004년	05월 27일
메트로이드 제로 미션	닌텐도	2004년	05월 27일
마리오 vs 동키콩	닌텐도	2004년	06월 10일
프로거 고대문명의 의문	코나미	2004년	06월 17일
소닉 어드밴스3	세가	2004년	06월 17일
슈퍼 차이니즈 1,2 어드밴스	컬쳐 브레인	2004년	06월 24일
드래곤 퀘스트 캐릭터즈 톨네코의 대모험3 어드밴스 이상한 던전	스퀘어 에닉스	2004년	06월 24일
BB볼	미코트 앤드 바사라	2004년	06월 24일
멍멍이로 쿠루링! 왕클	엠티오	2004년	06월 25일
해리 포터와 아즈카반의 죄수	일렉트로닉 아츠	2004년	06월 26일
슈퍼 동키콩2	닌텐도	2004년	07월 01일
몬스터 서머너	아테인	2004년	07월 15일
내맘대로 페어리 미루모로 퐁! 꿈의 조각	코나미	2004년	07월 15일
방가방가 햄토리 햄햄 스포츠	닌텐도	2004년	07월 15일
해결 조로리와 마법의 유원지 공주님을 구해라!	반다이	2004년	07월 15일
데지 커뮤니케이션2 타도! 블랙 게마게마단	브로콜리	2004년	07월 15일

절체절명 데인저러스 할아버지2 분노의 처벌 블루스	키즈 스테이션	2004년	07월 16일
금색의 갓슈벨!! 마계의 북마크	반프레스토	2004년	07월 16일
Ger Ride! 암 드라이버 섬광의 히어로 탄생!	코나미	2004년	07월 22일
고로케!4 뱅크의 숲의 수호신	코나미	2004년	07월 22일
속 우리들의 태양 태양소년 장고	코나미	2004년	07월 22일
듀얼 마스터즈2 카드승무Ver.	타카라	2004년	07월 22일
학교의 괴담 백요 상자의 봉인	TDK코어	2004년	07월 22일
NARUTO 나루토RPG 이어지는 불의 의지	토미	2004년	07월 22일
강철의 연금술사 추억의 주명곡	반다이	2004년	07월 22일
DRAGON BALL Z THE LEGACY OF GOKU II	반프레스토	2004년	07월 23일
뿌요뿌요 피버	세가	2004년	07월 24일
돈짱 퍼즐 불꽃놀이로 펑! 어드밴스	아루제	2004년	07월 29일
불꽃놀이 백경 어드밴스	아루제	2004년	07월 29일
파워 프로군 포켓 1,2	코나미	2004년	07월 29일
파이널 판타지 I, II 어드밴스	스퀘어 에닉스	2004년	07월 29일
레전더 부활하는 시련의 섬	반다이	2004년	07월 29일
샤이닝 포스 검은 용의 부활	세가	2004년	08월 05일
B전설! 배틀 비더맨 타올라라! 비 혼	타카라	2004년	08월 05일
해바라기 동물병원 수의사 육성게임	TDK코어	2004년	08월 05일
전설의 스타피3	닌텐도	2004년	08월 05일
SD건담 포스	반다이	2004년	08월 05일
울트라 경비대 몬스터 어택	로켓 컴퍼니	2004년	08월 05일
동물섬의 쵸비구루미2 타마짱 이야기	로켓 컴퍼니	2004년	08월 05일
록맨 에그제 4.5 리얼 오퍼레이션	캡콤	2004년	08월 06일
패미콤 미니 21 슈퍼 마리오 브라더스2	닌텐도	2004년	08월 10일
패미콤 미니 22 수수께끼의 무라사메 성	닌텐도	2004년	08월 10일
패미콤 미니 23 메트로이드	닌텐도	2004년	08월 10일
패미콤 미니 24 광신화 팔테나의 거울	닌텐도	2004년	08월 10일
패미콤 미니 25 링크의 모험	닌텐도	2004년	08월 10일
패미콤 미니 26 패미콤 옛날 이야기 신 오니가시마 전후편	닌텐도	2004년	08월 10일
패미콤 미니 27 패미콤 탐정구락부 사라진 후계자 전후편	닌텐도	2004년	08월 10일
패미콤 미니 28 패미콤 탐정구락부 PartII 뒤에 선 소녀 전후편	닌텐도	2004년	08월 10일
패미콤 미니 29 악마성 드라큘라	코나미	2004년	08월 10일
패미콤 미니 30 SD건담 월드 가차폰 전사 스크램블 워즈	반다이	2004년	08월 10일
목표는 데뷔! 패션 디자이너 이야기 + 귀여운 펫 게임 갤러리2	컬쳐 브레인	2004년	08월 12일
서몬 나이트 크래프트 소드 이야기2	반프레스토	2004년	08월 20일
크래쉬 밴디쿳 폭주! 니트로 카트	코나미	2004년	08월 26일
슈퍼 마리오 볼	닌텐도	2004년	08월 26일
보보보보 보보보 폭투 하지케 대전	허드슨	2004년	09월 09일
포켓몬스터 에메랄드	포켓몬	2004년	09월 16일
엔젤 코렉션2 피치모가 되자	엠티오	2004년	09월 22일
DAN DOH!! 날려라! 승리의 스마일 샷	타카라	2004년	09월 22일

어드밴스 가디안 히어로즈	트레저	2004년	09월 22일
모두의 소프트 시리즈 모두의 장기	석세스	2004년	09월 24일
파이어 엠블렘 성마의 광석	닌텐도	2004년	10월 07일
돌아가는 메이드 인 와리오	닌텐도	2004년	10월 14일
전투원 야마다 하지메	키즈 스테이션	2004년	10월 21일
F-ZERO CLIMX	닌텐도	2004년	10월 21일
패션 프린세스4 연애점술 대작전	컬쳐 브레인	2004년	10월 22일
갈색견 쿠루링 편안한 퍼즐로 편해지자?	엠티오	2004년	10월 28일
타올라라!! 자레코 콜렉션	자레코	2004년	10월 28일
과일 마을의 동물들	TDK코어	2004년	10월 28일
구투사 배트롤러X	반다이	2004년	10월 28일
네모난 머리를 동그랗게 한다 어드밴스 한자, 계산	IE 인스티튜드	2004년	11월 04일
네모난 머리를 동그랗게 한다 어드밴스 국어, 산수, 사회, 이과	IE 인스티튜드	2004년	11월 04일
젤다의 전설 이상한 모자	닌텐도	2004년	11월 04일
진 여신전생 데빌칠드런 메시아 라이저	로켓 컴퍼니	2004년	11월 04일
슈퍼 리얼 마작 동창회	로켓 컴퍼니	2004년	11월 04일
킹덤 하츠 체인 오브 메모리즈	스퀘어 에닉스	2004년	11월 11일
메탈 슬러그 어드밴스	SNK 플레이모어	2004년	11월 18일
학원 앨리스 두근두근 이상한 체험	키즈 스테이션	2004년	11월 18일
드래곤볼 어드밴스 어드벤처	반프레스토	2004년	11월 18일
니모를 찾아서 새로운 모험	유케스	2004년	11월 19일
귀여운 강아지 원더풀	엠티오	2004년	11월 25일
Riviera 약속의 땅 리비에라	스팅	2004년	11월 25일
게임보이 워즈 어드밴스 1+2	닌텐도	2004년	11월 25일
기동전사 건담SEED DESTINY	반다이	2004년	11월 25일
망각의 선율	반다이	2004년	11월 25일
알렉보돈 어드벤처 타워&샤프트 어드밴스	아루제	2004년	11월 26일
시나몬 꿈의 대모험	이매지니어	2004년	12월 02일
실바니아 패밀리 패션 디자이너가 되고 싶다! 호두다람쥐의 여자아이	에폭사	2004년	12월 02일
더 업스 심즈 인 더 시티	일렉트로닉 아츠	2004년	12월 02일
파워 프로군 포켓7	코나미	2004년	12월 02일
Mr. 인크레더블	D3 퍼블리셔	2004년	12월 02일
KissXKiss 성령학원	반다이	2004년	12월 02일
포케이누	아가츠마 엔터테인먼트	2004년	12월 09일
록멘 에그제5 팀 오브 블루스	캡콤	2004년	12월 09일
코로케! Great 시공의 모험자	코나미	2004년	12월 09일
대결! 격주 케로프리 대작전입니다!!	선라이즈 인터랙티브	2004년	12월 09일
헬로! 아이돌 데뷰 키즈 아이돌 육성게임	TDK코어	2004년	12월 09일
요시의 만유인력	닌텐도	2004년	12월 09일
음양대전기 영식	반다이	2004년	12월 09일
둘이서 프리큐어 있을 수 없어! 꿈동산은 대미궁	반다이	2004년	12월 09일
크래쉬 밴디쿳 어드밴스 두근두근 친구 대작전!	비벤디 유니버설 게임즈	2004년	12월 09일
스파이로 어드밴스 두근두근 친구 대작전!	비벤디 유니버설 게임즈	2004년	12월 09일
보글보글 천연 회람판 어서오세요! 일루전 랜드로	마벨러스 엔터테인먼트	2004년	12월 09일
트윈 시리즈 Vol.3 곤충 몬스터/스차이 라비린스	컬쳐 브레인	2004년	12월 10일

트윈 시리즈 Vol.4 햄햄 몬스터즈EX /판타지 퍼즐 햄스터 이야기 마법의 미궁 1+2	컬쳐 브레인	2004년	12월 10일
트윈 시리즈 Vol.5 멍멍 명탐정EX /마법나라의 베이커리 이야기	컬쳐 브레인	2004년	12월 10일
트윈 시리즈 Vol.6 멍멍이 아이돌 학원 /강아지와 함께 스페셜	컬쳐 브레인	2004년	12월 10일
듀얼 마스터즈3	아틀라스	2004년	12월 16일
진형 메다로트 카부토 버전	이매지니어	2004년	12월 16일
진형 메다로트 쿠와가타 버전	이매지니어	2004년	12월 16일
리틀 파티셰 케익의 성	엠티오	2004년	12월 16일
절체절명 데인저러스 할아버지3 끝없는 마물 이야기	키즈 스테이션	2004년	12월 16일
GET Ride! 암 드라이버 출격! 배틀 파티	코나미	2004년	12월 16일
내맘대로 페어리 미루모로 퐁! 의문의 열쇠와 진실의 문	코나미	2004년	12월 16일
멍멍이 믹스	TDK코어	2004년	12월 16일
ZOIDS SAGA 퓨저즈	토미	2004년	12월 16일
귀여운 펫 게임갤러리2	컬쳐 브레인	2004년	12월 17일
트윈 퍼즐 「1. 멍멍이 옷 갈아입히기EX 2.레인보우 매직2」	컬쳐 브레인	2004년	12월 17일
반지의 제왕 가운데 나라 제3기	일렉트로닉 아츠	2004년	12월 22일
금색의 갓슈벨!! 울려라! 우정의 전격2	반프레스토	2004년	12월 22일
환성신 저스티 라이저 장비! 지구의 전사들	코나미	2004년	12월 23일
유희왕 듀얼 몬스터즈 인터내셔널2	코나미	2004년	12월 30일
테일즈 오브 더 월드 나리키리 던전3	남코	2005년	01월 06일
마리오 파티 어드밴스	닌텐도	2005년	01월 13일
모두의 소프트 시리즈 해피 트럼프 20	석세스	2005년	01월 14일
호빗의 대모험 반지의 제왕 시작의 이야기	코나미	2005년	01월 20일
모험왕 비트 버스터즈 로드	반다이	2005년	01월 20일
삼국지 영걸전	코에이	2005년	01월 27일
삼국지 공명전	코에이	2005년	01월 27일
힘내라! 돗지 파이터즈	반다이	2005년	01월 27일
탐정 진구지 사부로 하얀 그림자의 소녀	마벨러스 인터랙티브	2005년	01월 27일
슈퍼로봇대전 ORIGINAL GENERATION2	반프레스토	2005년	02월 03일
레전즈 사인 오브 네크롬	반다이	2005년	02월 17일
록맨 에그제 팀 오브 커널	캡콤	2005년	02월 24일
목표는 코시엔	tasuke	2005년	03월 01일
천년가족	닌텐도	2005년	03월 01일
캇파를 키우는 방법 -How to breed kappas- 카탄 대모험!	코나미	2005년	03월 17일
야옹야옹야옹 이 야옹이 콜렉션	엠티오	2005년	03월 24일
진 삼국무쌍 어드밴스	코에이	2005년	03월 24일
샤크 테일	타이토	2005년	03월 31일
록맨 제로4	캡콤	2005년	04월 21일
걸작선! 힘내라 고에몽1,2 유키히메와 매기네스	코나미	2005년	04월 21일
명탐정 코난 새벽의 모뉴먼트	반프레스토	2005년	04월 21일
리락쿠마의 매일	이매지니어	2005년	04월 28일
갈색견의 꿈 탐험	엠티오	2005년	04월 28일
더 타워SP	닌텐도	2005년	04월 28일
ONE PIECE 드래곤 드림!	반다이	2005년	04월 28일

곤충 몬스터 배틀 스타디움	컬쳐 브레인	2005년	05월 03일
곤충 몬스터 배틀 마스터	컬쳐 브레인	2005년	05월 03일
흔들흔들 동키	닌텐도	2005년	05월 19일
판타직 칠드런	반다이	2005년	05월 19일
마법선생 네기마! 개인레슨 안 됩니다 도서관섬	마벨러스 인터랙티브	2005년	06월 09일
노노노퍼즐 챠이리안	닌텐도	2005년	06월 16일
갑충왕자 무시킹 그레이티스트 챔피온으로의 길	세가	2005년	06월 23일
패션 프린세스5	컬쳐 브레인	2005년	06월 30일
메르헤븐 KNOCKIN'ON HEAVEN'S DOOR	코나미	2005년	06월 30일
모모타로 전철G 골드 데크를 만들어라!	허드슨	2005년	06월 30일
레고 스타워즈	에이도스	2005년	07월 07일
엘리멘탈 제네이드 봉인된 노래	토미	2005년	07월 07일
BLEACH 어드밴스 붉게 물든 시귀계	세가	2005년	07월 21일
킴 파서블	D3 퍼블리셔	2005년	07월 21일
리로 앤드 스티치	D3 퍼블리셔	2005년	07월 21일
기동극단 하로좌 하로의 뿌요뿌요	반다이	2005년	07월 21일
신 우리들의 태양 역습의 사바타	코나미	2005년	07월 28일
둘이서 프리큐어 Max Heart 정말? 정말?! 파이트de좋잖아	반다이	2005년	07월 28일
금색의 갓슈벨!! 더 카드배틀 for GBA	반프레스토	2005년	07월 28일
로봇츠	비벤디 유니버설 게임즈	2005년	07월 28일
B-전설! 배틀 비더맨 염혼	아틀라스	2005년	08월 05일
곤충의 숲의 대모험 이상한 나라의 주민들	컬쳐 브레인	2005년	08월 11일
프로마작 강자 GBA	컬쳐 브레인	2005년	08월 11일
마다카스카르	반다이	2005년	08월 11일
쿠니오군 열혈 콜렉션1	아틀라스	2005년	08월 25일
내맘대로 페어리 미루모로 퐁! 두근두근 메모리얼 패닉	코나미	2005년	09월 08일
팀 버튼 나이트메어 비포 크리스마스 펌프킨 킹	D3 퍼블리셔	2005년	09월 08일
닥터 마리오 & 패널로 퐁	닌텐도	2005년	09월 13일
마리오 테니스 어드밴스	닌텐도	2005년	09월 13일
슈퍼로봇대전J	반프레스토	2005년	09월 15일
스크류 브레이커 굉진 드릴하라	닌텐도	2005년	09월 22일
건스타 슈퍼 히어로즈	세가	2005년	10월 06일
유희왕 듀얼 몬스터즈GX 목표는 듀얼 킹!	코나미	2005년	10월 13일
통근 한 획	닌텐도	2005년	10월 13일
쿠니오군 열혈 콜렉션2	아틀라스	2005년	10월 27일
프론티어 스토리즈	마벨러스 인터랙티브	2005년	10월 27일
미라클! 반조 일곱개 별의 우주 해적	아틀라스	2005년	11월 03일
포켓몬 이상한 던전 적의 구조대	포켓몬	2005년	11월 17일
록맨 에그제6 전뇌수 펄저	캡콤	2005년	11월 23일
록맨 에그제6 전뇌수 그레이가	캡콤	2005년	11월 23일
금색의 갓슈벨!! 울려라! 우정의 전격 드림 태그 토너먼트	반프레스토	2005년	11월 24일
슈퍼 동키콩3	닌텐도	2005년	12월 01일
시나몬 후와후와 대작전	로켓 컴퍼니	2005년	12월 01일
슈가슈가룬 하트가 한가득! 맹황학원	반다이	2005년	12월 08일
서몬 나이트 크래프트 소드 이야기 시작의 돌	반프레스토	2005년	12월 08일
파이널 판타지IV 어드밴스	스퀘어 에닉스	2005년	12월 15일
치킨 리틀	D3 퍼블리셔	2005년	12월 15일
갈색견의 대모험 편안한 꿈의 아일랜드	엠티오	2005년	12월 22일
애니멀 시장 두근두근 구출대작전!의 권	코나미	2005년	12월 22일
하이! 하이! 해피 아미유미	D3 퍼블리셔	2005년	12월 22일
허드슨 베스트 콜렉션 Vol.1 봄버맨 콜렉션	허드슨	2005년	12월 22일
허드슨 베스트 콜렉션 Vol.2 로드 러너 콜렉션	허드슨	2005년	12월 22일
허드슨 베스트 콜렉션 Vol.3 액션 콜렉션	허드슨	2005년	12월 22일
허드슨 베스트 콜렉션 Vol.4 퍼즐 콜렉션	허드슨	2005년	12월 22일
허드슨 베스트 콜렉션 Vol.5 슈팅 콜렉션	허드슨	2006년	01월 19일
허드슨 베스트 콜렉션 Vol.6 모험도 콜렉션	허드슨	2006년	01월 19일
더블팩 소닉 어드밴스 & 츄츄로켓	세가	2006년	01월 26일
더블팩 소닉 핀볼 & 소닉 어드밴스	세가	2006년	01월 26일
더블팩 소닉 배틀 & 소닉 어드밴스	세가	2006년	01월 26일
Mr. 인크레더블 강적 언더 마이너 등장	세가	2006년	02월 09일
강의 주인낚시 3&4	마벨러스 인터랙티브	2006년	02월 09일
쿠니오군 열혈 콜렉션3	아틀라스	2006년	02월 16일
유희왕 듀얼 몬스터즈 익스퍼트 2006	코나미	2006년	02월 23일
우에기의 법칙 신기작렬! 능력자 배틀	반프레스토	2006년	03월 02일
투패전설 아카기 어둠에 내려온 천재	컬쳐 브레인	2006년	03월 03일
파워 포케 대쉬	코나미	2006년	03월 23일
유그드라 유니온	스팅	2006년	03월 23일
크레용 신짱 전설을 부르는 서비스의 도시 쇼크 간!	반프레스토	2006년	03월 23일
마법선생 네기마! 개인레슨2 실례합니다 기생충으로 쪽	마벨러스 인터랙티브	2006년	03월 23일
모두의 소프트 시리즈 난프레 어드밴스	석세스	2006년	04월 06일
아이실드21 DEVILBATS DEVILDAYS	닌텐도	2006년	04월 06일
MOTHER3	닌텐도	2006년	04월 20일
애니멀 시장 두근두근 진급시험!의 권	코나미	2006년	05월 18일
카루쵸 비트	닌텐도	2006년	05월 18일
커즈	THQ재팬	2006년	07월 06일
bit Generations DIALHEX	닌텐도	2006년	07월 13일
bit Generations dotstream	닌텐도	2006년	07월 13일
bit Generations BOUNDISH	닌텐도	2006년	07월 13일
bit Generations ORBITAL	닌텐도	2006년	07월 27일
bit Generations COLORIS	닌텐도	2006년	07월 27일
bit Generations Soundvoyager	닌텐도	2006년	07월 27일
bit Generations DIGIDRIVE	닌텐도	2006년	07월 27일
리듬천국	닌텐도	2006년	08월 03일
파이널 판타지V 어드밴스	스퀘어 에닉스	2006년	10월 12일
파이널 판타지Vi 어드밴스	스퀘어 에닉스	2006년	11월 30일

게임기어 편

타이틀	퍼블리셔	발매년	발매일
컬럼스	세가	1990년	10월 06일
슈퍼 모나코GP	세가	1990년	10월 06일
펭고	세가	1990년	10월 06일
참 GEAR	울프 팀	1990년	10월 23일
대전마작 호패	세가	1990년	11월 10일
원더 보이	세가	1990년	12월 08일
G-LOC AIR BATTLE	세가	1990년	12월 15일
소코반	리버힐 소프트	1990년	12월 15일
드래곤 크리스탈 츠라니의 미궁	세가	1990년	12월 22일
상하이II	선소프트	1990년	12월 27일
THE 프로야구 91	세가	1991년	01월 26일
팩맨	남코	1991년	01월 29일
사이킥 월드	세가	1991년	02월 02일
팝 브레이커	마이크로 캐빈	1991년	02월 23일
정션	마이크로 넷	1991년	02월 24일
우디 팝	세가	1991년	03월 01일
타이토 체이스 H.Q	타이토	1991년	03월 08일
타롯의 관	세가	1991년	03월 08일
헤드 버스터	메사이어	1991년	03월 15일
미키 마우스의 캐슬 오브 일루전	세가	1991년	03월 21일
키네틱 커넥션	세가	1991년	03월 29일
데빌리쉬	겐키	1991년	03월 29일
기어 스타디움	남코	1991년	04월 05일
슈퍼 골프	시그마 상사	1991년	04월 19일
The GG 시노비	세가	1991년	04월 26일
자금성	선소프트	1991년	04월 26일
스쿠위크	빅터 음악산업	1991년	04월 26일
마피	남코	1991년	05월 24일
류큐	페이스	1991년	05월 31일
힘내라 고르비!	세가	1991년	06월 21일
할리 워즈	타이토	1991년	06월 21일
매지컬 타루루토군	츠쿠다 오리지널	1991년	07월 05일
매지컬 퍼즐 포피루즈	텐겐	1991년	07월 12일
판타지 존 Gear 오파오파Jr.의 모험	심스	1991년	07월 19일
그리폰	RIOT	1991년	07월 26일
와간랜드	남코	1991년	07월 26일
아웃런	세가	1991년	08월 09일
이터널 레전드 영원의 전설	세가	1991년	08월 09일
라스탄 사가	타이토	1991년	08월 09일
퍼트와 퍼터	세가	1991년	09월 27일
대전형 대전략G	시스템 소프트	1991년	09월 28일
갤러그91	남코	1991년	10월 25일
액스 배틀러 골든액스 전설	세가	1991년	11월 01일
닌자 외전	세가	1991년	11월 01일
쿠니짱의 게임천국	세가	1991년	11월 22일
베를린의 벽	KANEKO	1991년	11월 29일
아리엘 크리스탈 전설	세가	1991년	12월 13일
도날드 덕의 럭키 타임	세가	1991년	12월 20일
FRAY 수행편	마이크로 캐빈	1991년	12월 27일
헤비 웨이트 챔프	심스	1991년	12월 27일
스페이스 해리어	세가	1991년	12월 28일
소닉 더 헤지혹	세가	1991년	12월 28일
GG알레스터	컴파일	1991년	12월 29일
포켓 작장	남코	1992년	02월 07일
판타시 스타 어드벤처	세가	1992년	03월 13일
에일리언 신드롬	심스	1992년	03월 19일
버스터 볼	리버힐 소프트	1992년	03월 20일
몬스터 월드II 드래곤의 함정	세가	1992년	03월 27일
하이퍼 프로야구 92	세가	1992년	04월 24일
죠 몬타나 풋볼	세가	1992년	05월 22일
난데없이 호리병섬 호리병섬의 대항해	세가	1992년	05월 22일
에이리얼 어설트	세가	1992년	06월 05일
자기중심파	세가	1992년	06월 12일
올림픽 골드	세가	1992년	07월 24일
피구왕 통키	세가	1992년	08월 07일
아일톤 세나의 슈퍼 모나코GP II	세가	1992년	08월 28일
샤담 크루세이더 머나먼 왕국	세가	1992년	09월 18일
판타시 스타 외전	세가	1992년	10월 16일
IN THE WAKE OF VAMPIRE	세가	1992년	10월 23일
배트맨 리턴즈	세가	1992년	10월 23일
책 록	세가	1992년	10월 30일
소닉 더 헤지혹2	세가	1992년	11월 21일
베어 너클 분노의 철권	세가	1992년	11월 27일
The GG시노비II	세가	1992년	12월 11일
쿠니짱의 게임천국 part2	세가	1992년	12월 18일
샤이닝 포스 외전 원정 사신의 나라로	세가	1992년	12월 25일
레밍스	세가	1993년	02월 05일
윔블던	세가	1993년	02월 26일
뿌요뿌요	세가	1993년	03월 19일
미키 마우스의 마법의 크리스탈	세가	1993년	03월 26일
도라에몽 노라노스케의 야망	세가	1993년	04월 29일

프로야구 GG리그	세가	1993년	04월 29일
Kick & Rush	심스	1993년	05월 28일
샤이닝 포스 외전II 사신의 각성	세가	1993년	06월 25일
톰과 제리 THE MOVIE	세가	1993년	06월 25일
아아 하리마나다	세가	1993년	07월 02일
나조뿌요	세가	1993년	07월 23일
베어 너클II 사투로의 진혼곡	세가	1993년	07월 23일
쥬라기 공원	세가	1993년	07월 30일
GG알레스터II	세가	1993년	10월 01일
ULTIMATE SOCCER	세가	1993년	10월 29일
소닉 & 테일즈	세가	1993년	11월 19일
마도물어I 3개의 마도구	세가	1993년	12월 03일
나조뿌요2	세가	1993년	12월 10일
대전마작 호패2	세가	1993년	12월 17일
도날드 덕의 4개의 보물	세가	1993년	12월 17일
페이스 볼 2000	리버힐 소프트	1993년	12월 17일
모탈 컴뱃	어클레임 재팬	1993년	12월 17일
배틀 토드	세가	1994년	01월 14일
리딕 보우 복싱	세가	1994년	01월 21일
윈터 올림픽	세가	1994년	02월 11일
버스터 파이트	세가	1994년	02월 11일
T2 THE ARCADE GAME	어클레임 재팬	1994년	02월 25일
맥도날드 도날드의 매지컬 월드	세가	1994년	03월 04일
에코 더 돌핀	세가	1994년	03월 11일
소닉 드리프트	세가	1994년	03월 18일
유유백서 멸망당한 자의 역습	세가	1994년	03월 25일
알라딘	세가	1994년	03월 25일
스크래치 골프	빅 토카이	1994년	03월 25일
GP라이더	세가	1994년	04월 22일
탄트알	세가	1994년	04월 22일
여신전생 외전 라스트 바이블	세가	1994년	04월 22일
NBA JAM	어클레임 재팬	1994년	04월 29일
마도물어II 아루루 16세	세가	1994년	05월 20일
에일리언3	어클레임 재팬	1994년	05월 27일
월드 더비	CRI	1994년	05월 27일
잡힐까보냐!?	세가	1994년	06월 03일
아담스 패밀리	어클레임 재팬	1994년	06월 24일
로보캅3	어클레임 재팬	1994년	06월 24일
J리그 GG 프로 스트라이커 94	세가	1994년	07월 22일
스매시 TV	어클레임 재팬	1994년	07월 29일
버드 월드	어클레임 재팬	1994년	07월 29일
줄의 꿈모험	인포콤	1994년	07월 29일
나조뿌요 아루루의 루	세가	1994년	07월 29일
코카콜라 키드	세가	1994년	08월 05일
다이너마이트 헤디	세가	1994년	08월 05일
뽀빠이의 비치발리볼	테크노스 재팬	1994년	08월 12일
모탈 컴뱃II	어클레임 재팬	1994년	09월
검용전설 야이바	세가	1994년	09월
덩크 키즈	세가	1994년	09월 16일
T2 심판의 날	어클레임 재팬	1994년	09월 30일
크래쉬 더미 슬릭 꼬마의 큰 도전	어클레임 재팬	1994년	09월 30일
프로야구 GG 리그 94	세가	1994년	09월 30일
유유백서II 격투! 7강의 싸움	세가	1994년	09월 30일
모르도리안 빛과 어둠의 자매	세가	1994년	10월 30일
소닉 & 테일즈2	세가	1994년	11월 11일
이치 탄트알GG	세가	1994년	11월 25일
마도물어III 궁극여왕님	세가	1994년	11월 25일
아랑전설 스페셜	타카라	1994년	11월 25일
사무라이 스피릿츠	타카라	1994년	12월 09일
뿌요뿌요 통	컴파일	1994년	12월 16일
마법기사 레이어스	세가	1994년	12월 16일
From TV animation SLAM DUNK 승리로의 스타팅5	반다이	1994년	12월 16일
브레드 커플스의 골프	세가	1994년	12월 23일
미키 마우스 전설의 왕국	세가	1995년	01월 13일
라이언 킹	세가	1995년	01월 13일
갬블 패닉	세가	1995년	01월 27일
실반 테일	세가	1995년	01월 27일
미소녀전사 세일러문S	반다이	1995년	01월 27일
에코 더 돌핀2	세가	1995년	02월 03일
리스타 더 슈팅스타	세가	1995년	02월 17일
NBA JAM 토너먼트 에디션	어클레임 재팬	1995년	02월 24일
NFL 쿼터백 클럽 95	어클레임 재팬	1995년	02월 24일
로얄 스톤 열려진 시간의 문	세가	1995년	02월 24일
크레용 신짱 대결! 건담 패닉!!	반다이	1995년	02월 24일
타마 & 프렌즈 3번지 공원 타마링픽	세가	1995년	03월 03일
소닉 드리프트2	세가	1995년	03월 17일
건스타 히어로즈	세가	1995년	03월 24일
여신전생 외전 라스트 바이블 스페샬	세가	1995년	03월 24일
SD건담 WINNER'S HISTORY	반다이	1995년	03월 24일
THE 퀴즈 기어 파이트!	세가	1995년	04월 07일
TEMPO Jr.	세가	1995년	04월 28일
테일즈의 스카이 패트롤	세가	1995년	04월 28일
스타 게이트	어클레임 재팬	1995년	05월 26일
슈퍼 컬럼스	세가	1995년	05월 26일
트루 라이즈	어클레임 재팬	1995년	05월 26일
샤이닝 포스 외전 FINAL CONFLICT	세가	1995년	06월 30일
싸워라! 프로야구 트윈 리그	세가	1995년	07월 14일
닌쿠	세가	1995년	07월 21일

마법기사 레이어스2 ~making of magic knight~	세가	1995년	08월 04일
귀신동자 ZENKI	세가	1995년	09월 01일
FIFA 인터내셔널 사커	일렉트로닉 아츠 빅터	1995년	09월 14일
테일스 어드벤처	세가	1995년	09월 22일
기어 스타디움 헤이세이 판	남코	1995년	10월 20일
배트맨 포에버	어클레임 재팬	1995년	10월 27일
포맨 포 리얼	어클레임 재팬	1995년	10월 27일
닌쿠 외전 히로유키 대활극	세가	1995년	11월 03일
소닉 라비린스	세가	1995년	11월 17일
마도물어A 두근두근 배케이션	컴파일	1995년	11월 24일
J리그 축구 드림 일레븐	세가	1995년	11월 24일
노모 히데오의 월드 시리즈 베이스볼	세가	1995년	12월 01일
고질라 괴수대진격	세가	1995년	12월 08일
슈퍼 모모타로 전철III	허드슨	1995년	12월 15일
닌쿠2 천공룡으로의 길	세가	1995년	12월 22일
LUNAR 산책하는 학원	게임아츠	1996년	01월 12일
바쿠바쿠 애니멀 세계사육계 선수권	세가	1996년	01월 26일
괴도 세인트 테일	세가	1996년	03월 29일
버쳐 파이터 Mini	세가	1996년	03월 29일
도라에몽 와쿠와쿠 포켓 파라다이스	세가	1996년	04월 26일
고양이 너무 좋아!	세가	1996년	07월 19일
퍼즐보블	타이토	1996년	08월 02일
GG포트레이트 유우키 아키라	세가	1996년	11월 01일
GG포트레이트 파이 첸	세가	1996년	11월 22일
팬저 드라군 Mini	세가	1996년	11월 22일
펫 구락부 개가 너무 좋아!	세가	1996년	12월 06일
G소닉	세가	1996년	12월 13일

버철보이 편

타이틀	퍼블리셔	발매년	발매일
레드 알람	T&E소프트	1995년	07월 21일
튀어나와! 파니봉	허드슨	1995년	07월 21일
갤럭틱 핀볼	닌텐도	1995년	07월 21일
텔레로 복서	닌텐도	1995년	07월 21일
마리오의 테니스	닌텐도	1995년	07월 21일
버철 프로야구 95	고토부키 시스템	1995년	08월 11일
T&E 버철 골프	T&E소프트	1995년	08월 11일
버티컬 포스	허드슨	1995년	08월 12일
V-테트리스	BPS	1995년	08월 25일
스페이스 스캇슈	코코너츠 재팬 엔터테인먼트	1995년	09월 28일
마리오 크래쉬	닌텐도	1995년	09월 28일
잭 브라더스의 미로에서 히호!	아틀라스	1995년	09월 29일
버철 피싱	팩 인 비디오	1995년	10월 06일
인스마우스의 집	아이맥스	1995년	10월 03일
스페이스 인베이더 버철 콜렉션	타이토	1995년	12월 01일
버철 보이 와리오 랜드 아와존의 보물	닌텐도	1995년	12월 01일
버철 LAB	J윙	1995년	12월 08일
버철 볼링	아테나	1995년	12월 22일
SD건담 DIMENTION War	반다이	1995년	12월 22일

원더스완 시리즈 편

타이틀	퍼블리셔	발매년	발매일
GUNPEI	반다이	1999년	03월 04일
초코보의 이상한 던전 for 원더스완	반다이	1999년	03월 04일
전차로 GO!	타이토	1999년	03월 04일
신일본 프로레슬링 투혼열전	토미	1999년	03월 04일
노부나가의 야망 for 원더스완	코에이	1999년	03월 11일
마작등용문	사미	1999년	03월 11일
뿌요뿌요 통	반다이	1999년	03월 11일
원더 스타디움	반다이	1999년	03월 11일
디지털 몬스터 Ver. 원더스완	반다이	1999년	03월 25일
바다낚시하러 가자!	코코너츠 재팬	1999년	04월 01일
삼국지 for 원더스완	코에이	1999년	04월 01일
상하이 포켓	선소프트	1999년	04월 01일
어락왕 TANGO!	메비우스	1999년	04월 01일
나이스 온	사미	1999년	04월 08일
원조 자자마루군	자레코	1999년	04월 15일
육아퀴즈 어디서나 마이 엔젤	반다이	1999년	04월 15일
beatmania for WonderSwan	코나미	1999년	04월 28일
슈퍼로봇대전 COMPEACT	반프레스토	1999년	04월 28일
메다로트 퍼펙트 에디션 카부토 버전	이매지니어	1999년	02월 23일
메다로트 퍼펙트 에디션 쿠와가타 버전	이매지니어	1999년	02월 23일
스페이스 인베이더	선소프트	1999년	05월 13일
원더스완 헌티 소나	반다이	1999년	05월 13일
바람의 크로노아 문라이트 뮤지엄	남코	1999년	05월 20일

SD건담 이모셔널 잼	반다이	1999년	05월 27일
라스트 스탠드	반다이	1999년	05월 27일
카오스 기어 인도받은 자	반다이	1999년	06월 10일
철권 카드 챌린지	반다이	1999년	06월 17일
앙카즈 필드	사미	1999년	06월 24일
바이츠 블레이드	반다이	1999년	06월 24일
퍼즐보블	선소프트	1999년	07월 01일
트럼프 콜렉션 보톰업 스타일 트럼프 생활	보톰업	1999년	07월 01일
일본 프로 마작연맹 공인 철만	카가 테크	1999년	07월 15일
신세기 에반게리온 사도 육성	반다이	1999년	07월 22일
마계촌 for 원더스완	반다이	1999년	07월 22일
크레이지 클라이머	일본물산	1999년	07월 29일
TERRORS	반다이	1999년	08월 05일
명탐정 코난 마술사의 도전장!	반다이	1999년	08월 05일
축구하자! Challenge The World	코코너츠 재팬	1999년	08월 12일
Mobile Suit GUNDAM MSVS	반다이	1999년	08월 26일
경마예상 지원 소프트 예상진화론	미디어 엔터테인먼트	1999년	09월 14일
원더 스타디움 99	반다이	1999년	09월 30일
격투요리전설 비스트로 레시피 원더 배틀 편	반프레스토	1999년	09월 30일
프로마작 극 for 원더스완	아테나	1999년	10월 07일
전차로 GO! 2	사이버 프론트	1999년	10월 07일
Harobots 하로봇츠	선라이즈 인터랙티브	1999년	10월 07일
매지컬 드롭 for 원더스완	데이터 이스트	1999년	10월 14일
장기 등용문	사미	1999년	10월 28일
Engacho! For 원더스완	일본 어플리케이션	1999년	10월 28일
록맨&포르테 미래에서의 도전자	반다이	1999년	10월 28일
민그루 마그넷	할 코퍼레이션	1999년	11월 02일
Armored Unit	사미	1999년	11월 18일
퀴즈왕 pocket	반다이	1999년	11월 18일
경주마 육성 시뮬레이션 KEIBA	벡	1999년	11월 18일
사이드 포켓 for 원더스완	데이터 이스트	1999년	11월 25일
TURNTABLIST DJ배틀	반다이	1999년	11월 25일
KISS보다… ~Seaside Serenade~	키드	1999년	12월 02일
카드캡터 사쿠라 사쿠라와 이상한 크로우 카드	반다이	1999년	12월 02일
클락타워 for 원더스완	카가 테크	1999년	12월 09일
타레판다의 군페이	반다이	1999년	12월 09일
BUFFERS EVOLUTION	반다이	1999년	12월 09일
FEVER SANKYO 공식 파친코 시뮬레이션 for 원더스완	벡	1999년	12월 09일
KAPPA GAMES 초전기 카드배틀 「요봉마계」 키쿠치 히데유키	광문사	1999년	12월 16일
디지몬 어드벤처 아노드 테이머	반다이	1999년	12월 16일
졸업 for 원더스완	반다이 비주얼	1999년	12월 16일
D's Garage21 공모게임 씨를 뿌리는 새	반다이	1999년	12월 22일
철인 28호	메가 하우스	1999년	12월 22일
모리타 장기 for 원더스완	유우키 엔터프라이즈	1999년	12월 22일
폭주 데코트럭 전설 for 원더스완	카가 테크	1999년	12월 29일
SD건담 가샤퐁 전기 에피소드 1	반다이	1999년	12월 29일
오짱의 그림그리기 로직	선소프트	2000년	01월 06일
어디서나 햄스터	벡	2000년	01월 06일
오목 & 리버시 등용문	사미	2000년	01월 13일
디지몬 어드벤처 카소드 테이머	반다이	2000년	01월 20일
소용돌이 ~ 전시괴기편~	오메가 미코트	2000년	02월 03일
초형귀 남자의 혼찰	반다이	2000년	02월 10일
화투하자	석세스	2000년	02월 17일
대국바둑 헤이세이 기원	석세스	2000년	02월 24일
선계전 ~TV애니메이션 선계전 봉신연의에서~	반다이	2000년	02월 24일
탄생 ~Debut~ for 원더스완	반다이 비주얼	2000년	02월 24일
FISHIING FREAKS Bass Rise for WonderSwan	벡	2000년	02월 24일
소용돌이 ~저주 시뮬레이션~	오메가 미코트	2000년	03월 04일
랑그릿사 밀레니엄 WS ~The Last Century~	반다이	2000년	03월 09일
선뇌 MILLENIUM	반다이	2000년	03월 16일
파이널 랩 2000	반다이	2000년	03월 23일
메타코미세라피 내 말을 들어줘!	미디어 엔터테인먼트	2000년	03월 23일
마크로스 ~트루 러브 송~	레이업	2000년	03월 23일
타올라라!! 프로야구 루키즈	자레코	2000년	03월 30일
슈퍼로봇대전 COMPACT2 제1부 지상격동편	반프레스토	2000년	03월 30일
삼국지II for 원더스완	코에이	2000년	02월 15일
포켓 파이터	반다이	2000년	02월 15일
스리더 링	반다이	2000년	04월 20일
로드 러너 for 원더스완	반프레스토	2000년	04월 20일
wuz↑b? (와사비) 프로듀스 스트리트 댄서	반다이	2000년	04월 27일
보칸 전설 뚜껑도 치켜세워야 도론보	반프레스토	2000년	04월 27일
디지털 파트너	반다이	2000년	05월 25일
헌터X헌터 ~의지를 잇는 자~	반다이	2000년	06월 01일
글로컬 헥사이트	석세스	2000년	06월 29일
레인보우 아일랜드 ~파티즈 파티~	메가 하우스	2000년	06월 29일
SD건담 G제네레이션 개더비트	반프레스토	2000년	07월 13일
From TV animation ONE PIECE 목표는 해적왕!	반다이	2000년	07월 19일
명탐정 코난 서부의 명탐정 최대의 위기!!?	반다이	2000년	07월 27일
디지몬 어드벤처 02 태그 테이머즈	반다이	2000년	08월 03일
링∞	카도타와 쇼텐	2000년	08월 10일
파이어 프로레슬링 for 원더스완	카가 테크	2000년	08월 31일
슈퍼로봇대전 COMPACT2 제2부 우주격진편	반프레스토	2000년	09월 14일
일하는 초코보	스퀘어	2000년	09월 21일
트럼프 콜렉션2	반다이	2000년	09월 28일
동경마인학원 부주봉록	아스믹 에이스 엔터테인먼트	2000년	10월 12일
소로방그	카가 테크	2000년	12월 09일
파이널 판타지	스퀘어	2000년	12월 09일
GUNPEY EX	반다이	2000년	12월 09일

디지몬 어드벤처 02 디 원 테이머즈	반다이	2000년	12월 09일
라임 라이더 케로리칸	반다이	2000년	12월 09일
어디서나 햄스터3	벡	2000년	12월 14일
어나더 헤븐 ~memory of those days~	반다이	2000년	12월 21일
선계전 2 ~TV애니메이션 선계전 봉신연의에서~	반다이	2000년	12월 21일
TERRORS2	반다이	2000년	12월 21일
FLASH 연인군	광문사	2000년	12월 28일
남코 원더 클래식	반다이	2001년	01월 18일
슈퍼로봇대전 COMPACT2 제3부 은하결전편	반프레스토	2001년	01월 18일
GUILTY GEAR PETIT	사미	2001년	01월 25일
With You ~바라보고 싶어~	샤르라크	2001년	01월 25일
기동전사 건담 Vol.1 SIDE7	반다이	2001년	02월 01일
우주전함 야마토	반다이	2001년	02월 08일
위저드리 시나리오1 미친 왕의 시련장	반다이	2001년	03월 01일
메모리즈 오프 페스타	키드	2001년	03월 08일
SD건담 영웅전 기사전설	반다이	2001년	03월 15일
SD건담 영웅전 무자전설	반다이	2001년	03월 15일
다크 아이즈 배틀 게이트	반다이	2001년	03월 15일
와일드 카드	스퀘어	2001년	03월 29일
미스터 드릴러	남코	2001년	04월 15일
명탐정 코난 석양의 황녀	반다이	2001년	04월 15일
삼색묘 홈즈 고스트 패닉	광문사	2001년	04월 26일
헌터X헌터 각자의 결의	반다이	2001년	04월 26일
파이널 판타지II	스퀘어	2001년	05월 02일
포켓속의 Doraemon	반다이	2001년	05월 24일
낙작	반다이	2001년	05월 31일
환상마전 최유기 Retribution 햇빛이 닿는 곳에서	무빅	2001년	06월 07일
쿠루파라	톰 크리에이트	2001년	06월 14일
SD건담 G제네레이션 개더비트2	반다이	2001년	06월 14일
울트라맨 빛의 나라의 사자	반다이	2001년	06월 21일
동풍장	반다이	2001년	06월 28일
블루 윙 블릿츠	스퀘어	2001년	07월 05일
디지몬 테이머즈 디지몬 메들리	반다이	2001년	07월 12일
LAST ALIVE	반다이	2001년	07월 26일
기동전사 건담 Vol.2 JABURO	반다이	2001년	08월 16일
헌터X헌터 인도하는 자	반다이	2001년	08월 23일
From TV animation ONE PIECE 무지개의 섬 전설	반다이	2001년	09월 13일
GUILTY GEAR PETIT 2	사미	2001년	09월 27일
STAR HEARTS 별과 대지의 사자	반다이	2001년	09월 27일
디지몬 테이머즈 배틀 스피릿트	반다이	2001년	10월 06일
마리&에리 ~둘의 아틀리에~	E3스탭	2001년	10월 25일
이누야샤 카고메의 전국일기	반다이	2001년	11월 02일
파이널랩 스페셜	반다이	2001년	11월 15일
슈퍼로봇대전 COMPACT for WonderSwanColor	반프레스토	2001년	12월 13일
로맨싱 사가	스퀘어	2001년	12월 20일
Xi[sai] Little	반다이	2001년	12월 20일
디지몬 테이머즈 브레이브 테이머	반다이	2001년	12월 29일
From TV animation ONE PIECE 트레져 워즈	반다이	2002년	01월 03일
RUN=DIM -Return of Erath-	디지털 드림	2002년	02월 07일
반숙영웅 아아 세계여 반숙이 되어라!!	스퀘어	2002년	02월 14일
SD건담 오퍼레이션U.C	반다이	2002년	02월 16일
골든 액스	반다이	2002년	02월 28일
근육맨II세 드림 태그 매치	반다이	2002년	03월 02일
디지털 몬스터 카드게임 Ver. WonderSwanColor	반다이	2002년	03월 16일
마계탑사 SaGa	스퀘어	2002년	03월 20일
파이널 판타지IV	스퀘어	2002년	03월 29일
테트리스	반가드	2002년	04월 01일
디지몬 테이머즈 배틀 스피리트 Ver.1.5	반다이	2002년	04월 27일
기동전사 건담 Vol.3 A BAOA QU	반다이	2002년	05월 25일
그란스타 크로니클	베가트론	2002년	06월 13일
X CARD OF FATE	반다이	2002년	06월 27일
아크 더 래드 기신부활	반다이	2002년	07월 04일
FRONT MISSION	스퀘어	2002년	07월 12일
From TV animation ONE PIECE 그랜드 배틀 ~스완 콜로세움~	반다이	2002년	07월 12일
Riviera ~약속의 땅 리비에라~	반다이	2002년	07월 12일
이누야샤 풍운에마키	반다이	2002년	07월 27일
디지털 몬스터 딥 프로젝트	반다이	2002년	08월 03일
격투! 크래쉬 기어 TURBO 기어 챔피언 리그	위즈	2002년	08월 10일
샤먼킹 미래로의 의지	반다이	2002년	08월 29일
SD건담 G제네레이션 모노아이 건담즈	반다이	2002년	09월 26일
남코 슈퍼 워즈	반다이	2002년	10월 31일
mama Mitte	타니타	2002년	11월 03일
이누야샤 카고메의 꿈 일기	반다이	2002년	11월 16일
배틀 스피리트 디지몬 프론티어	반다이	2002년	12월 07일
From TV animation ONE PIECE 트레져 워즈2 바기랜드에 어서오세요	반다이	2002년	12월 20일
근육맨II세 초인성전사	반다이	2003년	01월 30일
록맨 에그제 WS	캡콤	2003년	02월 08일
기동전사 건담SEED	반다이	2003년	03월 15일
NARUTO 나뭇잎 인법첩	반다이	2003년	03월 27일
헌터X헌터 G.I	반다이	2003년	04월 24일
기동전사 건담 기렌의 야망 특별편 푸른 별의 패자	반다이	2003년	05월 02일
슈퍼로봇대전 COMPACT3	반프레스토	2003년	07월 17일
세인트 세이야 황금전설 편 Perfect Edition	반다이	2003년	07월 31일
록맨 에그제 N1배틀	캡콤	2003년	08월 08일
From TV animation ONE PIECE 쵸파의 대모험	반다이	2003년	10월 16일
드래곤 볼	반다이	2003년	11월 20일
JUDGEMENT SILVERSWORD -Rebirth Edition-	큐트	2004년	02월 02일
Dicing Knight	큐트	2004년	05월 31일

네오지오 포켓 시리즈 편

타이틀	퍼블리셔	발매년	발매일
킹 오브 파이터즈 R-1	SNK	1998년	10월 28일
네오지오 컵 98	SNK	1998년	10월 28일
포켓 테니스	유메코보	1998년	10월 28일
연결 퍼즐 연결해서 퐁!	유메코보	1998년	10월 28일
메롱짱의 성장일기	ADK	1998년	10월 28일
베이스볼 스타즈	SNK	1998년	10월 28일
장기의 달인	ADK	1998년	11월 20일
사무라이 스피릿츠!	SNK	1998년	12월 25일
네오 체리 마스터	다이나	1998년	12월 25일
킹 오브 파이터즈 R-2	SNK	1999년	03월 19일
베이스볼 스타즈 칼라	SNK	1999년	03월 19일
포켓 테니스 칼라	유메코보	1999년	03월 19일
연결 퍼즐 연결해서 퐁! 칼라	유메코보	1999년	03월 19일
장기의 달인 칼라	ADK	1999년	03월 19일
네오 드래곤즈 와일드	다이나	1999년	03월 19일
네오 체리 마스터 칼라	다이나	1999년	03월 19일
네오 미스터리 보너스	다이나	1999년	03월 19일
퍼즐보블 미니	타이토	1999년	03월 26일
네오지오 컵 98 플러스	SNK	1999년	04월 15일
크래쉬 롤러	ADK	1999년	04월 15일
바이오 모터 유니트론	유메코보	1999년	04월 15일
네오 더비 챔프 대예상	다이나	1999년	04월 22일
어디서나 마작	ADK	1999년	04월 29일
아랑전설 퍼스트 콘택트	SNK	1999년	05월 27일
네오 포켓 프로야구	ADK	1999년	05월 27일
메탈 슬러그 퍼스트 미션	SNK	1999년	05월 27일
사무라이 스피릿츠! 2	SNK	1999년	06월 10일
매지컬 드롭 포켓	데이터 이스트	1999년	06월 24일
뿌요뿌요 통	세가	1999년	07월 22일
빅 토너먼트 골프	SNK	1999년	07월 29일
상하이 미니	SNK	1999년	07월 29일
다이브 얼렛 반 편	사쿠노스	1999년	08월 19일
다이브 얼렛 레베카 편	사쿠노스	1999년	08월 19일
팩맨	SNK	1999년	08월 26일
포켓 러브 if	ZLEM	1999년	10월 21일
파치스로 아루제 왕국 포켓 하나비	아루제	1999년	10월 21일
비스트 마스터 어둠의 생체병기	SNK	1999년	10월 21일
SNK VS CAPCOM 격돌 카드 파이터즈 SNK서포터즈 버전	캡콤/SNK	1999년	10월 21일
SNK VS CAPCOM 격돌 카드 파이터즈 캡콤서포터즈 버전	캡콤/SNK	1999년	10월 21일
전차로 GO! 2 ON 네오지오 포켓	타이토	1999년	10월 21일
연결해서 퐁! 2	유메코보	1999년	11월 11일
파친코 필승 가이드 포켓 파라	재팬 비스텍	1999년	11월 25일
가라! 화투도장	다이나	1999년	12월 16일
정상결전 최강 파이터즈 SNK VS CAPCOM	캡콤/SNK	1999년	12월 22일
파 제라이!	사쿠노스	1999년	12월 22일
파티 메일	ADK	1999년	12월 22일
네오 투 엔티원	다이나	1999년	12월 29일
미즈키 시게루의 요괴사진관	SNK	1999년	12월 29일
기갑세기 유니트론	유메코보	2000년	01월 20일
목표는 한자왕	SNK	2000년	01월 20일
SNK GAL'S FIGHTERS	SNK	2000년	01월 27일
포켓 리버시	석세스	2000년	01월 27일
파치스로 아루제왕국 포켓 아스테카	아루제	2000년	02월 10일
신기세계 에볼루션 끝없는 던전	스팅	2000년	02월 10일
쿨 보더즈 포켓	웹 시스템	2000년	02월 24일
코이코이 마작	비스코	2000년	03월 09일
메탈 슬러그 세컨드 미션	SNK	2000년	03월 09일
막말낭만 월화의 검사 특별편 달에 피는 꽃,지는 꽃	SNK	2000년	03월 16일
파치스로 아루제왕국 포켓 워드 오브 라이츠	아루제	2000년	03월 16일
빅쿠리맨2000 비바! 포켓 페스치바!	세가 토이즈	2000년	03월 16일
코튼	석세스	2000년	03월 23일
그림그리기 퍼즐	석세스	2000년	04월 27일
Memories Off Pure	키드	2000년	04월 27일
다이너마이트 슬러거	ADK	2000년	05월 25일
소닉 더 헤지혹 포켓 어드벤처	세가 토이즈	2000년	05월 25일
간바레네 오보케군(가제)	SNK	2000년	06월 06일
전설의 오우거배틀 외전 제노비아의 황자	퀘스트	2000년	06월 22일
네오 바카라	다이나	2000년	06월 22일
록맨 배틀 & 파이터즈	캡콤	2000년	07월 06일
THE KING OF FIGHTERS 배틀DE파라다이스	SNK	2000년	07월 06일
파치스로 아루제 왕국 포켓 포르카노2	아루제	2000년	07월 20일
델타 워프	이오시스	2000년	08월 10일
쿠루쿠루 잼	SNK	2000년	08월 10일
파치스로 아루제왕국 포켓 델솔2	아루제	2000년	10월 26일
니게론파	전뇌영상제작소	2000년	11월 23일
INFINITY Cure.	키드	2000년	11월 23일
빅밴 프로레스	SNK	2000년	11월 23일
파치스로 아루제왕국 포켓 대 불꽃놀이	아루제	2000년	12월 14일
파치스로 아루제왕국 포켓 디에이치	아루제	2001년	01월 15일
슈퍼 리얼 마작 프리미엄 콜렉션	세타	2001년	03월 29일
파치스로 아루제왕국 포켓 e-CUP	아루제	2001년	03월 29일
SNK VS CAPCOM 카드 파이터즈2 EXPAND EDITION	캡콤/SNK	2001년	09월 13일

당신은 언제나 옳습니다. 그대의 삶을 응원합니다. — **라의눈 출판그룹**

휴대용 게임기 컴플리트 가이드

초판 1쇄 2022년 9월 15일

지은이 레트로 게임 동호회 **옮긴이** 정우열
펴낸이 설응도 **편집주간** 안은주
영업책임 민경업 **디자인책임** 조은교

펴낸곳 라의눈

출판등록 2014 년 1 월 13 일 (제 2019-000228 호)
주소 서울시 강남구 테헤란로 78 길 14-12(대치동) 동영빌딩 4층
전화 02-466-1283 **팩스** 02-466-1301

문의 (e-mail)
편집 editor@eyeofra.co.kr
마케팅 marketing@eyeofra.co.kr
경영지원 management@eyeofra.co.kr

ISBN : 979-11-92151-27-4 13500

디자인 | 이시자키 토모, 마츠자키 유
촬영 | 이시다 쥰, 아라이 타요이
편집 | 우치다 아키요 (주부의 벗 인포스)